Redis 高手心法

李健青◎著

電子工業出版社
Publishing House of Electronics Industry
北京•BEIJING

内 容 简 介

本书共5章。其中，第1章从一条命令的执行开始，勾勒出Redis的数据存储原理和整体架构；第2章介绍了所有数据类型的实现原理和应用实战；第3章介绍了RDB快照、AOF、主从复制架构、哨兵集群和Redis Cluster的原理及使用方法；第4章介绍了Redis事务、内存管理、事件驱动、发布/订阅机制、客户端缓存和I/O多线程模型；第5章介绍了性能排查与解决问题的检查清单、使用规范、内存优化技巧、生产王者必备配置、缓存使用策略和分布式锁演进原理。

本书适合后端开发工程师、运维人员、系统架构师及刚入行的程序员阅读，用以掌握 Redis 内部原理并提升实战技巧。

图书在版编目（CIP）数据

Redis高手心法 / 李健青著. -- 北京 : 电子工业出版社，2024. 7. -- ISBN 978-7-121-48345-5

Ⅰ. TP311

中国国家版本馆CIP数据核字第2024SZ1581号

责任编辑：张　晶
印　　刷：三河市良远印务有限公司
装　　订：三河市良远印务有限公司
出版发行：电子工业出版社
　　　　　北京市海淀区万寿路173信箱　邮编 100036
开　　本：787×980　1/16　印张：20　字数：512千字
版　　次：2024年7月第1版
印　　次：2024年8月第2次印刷
定　　价：100.00元

凡所购买电子工业出版社图书有缺损问题，请向购买书店调换。若书店售缺，请与本社发行部联系，联系及邮购电话：（010）88254888，88258888。

质量投诉请发邮件至 zlts@phei.com.cn，盗版侵权举报请发邮件至 dbqq@phei.com.cn。

本书咨询联系方式：faq@phei.com.cn。

前　言

亲爱的读者，你好！首先，欢呼一下，我终于完成了这本书的编写工作！对于写书和写微信公众号文章，前者就像参加马拉松，后者更像在跑步机上短跑。

马拉松赛跑需要持久力、需要耐心、需要策略、需要坚韧不拔的精神。而短跑呢，只需要足够快。

在过去的几年里，我在微信公众号“码哥跳动”上一篇篇地写下了我的技术心得，一晃就有了 156 篇文章，其中 45 篇是关于 Redis 的。有很多读者是因为看了我的 Redis 专栏才关注的我的公众号，这让我倍感欣慰。

后来，有出版社的编辑老师找到我，希望我能整理出一本关于 Redis 的图书。我原本以为这会是个轻松的任务，然而实际上，我用了两年多的时间才完成。

为什么这么久呢？因为我希望把最好的内容呈现给你们。

公众号上的文章，有些地方还不够完善，所以我花了很多时间重新梳理了 Redis 的整体架构和源码，重新编写了原来的 45 篇 Redis 技术文章，从更深层次挖掘 Redis 的底层实现原理，并尽量用风趣幽默的语言解释难懂的技术点。

作为后端开发者的我深深懂得学习是一件比较难的事情，所以我想站在开发者的角度，用拟人化、场景化的诙谐幽默的言语，加上“撩人心弦”又准确的图片，让读者轻松愉快地学习 Redis 的实现原理和开发技巧。

这个过程是费时费力的，但是当看到最后的成果时，我觉得一切都是值得的。

本书基于当前最新的 Redis 7.0 的源码讲解，建立了一个完整的 Redis 知识框架，从全局着眼整理 Redis 的知识体系，并结合难点给出了 155 张图，希望读者更容易理解。

在我看来，写书可比写公众号文章难多了。书中的语言要精准正确，句子不能存在语病，内容要循序渐进有层次，还要经过出版社编辑老师的多次审核、校正，书中的每段话、每个字都是我精心“雕琢”的成果。

编写本书的过程也让我有机会重新整理和深化对 Redis 的理解。我希望这本书能帮助你们修炼内功心法，快速掌握 Redis 技术原理。

我试图从 Redis 的第一人称视角出发，用风趣的言语为你们逐步揭开 Redis 的面纱，分享 Redis 升级之路的心法技巧和提高技术水平的方法论。

希望你们通过阅读本书，在精进 Redis 的道路上更上一层楼。

本书特色

本书从 Redis 源码目录结构、整体存储结构、一条指令的执行过程展开，分为以下章节。

- ◎ 起势入门：带你构建一个源码可调式开发环境，从一条命令的执行开始，勾勒出 Redis 的数据存储原理和整体架构。
- ◎ 核心筑基——数据结构与心法：包含所有数据类型的实现原理和应用实战。
- ◎ 不死之身——高可用：包括 RDB 快照、AOF、主从复制架构、哨兵集群和 Redis 集群的原理及使用方法。
- ◎ 结丹飞升——高级技能进阶：介绍 Redis 事务、内存管理、事件驱动、发布/订阅机制、客户端缓存和 I/O 多线程模型。
- ◎ 元婴大成——出师实战：包括性能排查与解决问题的检查清单、使用规范、内存优化技巧、生产王者必备配置、缓存使用策略和分布式锁演进原理。

本书从 Redis 的视角与各路“神仙”对话，探讨每个技术点的原理，在探讨过程中或详或略地展开相关知识点。

本书语言诙谐幽默，并配以生动形象且准确的图片，**用循循善诱的方式帮助读者建立一个完整的 Redis 知识框架和架构体系，构建系统观，让读者较为深入地了解 Redis 的工作原理。**

千古无同局，叶底能否藏花，我们未来印证。愿此心法能让你学有所成，你来，我等着。

读者对象

以下是本书适合的读者对象。

- ◎ 后端开发工程师和运维人员：对于有一些使用经验，但是 Redis 功底相对薄弱、对 Redis 的底层运行原理了解不多的读者，阅读本书后可掌握高阶特性的原理和实战方法，合理并高效地运用 Redis 解决工作中的问题并进行性能调优，以及维护和构建高性能的 Redis 集群。
- ◎ 系统架构师：从全局视角掌握 Redis 架构和原理，学习 Redis 高可用、高性能的设计思想，解决 Redis 性能难题。

◎ 刚入行的程序员：如果你不想仅停留在“面试八股文”的阶段，而是希望从更深层次掌握 Redis 内部原理和实战技巧，那么本书可以帮助你在面试或者工作中脱颖而出。

勘误和支持

由于作者水平有限，书中难免出现一些错误或者不准确的地方，恳请广大读者批评指正。

如果大家在阅读过程中产生疑问或者发现了错误，欢迎到微信公众号“码哥跳动”后台留言，我会认真回复每个人提出的问题。

致谢

感谢微信公众号“码哥跳动”的读者朋友，你们的鼓励和支持是我坚持下去的动力。

感谢电子工业出版社的张晶老师，她在本书的创作过程中提供了许多修改建议和帮助，没有她，本书无法顺利出版。

感谢我的家人和 Chaya 激励我完成本书的编写工作。

谨以此书献给一路关注我、支持我的读者和所有热爱编程的朋友，希望喜欢 Redis 的朋友都能通过阅读本书修炼心法，成为 Redis 高手！

李健青

2024.4

目 录

第1章 起势入门

1.1 从头说起

天下武功，无坚不摧，唯快不破！我的名字叫 Redis，全称是 Remote Dictionary Server。

有人说，组“CP”，除了要了解她，还要制造机会让她了解你。

那么，作为开发工程师的你，是否愿意认真阅读此心法来了解我，从而提升系统性能呢？

我遵守 BSD 协议，这是由意大利人 Salvatore Sanfilippo 使用 C 语言编写的一个基于内存实现的键值型非关系（NoSQL）数据库，可作为数据库、缓存、消息队列、流处理引擎。我的特点是速度快，QPS 的每秒请求数可以达到 100000。

我提供了 String（字符串）、Hashes（散列表）、Lists（列表）、Sets（无序集合）、Sorted Sets（可根据范围查询的排序集合）、Bitmap（位图）、HyperLogLog（基数统计）、Geospatial（地理空间）和 Stream（流）等数据类型。

数据类型的使用技法和实现原理是筑基的必经之路，请好好修炼。

除此之外，我还具有主从复制、Lua 脚本、LRU 淘汰机制，以及事务和不同级别的磁盘持久化功能，并通过 sentinel（哨兵）和 Redis 集群实现高可用，这部分内容是修炼的重中之重，高手必备。

1.1.1 Redis 能做什么

程许媛：“Redis，说了这么多，你能干啥？别王婆卖瓜，自卖自夸。”

缓存

这是我被使用的最多的场景，能极大提升应用程序的性能。当单个 MySQL 读/写压力比较大时，在读多写少的场景中，把热点数据存储在 Redis 中。

读取数据的步骤如下。

（1）发出从 Redis 缓存中读取数据的请求。

（2）如果 Redis 缓存未命中，则从数据库中获取数据，并把数据写到 Redis 缓存中，让后续读取相同数据的请求命中 Redis 缓存，并将数据返回给调用者。

（3）Redis 缓存命中，直接返回。

排行榜

使用 MySQL 等关系型数据库来实现排行榜非常麻烦，性能也差，直接使用 Sorted Sets 可以轻松搞定各种排行榜，你只需用 score 保存玩家的游戏得分，用 member 保存玩家 ID，根据 score 排序便可实现一个排行榜。

消息队列

在一些不需要高可靠的，例如到货通知、未读消息、邮件发送的场景中，可以使用 Lists 或者 Stream 来实现一个简单消息队列。

分布式锁

Redisson 框架使用 Redis 实现了一套分布式锁解决方案。

计数器

Redis 的命令都是原子性的，你可以轻松地利用 INCR 和 DECR 命令来构建计数器系统。

更多的场景将在后续章节详细介绍。学完这些内容，我相信你定能强基健体，念头通达，升职加薪。

千古无同局，叶底能否藏花，我们未来印证。愿此心法能让你学有所成，你来，我等着。

1.1.2 源码编译

读完前面的内容，我相信你一定想继续了解 Redis。本节会通过源码编译来安装 Redis 7.0.5，让你在自己的机器上搭建一套可以 Debug 的源码环境。

这部分是后续原理分析的基础，推荐你在 macOS 或者 Linux 操作系统上部署环境，如果你的操作系统是 Windows，那么可以通过虚拟机安装 Linux 操作系统，再继续部署 Redis 环境。

程许媛："我的电脑是 macOS 操作系统，你就用这个来演示吧。"

获取源码

获取源码的方式有两种，第一种是从官网下载 Redis 源码压缩包，如图 1-1 所示，再将压缩包解压得到一个文件夹。

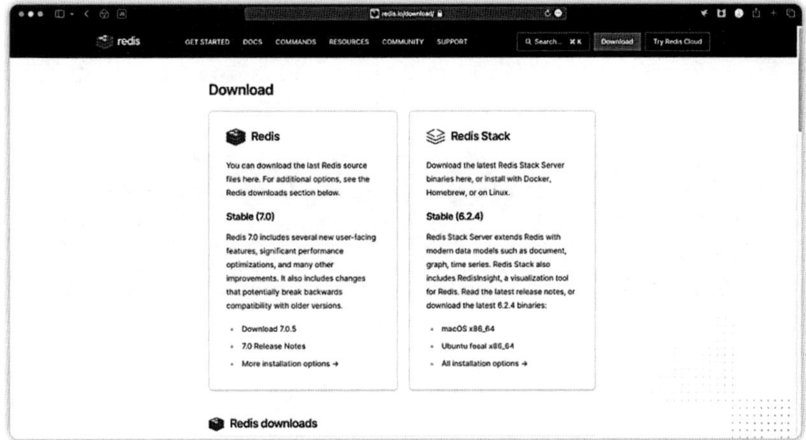

图 1-1

第二种方式是通过 git clone 获取源码。使用 git clone https://github.com/redis/ redis.git 命令从 GitHub 上下载如图 1-2 所示的文件。

图 1-2

进入 redis 目录，使用 git checkout 切换到 tag 7.0.5 分支。

```
git checkout tags/7.0.5 -b 7.0.5
```

编译 Redis

在编译之前，需要安装一些环境依赖，Redis 是 C 语言编写的，所以还需要安装 gcc 编译器。执行 gcc -v 命令判断是否安装了编译器，如图 1-3 所示。

```
magebte@magezijiedeMBP ~ % gcc -v
Apple clang version 14.0.0 (clang-1400.0.29.202)
Target: x86_64-apple-darwin22.1.0
Thread model: posix
InstalledDir: /Library/Developer/CommandLineTools/usr/bin
magebte@magezijiedeMBP ~ %
```

图 1-3

没有安装 gcc 编译器，那么可以使用如下命令安装。

```
xcode-select --install
```

一切准备就绪，进入 Redis 的源码目录，执行 make 命令，它的作用是根据项目中的 Makefile 文件中定义的规则和命令来执行相应的操作，从而生成目标文件、可执行文件或其他输出文件。

```
make CFLAGS="-g -O0" MALLOC=jemalloc
```

命令后边的-O0 参数表示不要优化代码，以防在 Debug 时，IDE 里面的 Redis 源码与实际运行的代码对应不上。

MALLOC=jemalloc 表示在 macOS 操作系统上，Redis 使用 jemalloc 内存分配器来分配内存，Linux 操作系统默认使用该分配器。准备就绪直接使用 make 命令编译源码即可。

编译成功，将会看到 Hint: It's a good idea to run 'make test' ;)的提示，如图 1-4 所示，这时可以运行单元测试，当然，这一步也可以省略。

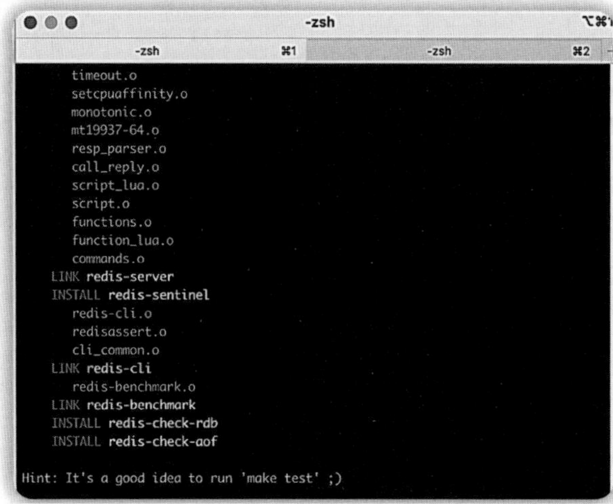

图 1-4

启动 Redis

编译成功，在 src 源码目录下使用如下命令启动，结果如图 1-5 所示。

```
./redis-server ../redis.conf
```

```
magebte@magezijiedeMBP src % ./redis-server ../redis.conf
25271:C 05 Nov 2022 21:29:55.782 # oO0OoO0OoO0Oo Redis is starting oO0OoO0OoO0Oo
25271:C 05 Nov 2022 21:29:55.782 # Redis version=7.0.5, bits=64, commit=48af400b, modified=1, pid=25271, just started
25271:C 05 Nov 2022 21:29:55.782 # Configuration loaded
25271:M 05 Nov 2022 21:29:55.784 * Increased maximum number of open files to 10032 (it was originally set to 256).
25271:M 05 Nov 2022 21:29:55.784 * monotonic clock: POSIX clock_gettime

                Redis 7.0.5 (48af400b/1) 64 bit

                Running in standalone mode
                Port: 6379
                PID: 25271

                      https://redis.io

25271:M 05 Nov 2022 21:29:55.788 # WARNING: The TCP backlog setting of 511 cannot be enforced because kern.ipc.somaxconn is set to the lower value of 128.
25271:M 05 Nov 2022 21:29:55.788 # Server initialized
25271:M 05 Nov 2022 21:29:55.788 * Ready to accept connections
```

图 1-5

代码调试环境搭建

为了方便阅读和 Debug 源码，极力推荐你使用 CLion 来阅读和调试 Redis 源码，我使用的是 CLion 2023.2。安装好以后，打开 Redis 源码目录即可，如图 1-6 所示。

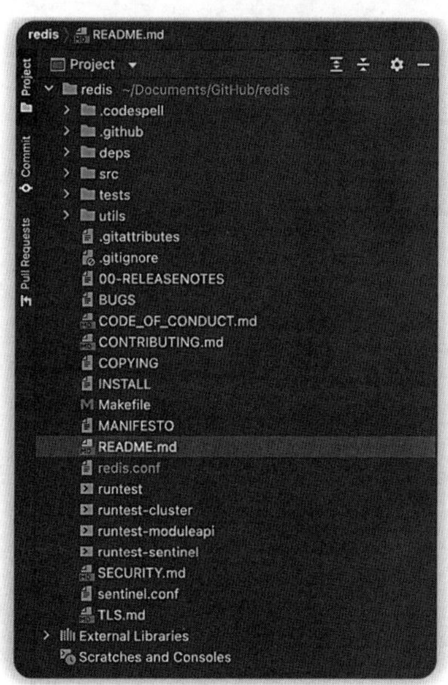

图 1-6

在下拉菜单中选择 redis-server，如图 1-7 所示。

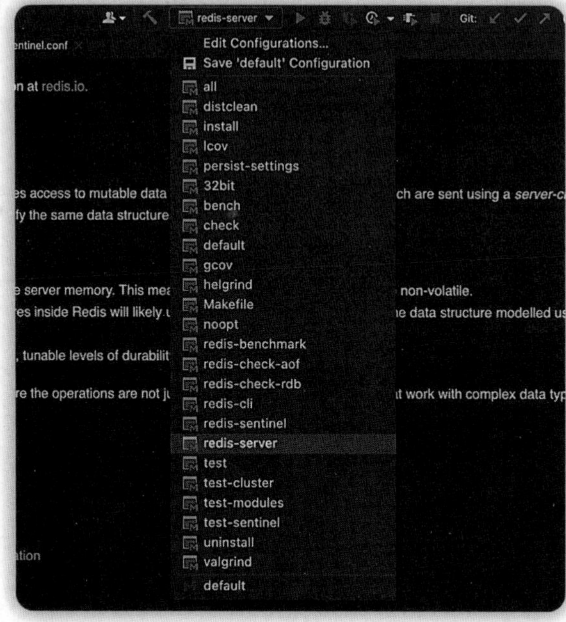

图 1-7

指定启动配置文件 redis.conf 的目录，如图 1-8 所示。

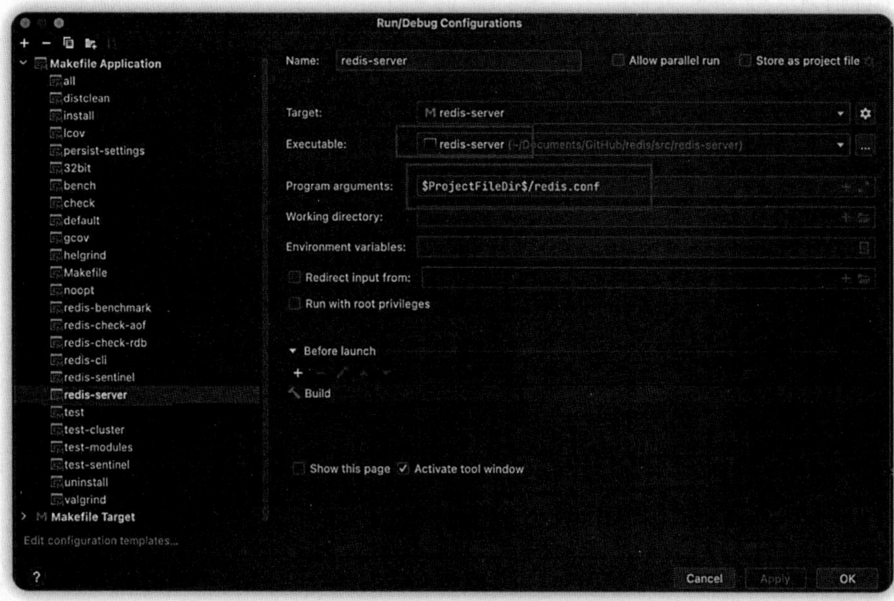

图 1-8

在 server.c 的 main()方法中加断点，Debug 启动 redis -server，进行源码 Debug，如图 1-9 所示。

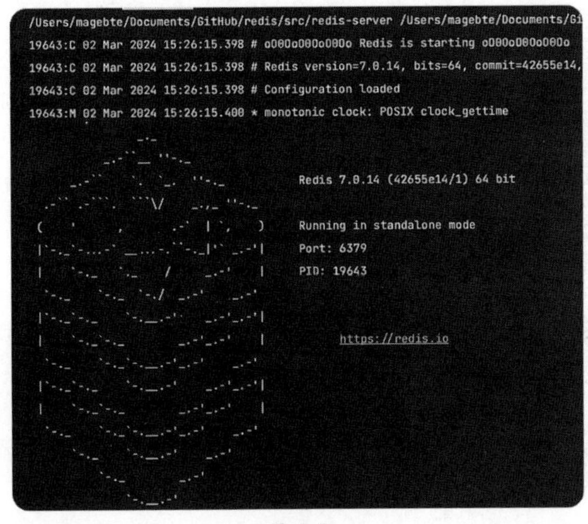

图 1-9

大功告成，接下来我们就可以在 Redis 的知识海洋里“呛水”了。

1.1.3　目录结构

在“呛水”之前，我们先来了解一下 Redis 源码的整体目录结构，形成全局的认识，防止陷入细节或者无从下手。

deps

该目录包括 Redis 依赖的第三方代码库。

- ◎ Jemalloc：内存分配器，默认情况下选择该内存分配器来代替 Linux 操作系统的 libc-malloc。libc-malloc 性能不高，且碎片化严重。
- ◎ Hiredis：官方 C 语言客户端。
- ◎ Linenoise：读线替换。Linenoise 由 Redis 的作者开发，作为一个单独的项目进行管理，并根据需要进行更新。
- ◎ Lua：顾名思义，就是 Lua 相关的功能。
- ◎ hdr_histogram：用于生成每个命令的延迟跟踪直方图。

src

这是 Redis 源码的重要组成部分，包括 commands 和 modules 两个子目录，以及其余功能模块的源码，这是 Redis 最重要的目录。

modules 目录包含了实现 Redis module 的示例代码，commands 里面都是 JSON 格式的文件，包含了每个命令的元信息。

tests

该目录下包括功能模块测试和单元测试的代码。

◎ Cluster：Redis 集群功能测试。

◎ sentinel：哨兵集群功能测试。

◎ Unit：单元测试。

◎ Integration：主从复制功能测试。

除此以外，还有 assets、helpers、modules 和 support 4 个子目录，它们用来支撑测试功能。

utils

该目录主要包括辅助性功能的脚本或者代码，例如用于创建 Redis 集群的脚本，lru 算法效果展示代码等。

此外，还有 redis.conf 和 sentinel.conf 这两个重要的文件，分别用于配置 Redis 实例和哨兵。

1.2 整体架构

通过源码编译构建出可调试环境之后，想必你想更深入了解我的整体架构，如图 1-10 所示。只有熟悉我的整体架构和所有模块，才能在遇到问题时直击本源、直捣黄龙，“一笑破苍穹”。

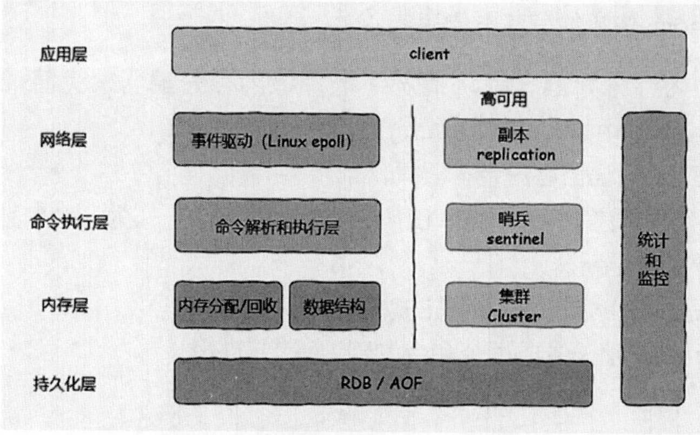

图 1-10

◎ 应用层：client 是官方提供的 C 语言开发的客户端，可以发送命令，进行性能分析和测试等。

◎ 网络层：事件驱动模型，基于 I/O 多路复用封装了一个短小精悍的高性能 ae 库，全称是 a simple event-driven programming library。
- 在 ae 库中，我通过 aeApiState 结构体对 epoll、select、kqueue、evport 4 种 I/O 多路复用的实现进行适配，让上层调用方感知不到在不同操作系统实现 I/O 多路复用的差异。
- Redis 中的事件可以分两大类：一类是网络连接、读、写事件；另一类是时间事件，例如定时执行 rehash、RDB 快照生成、过期 field-value pairs 清理操作。

◎ 命令执行层：负责执行客户端的各种命令，例如 SET、DEL、GET 等。

◎ 内存层：为数据分配并回收内存，提供不同的数据结构保存数据。

◎ 持久化层：提供了 RDB 快照文件和 AOF 两种持久化策略，实现数据可靠性。

◎ 高可用模块：提供了副本、哨兵、集群实现高可用。

◎ 统计和监控：提供了一些监控工具和性能分析工具，例如监控内存使用、基准测试、内存碎片、Bigkey 统计、慢指令查询等。

掌握了整体架构和模块后，进入 src 源码目录，使用以下命令启动 Redis。

```
./redis-server ../redis.conf
```

我会把启动的所有服务抽象成一个 redisServer，源码定义在 server.h 的 redisServer 结构体中。

这个结构体包含了存储 field-value pairs（key-value）的 redisDb、redis.conf 文件路径、命令列表、加载的 Modules、网络监听、客户端列表、RDB 或 AOF 加载信息、配置信息、RDB 快照、主从复制、客户端缓存、数据结构压缩、发布/订阅、集群、哨兵等一系列 Redis 实例运行的必要信息。部分核心字段如下。

```
struct redisServer {
    pid_t pid;  /* 主进程 pid. */
    pthread_t main_thread_id; /* 主线程 id */
    char *configfile;  /*redis.conf 文件绝对路径*/
    redisDb *db; /* 存储 field-value pairs 数据的 redisDb 实例 */
     int dbnum;  /* DB 个数 */
    dict *commands; /* 当前实例能处理的命令表，key 是命令名，value 是执行命令的入口 */
    aeEventLoop *el;/* 事件循环处理 */
    int sentinel_mode;  /* true 表示作为哨兵实例启动 */

     /* 网络相关 */
    int port;/* TCP 监听端口 */
    list *clients; /* 连接当前实例的客户端列表 */
    list *clients_to_close; /* 待关闭的客户端列表 */

    client *current_client; /* 当前执行命令的客户端*/
};
```

1.2.1 数据存储原理

以 Redis 7.0 为例，server.h 的 redisDb 结构体抽象了 Redis 核心存储结构。其中，redisDb *db 指针非常重要，它指向了一个长度为 dbnum（默认为 16）的 redisDb 数组，它是整个存储的核心，我用它来存储 field-value pairs。

redisDb

redisDb 结构体的定义如下。

```
typedef struct redisDb {
    dict *dict;
    dict *expires;
    dict *blocking_keys;
    dict *ready_keys;
    dict *watched_keys;
    int id;
    long long avg_ttl;
    unsigned long expires_cursor;
    list *defrag_later;
    clusterSlotToKeyMapping *slots_to_keys;
} redisDb;
```

◎ **dict 和 expires**：dict 和 expires 是 Redis 最重要的两个属性，它们的底层数据结构是字典，分别用于存储 field-value pairs 数据和每个 key 的过期时间。

MySQL："过期时间为什么要分开存储？"

好问题，之所以要分开存储，是因为并不是每个 key 都会配置过期时间，它不是 field-value pairs 的固有属性，分开后，不需要配置过期时间的 field-value pairs 的数据能节省内存开销。

◎ **blocking_keys 和 ready_keys**：blocking_keys 和 ready_keys 的底层数据结构是 dict 字典，主要用于实现 BLPOP 等阻塞命令。当客户端使用 BLPOP 命令阻塞等待取出列表元素时，我会把 key 写到 blocking_keys 中，value 是被阻塞的客户端。
当下一次收到 PUSH 命令时，先检查 blocking_keys 中是否存在阻塞等待的 key，如果存在就把 key 放到 ready_keys 中，在下一次 Redis 事件处理过程中，遍历 ready_keys 数据，并从 blocking_keys 中取出被阻塞的客户端响应。

◎ **watched_keys**：用于实现 watch 命令、存储 watch 命令的 key。

◎ **Id**：Redis 数据库的唯一 ID，一个 Redis 服务支持多个数据库，默认为 16 个。

◎ **avg_ttl**：用于统计平均过期时间。

◎ **expires_cursor**：统计过期事件循环执行的次数。

◎ **defrag_later**：保存进行碎片整理的 key 列表。

◎ slots_to_keys：仅用于集群模式，当使用集群模式时，只能有一个数据库 db 0。slots_to_keys 用于记录在集群模式下，存储 key 与哈希桶映射关系的数组。

dict

Redis 使用 dict 结构来保存所有的 field-value pairs 数据，这是一个散列表，所以 key 查询的时间复杂度是 $O(1)$。

我们可以将散列表类比为 Java 中的 HashMap，它其实就是一个数组，数组中的元素叫作哈希桶。dict 结构体源码在 dict.h 中定义。

```
struct dict {
    dictType *type;

    dictEntry **ht_table[2];
    unsigned long ht_used[2];

    long rehashidx;

    int16_t pauserehash;
    signed char ht_size_exp[2];
};
```

其中，dictType *type、**ht_table[2]和 long rehashidx 是 3 个很重要的结构。

◎ dictType *type：一个指向 dictType 结构的指针，表示字典的类型。dictType 包含了一组函数指针，用于对 field-value pairs 进行操作，例如哈希函数、复制键、复制值等。
◎ ht_table[2]：大小为 2 的散列表数组。每个散列表都是一个指向字典数组的指针，数组的元素是 dictEntry 类型的，表示字典中的一个 field-value pairs。通常使用 ht_table[0] 存储数据，当执行 rehash 时，使用 ht_table[1] 配合完成。
◎ ht_used[2]：两个散列表的使用情况，表示当前散列表已经使用的槽位数量。
◎ long rehashidx：表示正在进行 rehash 操作的索引位置。当 rehashidx 的值为 -1 时，表示没有进行 rehash 操作。
◎ int16_t pauserehash：当其值大于 0 时表示 rehash 操作被暂停；小于 0 时表示编码错误。
◎ signed char ht_size_exp[2]：两个散列表的大小，以 2 的指数的形式表示。ht_size_exp 数组的每个元素都对应散列表的指数。

重点关注 ht_table 数组，数组中的元素叫作哈希桶，保存了所有 field-value pairs，哈希桶的类型是 dictEntry。

MySQL：“Redis 支持那么多的数据类型，哈希桶怎么保存？”

哈希桶的玄机就在 dictEntry 中，每个 dict 都有两个 ht_table，用于存储 field-value pairs

数据和实现渐进式 rehash。dictEntry 的结构如下。

```
typedef struct dictEntry {
    void *key;
    union {
      // 指向实际 value 的指针
       void *val;
       uint64_t u64;
       int64_t s64;
       double d;
    } v;
    // 散列表冲突生成的链表
    struct dictEntry *next;
    void *metadata[];
} dictEntry;
```

◎ void *key;：一个指向键的指针，表示字典中的键。

◎ union {...} v;：一个联合体，包含了字典条目的值，当它的值是 uint64_t、int64_t 或 double 类型时，就不再需要额外的存储，这有利于减少内存碎片（我为节省内存操碎了心）。当然，val 也可以是 void 指针、指向值的指针，以便能存储任何类型的数据。

◎ struct dictEntry *next;：指向哈希桶中下一个条目的指针，允许多个条目存在于同一个哈希桶中，形成一个链表。ht_table 使用链地址法来处理键碰撞：当多个不同的键拥有相同的哈希值时，散列表用一个链表将这些键连接起来。

◎ void *metadata[];：一个灵活数组，用于存储元数据。元数据的大小由 dictType 的 dictEntryMetadataBytes 函数返回。这个数组允许存储额外的信息，以扩展字典条目的功能。

哈希桶是一个指向具体值的指针，以此存储不同类型的数据。

redisObject

dictEntry 的 *val 指针指向的值实际上是一个 redisObject 结构体，这是一个非常重要的结构体。key 是 string 类型的，而 value 可以是 String、Lists、Sets、Sorted Sets、Hashes 等类型的。field-value pairs 的值都被包装成 redisObject 对象，redisObject 在 server.h 中定义。

```
typedef struct redisObject {
    unsigned type:4;
    unsigned encoding:4;
    unsigned lru:LRU_BITS;
    int refcount;
    void *ptr;
} robj;
```

◎ type:4：记录了对象的类型，例如 String、Sets、Hashes、Lists、Sorted Sets 等，根据该类型可以确定对象是哪种数据类型，使用什么样的 API 操作。

◎ encoding:4：编码方式，表示 ptr 指向的数据类型的具体数据结构，即这个对象使用了什么数据结构作为底层保存数据。同一个对象使用不同编码实现，其内存占用存在明显差异，内部编码对内存优化非常重要。例如 Aring 串可以使用 RAW 编码或 INT 编码。

◎ lru:LRU_BITS：LRU 策略下对象最后一次被访问的时间，如果是 LFU 策略，那么低 8 位表示访问频率，高 16 位表示访问时间。

◎ refcount：表示引用计数，由于 C 语言并不具备内存回收功能，所以 Redis 在自己的对象系统中添加了这个属性，当一个对象的引用计数为 0 时，表示该对象已经不被任何对象引用，可以进行垃圾回收了。

◎ *ptr 指针：对象的指针，指向实际存储对象数据。根据对象的类型和编码不同，ptr 可能指向 String、Lists、Hashes 等具体的数据结构。

图 1-11 是 redisDb、dict、dictEntry 和 redisObejct 的关系图。

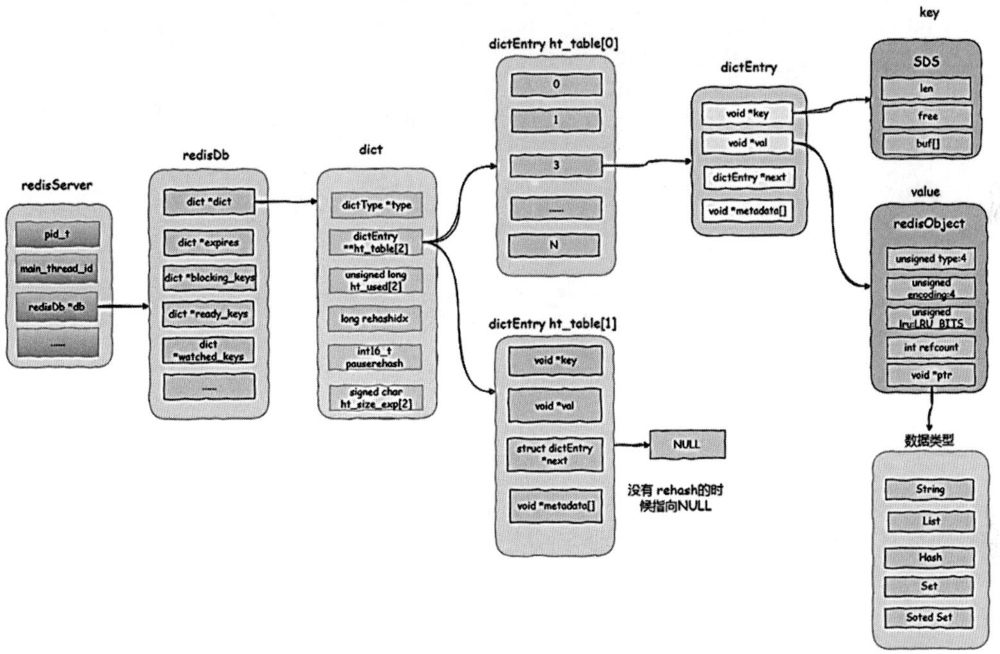

图 1-11

注意，一开始的时候，只使用 ht_table[0] 这个散列表读/写数据，ht_table[1] 指向 NULL，当这个散列表容量不足，触发扩容操作时才会创建一个更大的散列表 ht_table[1]。

接着使用渐进式 rehash 和定期迁移的方式将 ht_table[0] 的数据迁移到 ht_table[1] 上，全部迁移完成后，修改一下指针，让 ht_table[0] 指向扩容后的散列表，回收原来的散列表，ht_table[1] 再次指向 NULL。

1.2.2 一条命令的执行过程

MySQL："知道了整体架构和各个模块后，一条 Redis 命令是如何执行的呢？"

要想了解一个技术的本质，需要从整体到细节，切不可不见森林就去看叶子，所以我先梳理出一个关键执行流程，如图 1-12 所示，以免你陷入细节不能自拔。

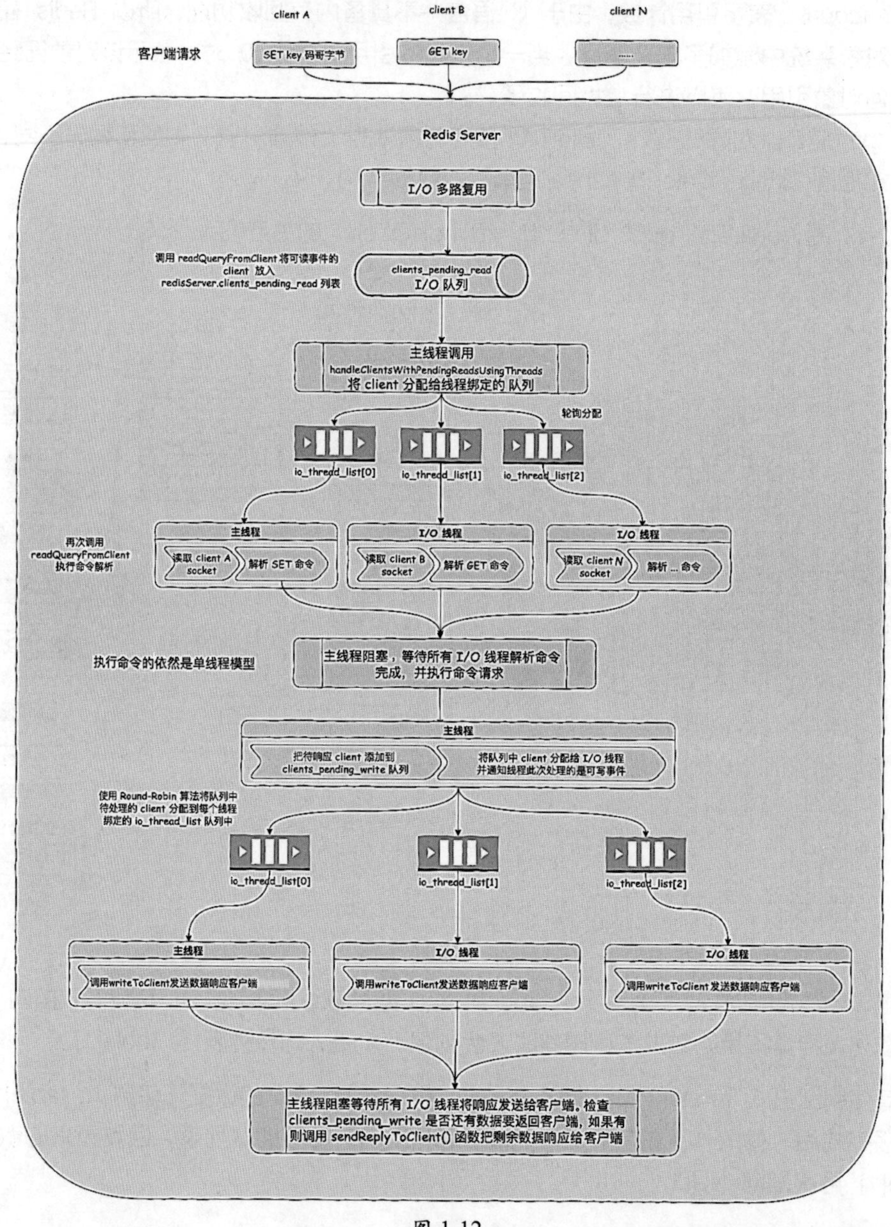

图 1-12

该流程图重点展示的是在开启 I/O 多线程模型的情况下的命令执行过程。

创建连接接收客户端请求

默认在 6379 端口监听可读事件，通过 ae 事件驱动模块接收客户端发起的请求，入口在 aeMain 函数，这是一个基于 I/O 多路复用的 while 无限循环。

客户端发来“SET key 码哥字节”请求，触发可读事件，调用 readQueryFromClient 执行流程，这个流程会判断是否启用 I/O 多线程来选择不同分支处理。

开启 I/O 多线程模式

主线程首次调用 readQueryFromClient 时会先执行 postponeClientRead，将可读事件的 client 放入 redisServer.clients_pending_read 列表。

在主线程每次进入 aeApiPoll 函数阻塞等待可读可写事件之前，会先调用 beforeSleep 函数。

这个函数内部会调用 handleClientsWithPendingReadsUsingThreads 函数，它的核心逻辑是把可读事件的 client 按照 Round Robbin 的方式分配到每个 I/O 线程关联的 io_threads_list 队列中，I/O 线程从队列中获取任务并执行，也就是从 socket 读取和解析命令。

handleClientsWithPendingReadsUsingThreads 的源码如下。

```
int handleClientsWithPendingReadsUsingThreads(void) {
    // 1. I/O 多线程模型是否启用，如果未启用则停止执行
    if (!server.io_threads_active || !server.io_threads_do_reads) return 0;
    int processed = listLength(server.clients_pending_read);
    if (processed == 0) return 0;

    /* 2. 将 server.clients_pending_read 中的 client 分配到不同的 io_threads_list */
    listIter li;
    listNode *ln;
    listRewind(server.clients_pending_read,&li);
    int item_id = 0;
    while((ln = listNext(&li))) {
        client *c = listNodeValue(ln);
        int target_id = item_id % server.io_threads_num;
        listAddNodeTail(io_threads_list[target_id],c);
        item_id++;
    }

    /* 3. 配置全局变量 io_threads_op 为 IO_THREADS_OP_READ，告诉 I/O 线程此次处理的
是可读事件*/

    io_threads_op = IO_THREADS_OP_READ;
    for (int j = 1; j < server.io_threads_num; j++) {
        int count = listLength(io_threads_list[j]);
```

```
            setIOPendingCount(j, count);
        }

        /* 4. 主线程处理 io_threads_list[0] 中的任务，调用 readQueryFromClient 读取数据
并解析命令，清空 io_threads_list[0] 列表 */
        listRewind(io_threads_list[0],&li);
        while((ln = listNext(&li))) {
            client *c = listNodeValue(ln);
            readQueryFromClient(c->conn);
        }
        listEmpty(io_threads_list[0]);

        /* 5. 主线程阻塞，等待所有 I/O 线程完成数据读取和命令解析 */
        while(1) {
            unsigned long pending = 0;
            for (int j = 1; j < server.io_threads_num; j++)
                pending += getIOPendingCount(j);
            if (pending == 0) break;
        }

        //6. 全局变量 io_threads_op 配置为 IO_THREADS_OP_IDLE ，表示当前 I/O 线程空闲
        io_threads_op = IO_THREADS_OP_IDLE;

        /* 7. 主线程从 clients_pending_read 中取出 client 并执行读取完成且解析好的命令*/
        while(listLength(server.clients_pending_read)) {
            // 省略部分代码

            if (processPendingCommandAndInputBuffer(c) == C_ERR) {
                continue;
            }
            // 省略部分代码
        }

        server.stat_io_reads_processed += processed;

        return processed;
    }
```

未开启 I/O 多线程模型

如果未开启 I/O 多线程模型，主线程则自己完成读取命令、解析命令、执行命令和发送结果给客户端的全部流程。

读取和解析命令

主线程和 I/O 线程从绑定的 io_treads_list 任务队列中取出任务并处理。主线程和 I/O 线程再次进入 readQueryFromClient 流程。

需要注意的是，在这次执行 readQueryFromClient 流程前，client 状态已经被配置为

CLIENT_PENDING_READ，不会把 client 再次加入 clients_pending_read 队列，而是进入真正的执行流程，读取 socket 并解析命令。

主线程在完成 io_threads_list[0] client 的读取和解析后，会阻塞等待全部 I/O 线程完成，直到全部命令解析完成，才会真正执行命令。

执行命令

主线程等所有 I/O 线程完成 socket 读取和命令解析，接下来到了最重要的一步——执行命令。

回到 handleClientsWithPendingReadsUsingThreads 函数，在完成了任务分配、命令读取和解析之后，主线程会进入一个 while 循环，从 server.clients_pending_read 队列中，每取出一个 client 就调用一次 processPendingCommandAndInputBuffer 函数，执行这个 client 已经解析好的命令。

函数内部会调用 processCommandAndResetClient 函数执行实际的命令。

```
int processPendingCommandAndInputBuffer(client *c) {
    if (c->flags & CLIENT_PENDING_COMMAND) {
        c->flags &= ~CLIENT_PENDING_COMMAND;
        // 主线程执行命令
        if (processCommandAndResetClient(c) == C_ERR) {
            return C_ERR;
        }
    }

    // 省略部分代码
    return C_OK;
}
```

processCommandAndResetClient 函数的源码如下。

```
int processCommandAndResetClient(client *c) {
    // 省略部分代码
    if (processCommand(c) == C_OK) {
        commandProcessed(c);
        updateClientMemUsageAndBucket(c);
    }
     // 省略部分代码
    return deadclient ? C_ERR : C_OK;
}
```

重点看 processCommand(c)函数，其核心逻辑是从 server.commands 这个字典中查找命令对应的 redisCommand 实例。经过系列检查，如果不通过就给客户端返回错误信息。

如果通过就调用 c->cmd->proc 函数处理真正的命令，例如 SET 命令，proc 就指向 setCommand 函数。

```
  /* Exec the command */
 if (c->flags & CLIENT_MULTI &&
    c->cmd->proc != execCommand &&
    c->cmd->proc != discardCommand &&
    c->cmd->proc != multiCommand &&
    c->cmd->proc != watchCommand &&
    c->cmd->proc != quitCommand &&
    c->cmd->proc != resetCommand)
 {
    // 1. 命令入队
    queueMultiCommand(c, cmd_flags);
    // 2. 入队后响应客户端 "+QUEUED" 字符串
    addReply(c,shared.queued);
 } else {
    // 3. 不需要入队，直接执行命令调用 call 函数
    call(c,CMD_CALL_FULL);
    c->woff = server.master_repl_offset;
    if (listLength(server.ready_keys))
       handleClientsBlockedOnKeys();
 }
```

函数执行流程如图 1-13 所示。

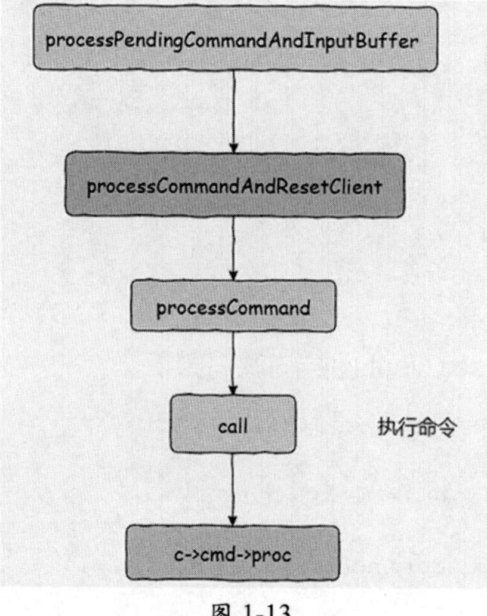

图 1-13

回头再看 processCommandAndResetClient 函数，发现 return deadclient ? C_ERR : C_OK; 成功返回 1，错误返回 0。

MySQL：“我并没有看到将命令产生的返回值写回客户端的代码，你是如何将命令产生的返回值写回客户端的？”

通过执行流程图可以看出，在开启 I/O 多线程模型时，我是通过 I/O 线程将命令的返回值

写回客户端的。

发送结果给客户端

我以 String 类型的 GET 命令为例，源码文件是 t_string.c。getCommand 直接调用 getGenericCommand 函数。

```
int getGenericCommand(client *c) {
    robj *o;
     // 从数据库中查询 key 对应的 value 值，并赋值给 o
    if ((o = lookupKeyReadOrReply(c,c->argv[1],shared.null[c->resp])) == NULL)
        return C_OK;
     // 一些类型校验
    if (checkType(c,o,OBJ_STRING)) {
        return C_ERR;
    }
     // 对返回值进行编码并返回
    addReplyBulk(c,o);
    return C_OK;
}

void getCommand(client *c) {
    getGenericCommand(c);
}
```

重点在于 addReplyBulk(c,o)，执行命令完毕后，进入响应客户端阶段，主线程调用 addReply 函数把执行结果响应给客户端。

```
void addReply(client *c, robj *obj) {
    if (prepareClientToWrite(c) != C_OK) return;
    ...
}
```

内部调用 prepareClientToWrite，把执行结果放入 clients_pending_write 可写队列。在进入下一次事件循环时，beforeSleep 函数内部会调用 handleClientsWithPendingWritesUsingThreads 函数把 clients_pending_write 队列任务分配给 I/O 线程和主线程。

任务分配完成之后，I/O 线程和主线程会调用 writeToClient 函数把命令的执行结果发送到客户端，writeToClient 函数的核心是一个 while 循环，内部会不断调用 _writeToClient 函数，向底层的 Scoket 连接里写数据。

```
int handleClientsWithPendingWritesUsingThreads(void) {
    // 1. 没有客户端需要处理，return 0
    int processed = listLength(server.clients_pending_write);
    if (processed == 0) return 0;

    // 2. 如果没有启用 I/O 线程或者只有少量 client 需要处理，则主线程同步，不使用 I/O 线程
    if (server.io_threads_num == 1 || stopThreadedIOIfNeeded()) {
        return handleClientsWithPendingWrites();
```

```
    }

    /* 3. 开启了 I/O 多线程模式，如果没有激活则调用 startThreadedIO 激活 */
    if (!server.io_threads_active) startThreadedIO();

    /* 4. 将 clients_pending_write 队列 client 分配到不同io_threads_list 列表中，
主线程负责 io_threads_list[0] 的任务 */

    listIter li;
    listNode *ln;
    listRewind(server.clients_pending_write,&li);
    int item_id = 0;
    while((ln = listNext(&li))) {
        client *c = listNodeValue(ln);
        c->flags &= ~CLIENT_PENDING_WRITE;
          // 省略部分代码

        int target_id = item_id % server.io_threads_num;
        listAddNodeTail(io_threads_list[target_id],c);
        item_id++;
    }

    /* 5. 修改全局变量，标识可写 */
    io_threads_op = IO_THREADS_OP_WRITE;
    for (int j = 1; j < server.io_threads_num; j++) {
        int count = listLength(io_threads_list[j]);
        setIOPendingCount(j, count);
    }

    /* 6. 主线程调用 writeToClient 函数把 io_threads_list[0] 的 client 执行结果写回
客户端 */
    listRewind(io_threads_list[0],&li);
    while((ln = listNext(&li))) {
        client *c = listNodeValue(ln);
        writeToClient(c,0);
    }
    // 7. 清空 io_threads_list[0]
    listEmpty(io_threads_list[0]);

    /* 8. 主线程等待其他 I/O 线程完成客户端响应 */
    while(1) {
        unsigned long pending = 0;
        for (int j = 1; j < server.io_threads_num; j++)
            pending += getIOPendingCount(j);
        if (pending == 0) break;
    }
     // 9. 将全局变量配置为 IO_THREADS_OP_IDLE 表示线程空闲
    io_threads_op = IO_THREADS_OP_IDLE;
```

```
    /* 10. 检查 clients_pending_write 中的 client 是否还有数据要响应给客户端，
如果有则调用 CT_Socket.set_write_handler 函数将 sendReplyToClient 函数
配置为 connection-> write_handler 回调函数*/

    listRewind(server.clients_pending_write,&li);
    while((ln = listNext(&li))) {
        client *c = listNodeValue(ln);

        updateClientMemUsageAndBucket(c);

        if (clientHasPendingReplies(c)) {
            installClientWriteHandler(c);
        }
    }
    // 11. 清空 server.clients_pending_write 队列
    listEmpty(server.clients_pending_write);

    server.stat_io_writes_processed += processed;

    return processed;
}
```

以上代码的主要步骤如下。

（1）查询 server.clients_pending_write 队列长度，为空则停止后续流程。

（2）如果没有启用 I/O 线程或者只有少量 client 需要处理，则主线程同步调用 handleClientsWithPendingWrites 函数完成全部 client 的写回响应，不开启 I/O 线程。如果不满足以上条件，则继续接下来的步骤。

（3）开启了 I/O 多线程模式，如果没有激活则调用 startThreadedIO 激活 I/O 线程。

（4）循环遍历 clients_pending_write 队列，使用 Round-Robin 算法将 client 分配到每个 I/O 线程绑定的 io_threads_list 列表中。主线程负责 io_threads_list[0] 的任务。

（5）修改全局变量 io_threads_op = IO_THREADS_OP_WRITE，通知 I/O 线程处理的是可写事件。I/O 线程会执行 writeToClient 函数将 client 的响应写回客户端。

（6）主线程也会调用 writeToClient 函数把 io_threads_list[0] 的 client 执行结果写回客户端。

（7）主线程执行 listEmpty(io_threads_list[0])清空 io_threads_list[0] 列表。

（8）主线程阻塞，等待其他 I/O 线程把各自绑定的 io_threads_list 队列的 client 的响应写回客户端的任务执行完毕。

（9）将全局变量 io_threads_op 配置为 IO_THREADS_OP_ IDLE，表示 I/O 线程空闲。

（10）检查 clients_pending_write 中的 client 是否还有数据要响应给客户端。如果有则调用 CT_Socket.set_write_handler 函数将 sendReplyToClient 函数配置为 connection->write_handler 回调函数。当连接事件可写时，主线程会调用 sendReplyToClient 函数，内部会调用 writeToClient 函数将 client 执行结果数据写回客户端。

（11）调用 listEmpty(server.clients_pending_write)清空 clients_pending_ write 队列。

一条 Redis 命令的执行过程到此结束，完结撒花。

第 2 章 核心筑基——数据结构与心法

我是 Redis，给开发者提供了 String（字符串）、Lists（列表）、Sets（无序集合）、Hashes（散列表）、Sorted Sets（可根据范围查询的排序集合）、Stream（流）、Geospatial（地理空间）、Bitmap（位图）、HyperLogLog（基数统计）和 Bloom Filter（布隆过滤器）等数据类型。

接下来我要介绍的是每种数据类型的使用技巧和使用场景，以及这些数据类型的底层数据结构原理。

2.1 字符串实现原理与实战

2.1.1 不同于 C 语言的字符串

字符串类型的使用场景最为广泛，例如计数器、缓存、分布式锁，以及存储登录后的用户信息，key 保存 token，value 存储登录用户对象的 JSON 字符串。

```
SET user:token:666 {"name": "码哥", "gender": "M","city":"shenzhen"}
```

接下来，我先带你深入了解字符串类型的底层数据结构和使用场景。

MySQL：“你都是用 C 语言开发出来的，C 语言本就有字符串，吓唬谁呢？！”

格局能不能打开一点儿，我并没有直接使用 C 语言的字符串，而是自己搞了一个 SDS 的结构体来表示字符串。SDS 的全称是 Simple Dynamic String，中文叫作简单动态字符串。

MySQL：“搞 SDS 的目的是啥？”

为了支持丰富和高性能的字符串操作函数、保存二进制格式数据、节省内存，以及实现“既要又要还要”的目标。先看 C 语言字符串数组的结构，例如通过 char *s = "MageByte"定义字符串变量，如图 2-1 所示。

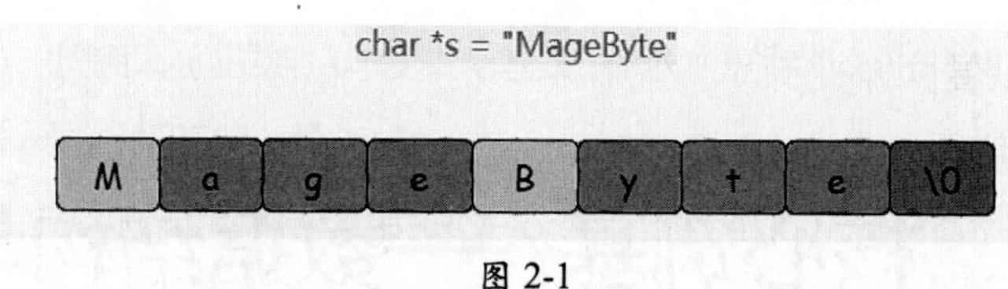

图 2-1

注意，数组的最后一个字符串是“\0”，它表示字符串的结束。因为 C 语言标准库 string.h 中的字符串有以下不足，所以我设计了 SDS。

◎ C 语言使用 char* 字符串数组来实现字符串，在创建字符串时就要需要手动检查和分配字符串空间。由于没有 length 属性记录字符串长度，想要获取一个字符串长度就要从头遍历，直到遇到 \0，唯快不破的我是不能容忍的。

◎ 无法做到“安全的二进制格式数据存储”，图片等二进制格式数据无法保存。无法存储 \0 这种特殊字符是因为 \0 在 C 语言字符串中表示结尾。

◎ 字符串的扩容和缩容。char 数组的长度在创建字符串的时候就确定下来，如果要追加数据，则要重新申请一块空间，把追加后的字符串内容拷贝进去，再释放旧的空间，十分消耗资源。

2.1.2 SDS 的奥秘

MySQL：“说说 SDS 结构体吧，你是如何解决这些问题的。”

为了存储字符串的实际内容，需要一个 char 类型数组，用一个 int 类型的 len 字段记录 char 数组使用了多少字节。

除此之外，还要有一个 int 类型的 alloc 字段记录分配的 char 数组总长度，alloc - len 就等于 char 类型的 buf 数组未使用的字节数，如图 2-2 所示。

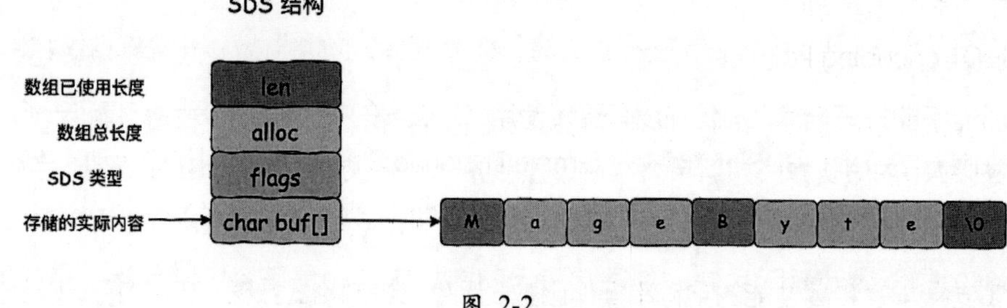

图 2-2

SDS 也遵循 C 语言的字符串以空字符“\0”结尾的惯例，空字符的大小不计算在 SDS 的 len 字段中。

O(1) 时间复杂度获取字符串长度

SDS 中的 len 字段保存了字符串的长度，实现了 O(1) 时间复杂度获取字符串长度。SDS 结构有一个 flags 字段，表示的是 SDS 类型。实际上 SDS 一共设计了 5 种类型，分别是 sdshdr5、sdshdr8、sdshdr16、sdshdr32 和 sdshdr64，区别在于数组的 len 长度和分配空间长度 alloc 不同。例如 sdshdr8 如下。

```
struct __attribute__ ((__packed__)) sdshdr8 {
    uint8_t len;
    uint8_t alloc;
    unsigned char flags;
    char buf[];
};
```

len 和 alloc 字段都是 uint8_t 类型的，在 Java 中 int 是 32 位的，而 C 语言中的 int 值不同，其中 uint8_t 是占 8 位的无符号 int 值，能表示的最大值是 2^8–1，那么它的 buf 数组的最大长度就是 2^8。

节省内存

之所以这么设计，是因为使用不同的 SDS 类型保存不同大小的字符串可以节省内存。

MySQL："SDS 能存储多大的字符串？"

alloc 表示当前 SDS 结构允许容纳的最大字符长度，例如 uint32_t alloc 的取值范围是 0~2^32–1。理论上，char 数组的最大长度为 4294967296，1 个 char 字符占用 1 字节，可以存储 4 GB，更不用说 sdshdr64 了。这些都是理论值，实际上 Redis 内部会限制最大的字符串长度为 512MB。

编码格式

我还对字符串类型的数据采用了三种编码格式来存储，分别是 int、embstr 和 raw，你可使用 OBJECT encoding key 来查找对象所使用的编码类型。编码选择流程如图 2-3 所示。

◎ int 编码：8 字节的长整型，值是数字类型且数字的长度小于 20。

◎ embstr 编码：长度小于或等于 44 字节的字符串。

◎ raw 编码：长度大于 44 字节的字符串。

MySQL："__attribute__ ((__packed__))是什么？"

我使用了专门的编译优化手段来节省内存空间。它的作用就是告诉编译器，不要使用字节对齐的方式，而是采用紧凑的方式分配内存。在默认情况下，编译器会按照 8 字节对齐的方式分配内存，即使这个变量的大小不到 8 字节。一旦使用了__attribute__ ((__packed__)) 定义结构体，编译器就会按照实际占用来分配内存空间。

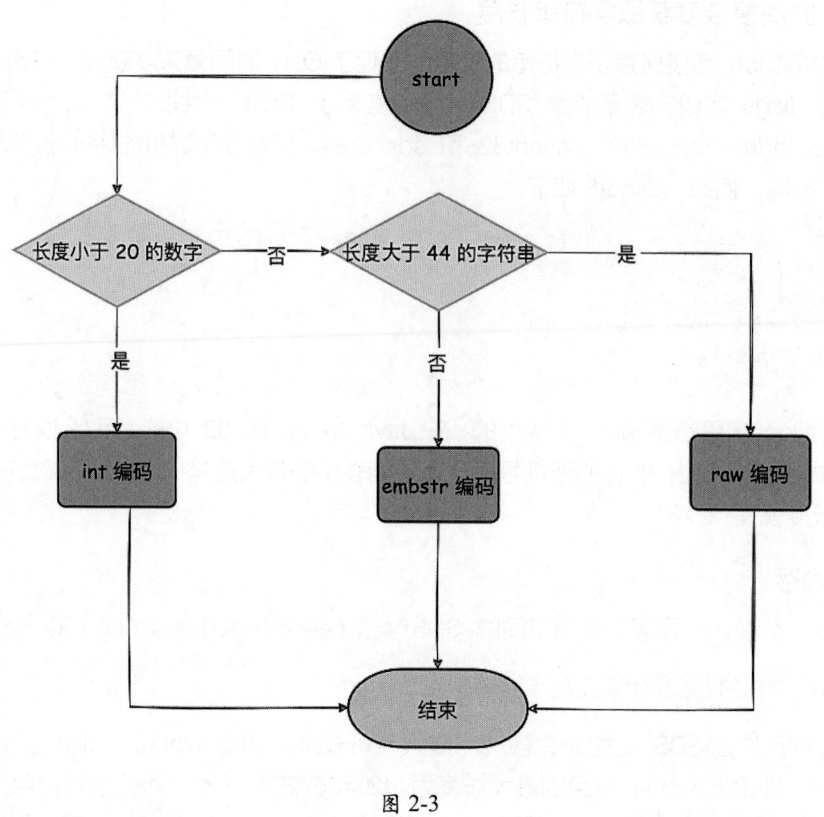

图 2-3

二进制格式数据安全

SDS 不仅可以存储字符串类型数据，还能存储二进制格式数据。SDS 并不是通过“\0”来判断字符串结束的，而是采用 len 标志结束，所以可以直接存储二进制格式数据。

空间预分配

在需要对 SDS 的空间进行扩容时，不仅仅分配所需的空间，还会分配额外的未使用空间。通过预分配策略，减少了执行字符串增长所需的内存重新分配次数，以及操作字符串增加带来的性能损耗。

惰性空间释放

当对 SDS 进行缩短操作时，程序并不会回收多余的内存空间，如果后面需要 append 追加操作，则直接使用 buf 数组 alloc - len 中未使用的空间。

通过惰性空间释放策略，避免了减小字符串所需的内存重新分配操作，为未来的增长操作提供了优化空间。

2.1.3 出招实战：分布式 ID 生成器

我相信你会经常遇到需要生成唯一 ID 的场景，例如标识每次请求、生成一个订单编号、创建用户。

分布式 ID 生成器需要满足以下特性。

◎ 趋势递增，MySQL 是最常用的数据库，如果 ID 不是趋势递增，那么 B+ 树为了维护 ID 的有序性，会频繁地在索引的中间位置插入节点，从而影响后面节点的位置，甚至频繁导致页分裂，这对于性能的影响是极大的。

◎ 全局唯一性，ID 不唯一就会出现主键冲突。

◎ 高性能，生成 ID 是高频操作，如果性能缓慢，系统的整体性能就会受到限制。

◎ 高可用，也就是在给定的时间间隔内，一个系统总的可用时间占的比例。

◎ 存储空间小，例如对于 MySQL 的 InnoDB B+树，普通索引（非聚集索引）会存储主键值，主键越大，每个 Page 可以存储的数据就越少，访问磁盘 I/O 的次数就会增加。

Redis 集群能保证高可用和高性能，为了节省内存，ID 可以使用数字的形式，并且通过递增的方式来创建新的 ID。为了防止重启数据丢失，你还需要把 Redis AOF 持久化开启。

MySQL："开启 AOF 持久化，为了性能配置 everysec 策略还是有可能丢失 1s 的数据，你还可以使用一个异步机制将生成的最大 ID 持久化到一个 MySQL。"

好主意，在生成 ID 之后发送一条消息到 MQ 消息队列中，把值持久化到 MySQL 中。我提供了 INCR 命令，它能把键中存储的数字加 1 并返回客户端。如果键不存在，则先将值初始化成 0，再执行加 1 操作并返回给客户端。该命令的值限制在 64 位有符号数字之内。

设计思路

假设订单 ID 生成器的键是"counter:order"，当应用服务启动时先从 MySQL 中查询出最大值 M，然后执行 EXISTS counter:order 判断是否存在键。

（1）如果 Redis 中不存在键"counter:order"，则执行 SET counter:order M 将值 M 写入 Redis。

（2）如果 Redis 中存在键"counter:order"，值为 N，则比较 M 和 N 的值，执行 SET counter:order max(M, N)将最大值写入 Redis，如果相等则不操作。

（3）应用服务启动完成后，在每次需要生成 ID 时，应用程序就向 Redis 服务器发送 INCR counter:order 命令。

（4）应用程序将获取到的 ID 值发送到 MQ 消息队列，消费者监听队列把值持久化到 MySQL。

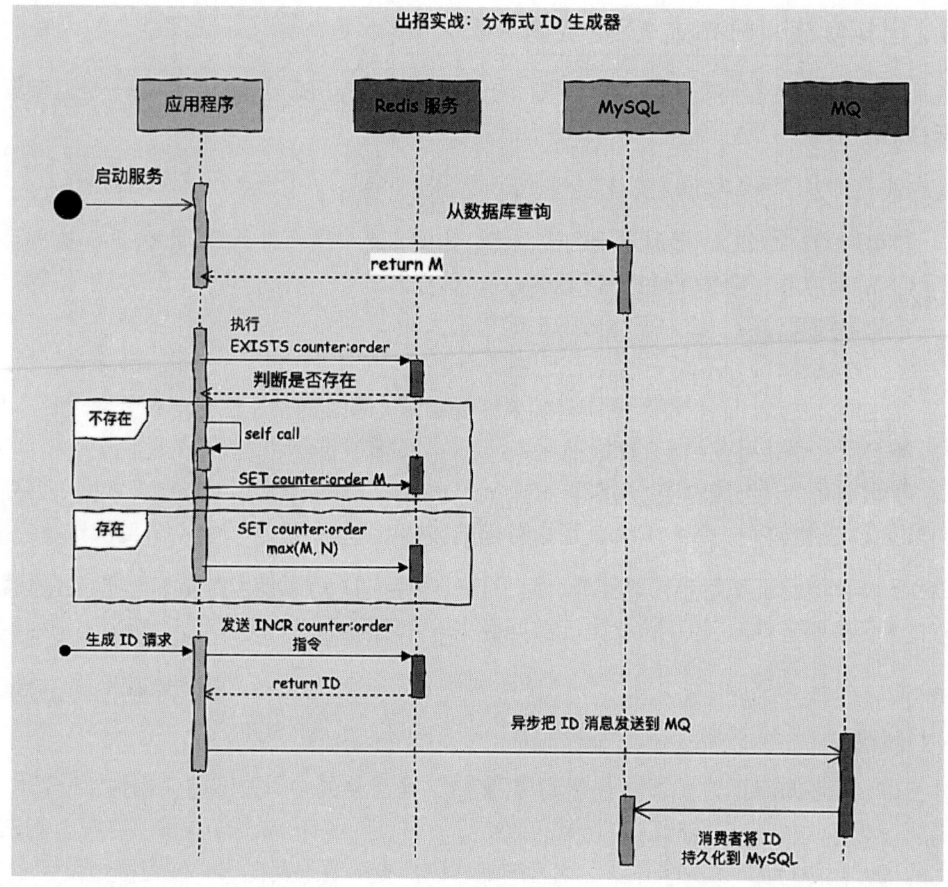

图 2-4

2.2 Lists 实现原理与实战

2.2.1 线性有序

Redis 的 Lists 与 Java 中的 LinkedList 类似，是一种线性的有序结构，按照元素被推入列表中的顺序存储元素，满足先进先出的需求。你可以把它当作队列、栈来使用。

2.2.2 linkedlist、ziplist、quicklist、listpack 演进

在 C 语言中，并没有现成的链表结构，所以 Antirez 为我专门设计了一套实现方式。关于 Lists 类型的底层数据结构，可谓英雄辈出，Antirez 大佬一直在优化，创造了多种用来保存的数据结构。包括早期作为 Lists 的底层实现的 linkedlist（双端链表）和 ziplist（压缩列表），

Redis 3.2 引入的由 linkedlist 和 ziplist 组成的 quicklist，以及 7.0 版本中取代了 ziplist 的 listpack。

MySQL："为什么弄了这么多数据结构呀？"

Antirez 所做的这一切都是为了在内存空间开销与访问性能之间做取舍和平衡，跟着我去"吃透"每个类型的设计思想和不足，你就明白了。

linkedlist

在 Redis 3.2 之前，Lists 的底层数据结构由 linkedlist 或者 ziplist 实现，优先使用 ziplist 存储。当 Lists 对象满足以下两个条件时，将使用 ziplist 存储链表，否则使用 linkedlist。

◎ 链表中的每个元素占用的字节数小于或等于 64。

◎ 链表的元素数量小于 512 个。

```
链表的节点使用 adlist.h/listNode 结构来表示。
typedef struct listNode {
    // 前驱节点
    struct listNode *prev;
    // 后驱节点
    struct listNode *next;
    // 指向节点的值
    void *value;
} listNode;
```

listNode 之间通过 prev 和 next 指针组成 linkedlist。

```
typedef struct list {
    // 头指针
    listNode *head;
    // 尾指针
    listNode *tail;
    // 节点值复制函数
    void *(*dup)(void *ptr);
    // 节点值释放函数
    void (*free)(void *ptr);
    // 节点值是否相等
    int (*match)(void *ptr, void *key);
    // 链表的节点数量
    unsigned long len;
} list;
```

linkedlist 的结构如图 2-5 所示。

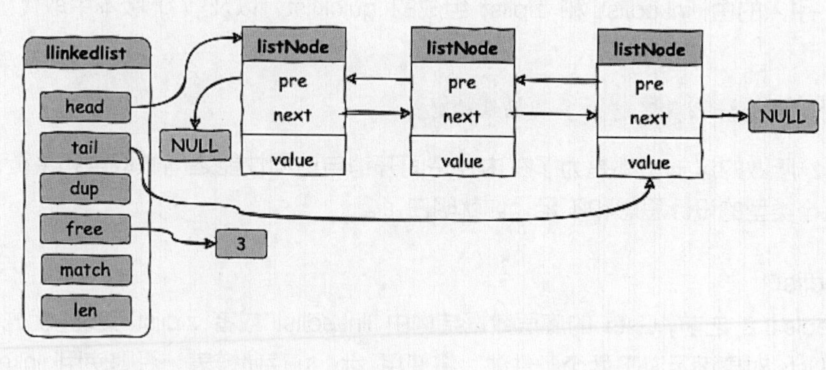

图 2-5

Redis 的链表实现的特性如下。

- ◎ 双端：链表节点带有 prev 和 next 指针，获取某个节点的前置节点和后继节点的复杂度都是 $O(1)$。
- ◎ 无环：链表头节点的 prev 指针和尾节点的 next 指针都指向 NULL，对链表的访问以 NULL 结束。
- ◎ 带表头指针和表尾指针：通过 list 结构的 head 指针和 tail 指针，程序获取链表的头节点和尾节点的复杂度为 $O(1)$。
- ◎ 使用链表结构的 len 属性记录节点数量，获取链表中节点数量的复杂度为 $O(1)$。

MySQL："看起来没什么问题呀，为什么还要 ziplist 呢？"

你知道的，我在追求快和节省内存的方向上无所不及，有两个原因导致了 ziplist 的诞生。

- ◎ 普通的 linkedlist 有 prev、next 两个指针，在数据很小的情况下，指针占用的空间会超过数据占用的空间，这就离谱了，是可忍，孰不可忍。
- ◎ linkedlist 是链表结构，在内存中不是连续的，遍历的效率低下。

ziplist

为了解决上面两个问题，Antirez 创造了 ziplist，这是一种内存紧凑的数据结构，占用一块连续的内存空间，能够提升内存使用率。

当一个 Lists 只有少量数据，并且每个列表项要么是小整数值，要么是长度比较短的字符串时，我就会使用 ziplist 作为 Lists 的底层数据结构存储数据。

ziplist 有多个 entry 节点，可以存放整数或者字符串，结构如图 2-6 所示。

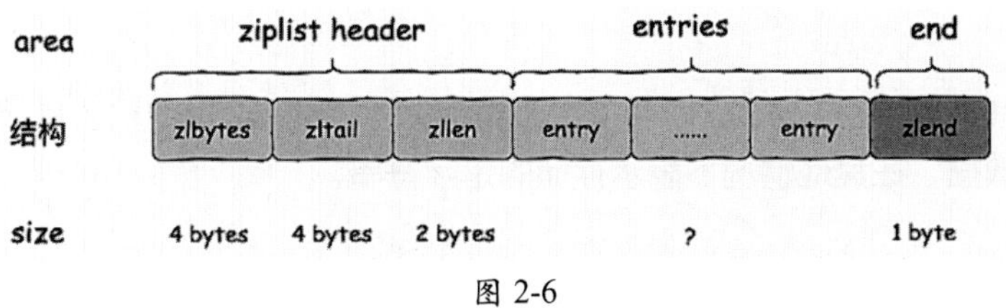

图 2-6

◎ zlbytes：占用 4 字节，记录整个 ziplist 占用的总字节数。

◎ zltail：占用 4 字节，指向最后一个 entry 偏移量，用于快速定位最后一个 entry。

◎ zllen：占用 2 字节，记录 entry 总数。

◎ entry：Lists 的元素。

◎ zlend：ziplist 结束标志，占用 1 字节，值等于 255。

因为 ziplist 头尾元数据的大小是固定的，并且 zltail 记录了 ziplist 头部最后一个元素的位置，所以，能以 $O(1)$ 的时间复杂度找到 ziplist 中第一个或最后一个元素。而在查找中间元素时，只能从 Lists 头或者 Lists 尾遍历，时间复杂度是 $O(N)$。存储数据的 entry 结构如图 2-7 所示。

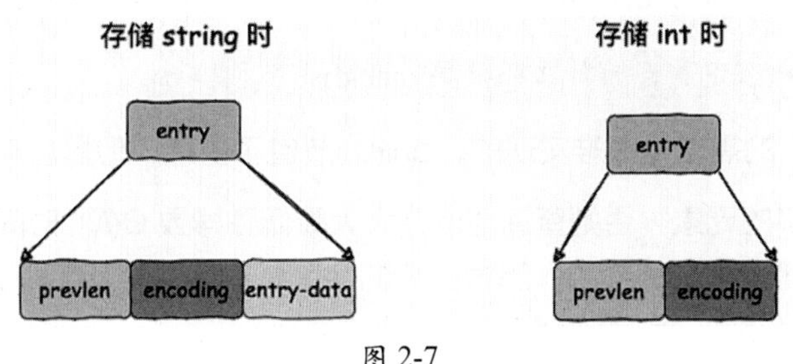

图 2-7

entry 通常由 <prevlen>、<encoding>和<entry-data> 3 部分构成。

prevlen

记录前一个 entry 占用的字节数，逆序遍历就是通过这个字段确定向前移动多少字节拿到上一个 entry 的首地址的。这部分会根据上一个 entry 的长度进行变长编码（为节省内存操碎了心），变长方式如下。

◎ 前一个 entry 的字节数小于 254（255 用于 zlend），prevlen 的长度为 1 字节，值等于上一个 entry 的长度。

◎ 前一个 entry 的字节数大于或等于 254，prevlen 占用 5 字节，第 1 字节配置为 254 作为一个标识，后面 4 字节组成一个 32 位的 int 值，用于存放上一个 entry 的字节长度。

encoding

表示当前 entry 的类型和长度，前两位用于表示类型，当前两位的值为 11 时表示 entry 存放的是 int 类型数据，在其他情况下表示存储的是字符串。

entry-data

实际存放数据的区域，需要注意的是，当 entry 中存储的数据是 int 类型时，encoding 和 entry-data 会合并到 encoding 中，没有 entry-data 字段。此刻结构就变成了由<prevlen> 和 <encoding>组成。

MySQL："为什么说 ziplist 省内存？"

（1）与 linkedlist 相比，少了 prev、next 指针。

（2）通过 encoding 字段针对不同编码来细化存储，尽可能做到按需分配，当 entry 存储的是 int 类型时，encoding 和 entry-data 会合并到 encoding，省掉了 entry-data 字段。

（3）每个 entry-data 占据的内存大小不一样，为了解决遍历问题，增加了 prevlen 记录上一个 entry 的长度。遍历数据的时间复杂度是 $O(1)$，但是对数据量很小的情况影响不大。

MySQL："听起来很完美，为什么还要搞 quicklist ？"

"既要又要还要"的需求是很难实现的，ziplist 节省了内存，但是也有不足。

◎ 不能保存过多的元素，否则查询性能会大大降低，导致 $O(N)$ 时间复杂度。
◎ ziplist 的存储空间是连续的，当插入新的 entry 时，内存空间不足就需要重新分配一块连续的内存空间，引发连锁更新的问题。

连锁更新

每个 entry 都用 prevlen 记录上一个 entry 的长度，在当前 entry B 前面插入一个新的 entry A 时，会导致 B 的 prevlen 改变，也会导致 entry B 的大小发生变化。entry B 后一个 entry C 的 prevlen 也需要改变。以此类推，就可能导致连锁更新，如图 2-8 所示。

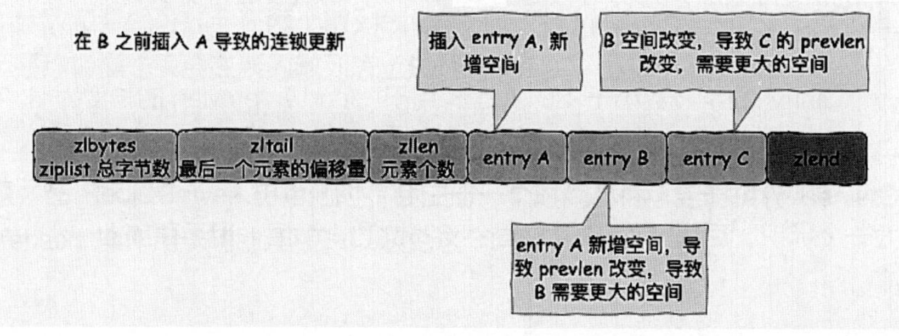

图 2-8

连锁更新会导致多次重新分配 ziplist 的内存空间，直接影响 ziplist 的查询性能。于是，Redis 3.2 引入了 quicklist。

quicklist

quicklist 是综合考虑了时间效率与空间效率引入的新型数据结构。它结合了 linkedlist 与 ziplist 的优势，本质还是一个链表，只不过链表的每个节点都是一个 ziplist。

数据结构定义在 quicklist.h 文件中，链表由 quicklist 结构体定义，每个节点都由 quicklistNode 结构体定义（源码版本为 6.2，7.0 版本使用 listpack 取代了 ziplist）。quicklist 是一个双向链表，所以每个 quicklistNode 都有前序节点指针（*prev）和后序节点指针（*next）。由于每个节点都是 ziplist，所以还有一个指向 ziplist 的指针 *zl。

```
typedef struct quicklistNode {
    // 前序节点指针
    struct quicklistNode *prev;
    // 后序节点指针
    struct quicklistNode *next;
    // 指向 ziplist 的指针
    unsigned char *zl;
    // ziplist 字节大小
    unsigned int sz;
    // ziplst 元素个数
    unsigned int count : 16;
    // 编码格式，1 = RAW ，代表未压缩原生 ziplist，2=LZF，代表压缩存储
    unsigned int encoding : 2;
    // 节点持有的数据类型，默认值为 2 ，表示 ziplist
    unsigned int container : 2;
    // 节点持有的 ziplist 是否经过解压，1 表示已经解压过，下一次操作需要重新压缩
    unsigned int recompress : 1;
    // ziplist 数据是否可压缩，太小的数据不需要压缩
    unsigned int attempted_compress : 1;
    // 预留字段
    unsigned int extra : 10;
} quicklistNode;
```

quicklist 作为链表，定义了头、尾指针，用于快速定位链表头和链表尾。

```
typedef struct quicklist {
    // 链表头指针
    quicklistNode *head;
    // 链表尾指针
    quicklistNode *tail;
    // ziplist 的总 entry 个数
    unsigned long count;
    // quicklistNode 个数
    unsigned long len;
    int fill : QL_FILL_BITS;
```

```
    unsigned int compress : QL_COMP_BITS;
    unsigned int bookmark_count: QL_BM_BITS;
    // 柔性数组，给节点添加标签，通过名称定位节点，实现随机访问的效果
    quicklistBookmark bookmarks[];
} quicklist;
```

结合 quicklist 和 quicklistNode 的定义，quicklist 的结构如图 2-9 所示。

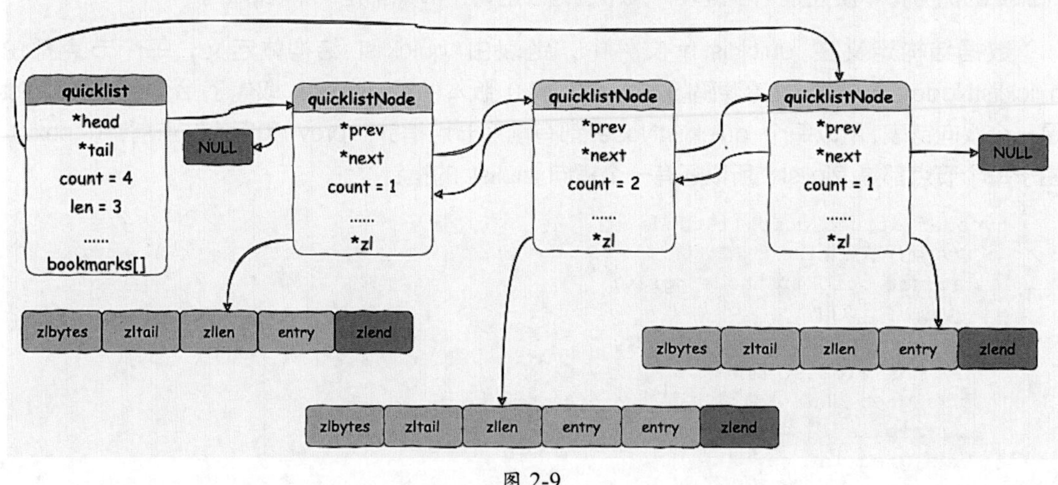

图 2-9

从结构上看，quicklist 是 ziplist 的升级版，优化的关键点在于控制好每个 ziplist 的大小或者元素个数。

◎ quicklistNode 的 ziplist 越小，可能造成越多的内存碎片，极端情况是每个 ziplist 只有一个 entry，退化成了 linkedlist。

◎ quicklistNode 的 ziplist 过大，极端情况下会造成一个 quicklist 只有一个 ziplist，退化成了 ziplist。连锁更新的性能问题就会暴露无遗。

合理配置很重要，Redis 提供了 list-max-ziplist-size -2，当 list-max-ziplist- size 为负数时表示限制每个 quicklistNode 的 ziplist 的内存大小，超过这个大小就会使用 linkedlist 存储数据，每个值的含义如下。

◎ –5：每个 quicklist 节点上的 ziplist 最大为 64 kb <--- 正常环境不推荐

◎ –4：每个 quicklist 节点上的 ziplist 最大为 32 kb <--- 不推荐

◎ –3：每个 quicklist 节点上的 ziplist 最大为 16 kb <--- 可能不推荐

◎ –2：每个 quicklist 节点上的 ziplist 最大为 8 kb <--- 不错

◎ –1：每个 quicklist 节点上的 ziplist 最大为 4kb <--- 不错

默认值为–2，也是官方最推荐的值，当然你可以根据自己的实际情况进行修改。

MySQL："搞了半天还是没能解决连锁更新的问题嘛。"

别急，饭要一口一口吃，路要一步一步走，步子迈大了容易摔跟头。

ziplist 是紧凑型数据结构，可以有效利用内存。但是每个 entry 都用 prevlen 保留了上一个 entry 的长度，所以在插入或者更新时可能出现连锁更新影响效率。

于是 Antirez 又设计出了"链表 + ziplist"组成的 quicklist 来避免单个 ziplist 过大，缩小连锁更新的影响范围。可毕竟还是使用了 ziplist，本质上无法避免连锁更新的问题。于是，5.0 版本设计出另一个内存紧凑型数据结构 listpack，并在 7.0 版本中替换掉 ziplist。

listpack

出现 listpack 的原因是用户上报了一个 Redis 崩溃的问题，但是 Antirez 并没有找到崩溃的明确原因，猜测可能是 ziplist 结构导致的连锁更新，于是他想设计一种简单、高效的数据结构来替换 ziplist。

MySQL："listpack 是什么？"

listpack 也是一种紧凑型数据结构，用一块连续的内存空间来保存数据，并且使用多种编码方式来表示不同长度的数据来节省内存空间。

源码文件 listpack.h 对 listpack 的解释是 A lists of strings serialization format，意思是一种字符串列表的序列化格式，可以把字符串列表进行序列化存储，可以存储字符串或者整形数字。

listpack 的结构包括 tot-bytes、num-elements、elements 和 listpack-end-byte 4 部分，如图 2-10 所示。

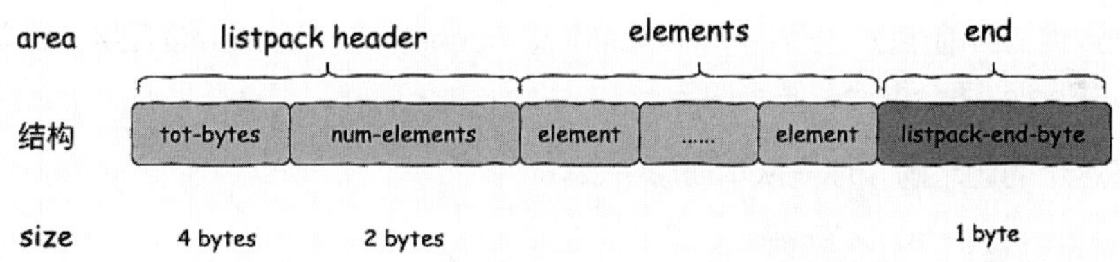

图 2-10

- ◎ tot-bytes：也就是 total bytes，占用 4 字节，记录 listpack 占用的总字节数。
- ◎ num-elements：占用 2 字节，记录 listpack elements 的个数。
- ◎ elements：listpack 元素，保存数据的部分。
- ◎ listpack-end-byte：结束标志，占用 1 字节，值固定为 255。

MySQL："好家伙，这跟 ziplist 有什么区别？别以为换了个名字，换个马甲我就不认识了。"

听我说完！listpack 确实也是由元数据和数据组成的，它们最大的区别是 elements 部分，为了解决 ziplist 连锁更新的问题，element 不再像 ziplist 的 entry 保存前一项的长度，如图 2-11 所示。

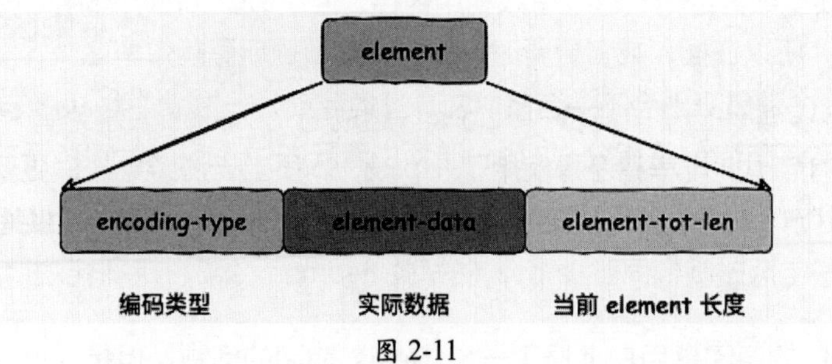

图 2-11

◎ encoding-type：存的是 element-data 部分的编码类型和长度，是一个变长结构。

◎ element-data：实际存放的数据。

◎ element-tot-len：encoding-type + element-data 的总长度，不包含自身的长度。

每个 element 只记录自身的长度，当修改或者新增元素时，不会影响后续 element 的长度，解决了连锁更新的问题。从 linkedlist、ziplist 到“链表 + ziplist”构成的 quicklist，再到 listpack，可以看到，设计的初衷都是能够高效地使用内存，同时避免性能下降。

2.2.3 出招实战：消息队列

学完了 Lists 的底层数据结构，终于到我（Redis）大显身手上才艺搞实战的环节了。

分布式系统中必备的一个中间件就是消息队列，它可以进行服务间异步解耦、流量消峰、实现最终一致性。目前市面上已经有 RabbitMQ、RochetMQ、ActiveMQ 和 Kafka 等消息队列，有人会问：“Redis 适合做消息队列吗？”

在回答这个问题之前，你先从本质思考。

◎ 消息队列提供了什么特性?

◎ Redis 如何实现消息队列？是否满足存取需求?

我将结合消息队列的特点，分析将 Redis 的 Lists 作为消息队列的实现原理，把这章学到的运用到项目中。学会了这些，今年的优秀员工奖就是你的了。

什么是消息队列

消息队列是一种异步的服务间通信方式，适用于分布式和微服务架构。消息在被处理和删除之前一直存储在队列上。

它基于先进先出（FIFO）的原则，允许发送者（生产者）向队列中发送消息，而接收者（消费者）则可以从队列中获取消息并进行处理。

消息队列通常被用于解耦应用程序的各个组件，实现异步通信、削峰填谷、解耦合、流量控制等功能。如图 2-12 所示。

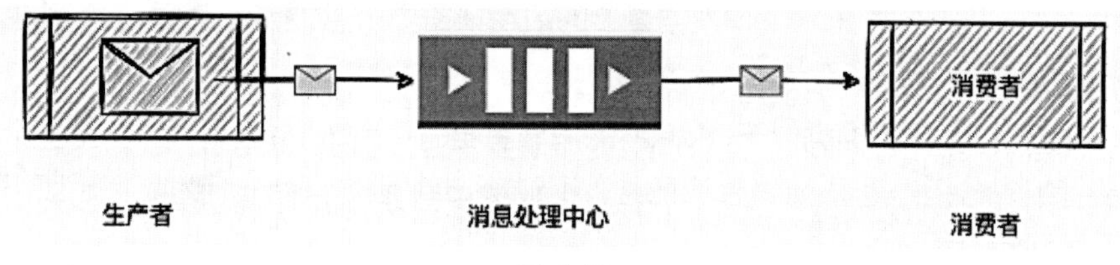

图 2-12

◎ Producer：消息生产者，负责产生和发送消息到 Broker。

◎ Broker：消息处理中心。负责消息存储、确认、重试等，一般会包含多个 queue。

◎ Consumer：消息消费者，负责从 Broker 中获取消息，并进行相应处理。

MySQL："消息队列的使用场景有哪些呢？"

消息队列在实际应用中包括如下 4 个场景。

◎ 应用耦合：发送方、接收方的系统之间不需要互相了解，只需要认识消息。多应用间通过消息队列对同一消息进行处理，避免调用接口失败导致整个过程失败。

◎ 异步处理：多应用对消息队列中的同一消息进行处理，应用间并发处理消息，相比串行处理，减少处理时间。

◎ 限流削峰：广泛应用于秒杀或抢购活动中，避免流量过大导致应用系统"挂掉"的情况。

◎ 消息驱动的系统：系统中有消息队列、消息生产者和消息消费者，生产者负责产生消息，消费者（可能有多个）负责处理消息。

消息队列满足哪些特性

（1）消息有序性：消息是异步处理的，但是消费者需要按照生产者发送消息的顺序来消费，避免出现后发送的消息被先处理的情况。

（2）重复消息处理：当因为网络问题出现消息重传时，消费者可能收到多条重复消息。同样的消息重复多次可能造成同一业务逻辑被多次执行，在这种情况下，应用系统需要确保幂等性。

（3）可靠性：保证一次性传递消息。如果发送消息时接收者不可用，那么消息队列会保留消息，直到成功地传递它。当消费者重启后，可以继续读取消息进行处理，防止消息遗漏。

（4）LPUSH：生产者使用 LPUSH key element[element...] 将消息插入队列头部，如果 key 不存在则会创建一个空的队列再插入消息。如下，生产者向队列 queue 先后插入了 Java、码哥字节、Go，返回值表示插入队列的消息个数。

```
> LPUSH queue Java 码哥字节 Go
(integer) 3
```

MySQL：“如果生产者发送消息的速度很快，消费者处理不过来，则会导致消息积压，占用过多的内存。”

确实，Lists 并没有提供类似于 Kafka 的消费者组（Consumer Group），由多个消费者组成一个消费者组来分担处理队列消息的任务。不过从 5.0 版本开始，Redis 提供了 Stream 数据类型，后面我会介绍。

RPOP

消费者使用 RPOP key 依次读取队列的消息，先进先出，所以 Java 会先被消费者读取。如图 2-13 所示。

```
> RPOP queue
"Java"
> RPOP queue
"码哥字节"
> RPOP queue
"Go"
```

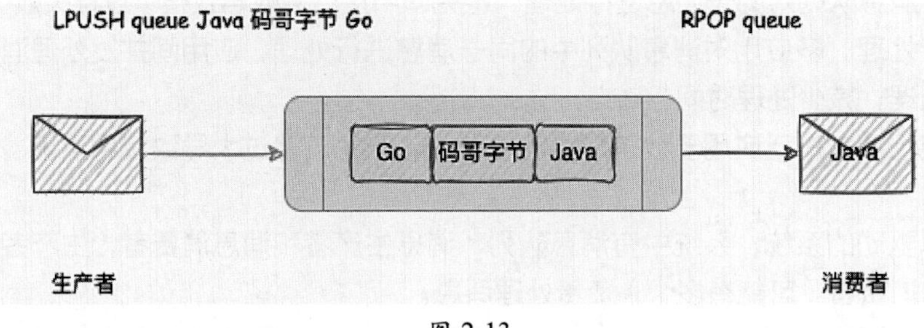

图 2-13

实时消费问题

谢霸戈：“这么简单就实现了？”

别高兴得太早，LPUSH、RPOP 存在性能风险，当生产者向队列插入数据时，Lists 并不会主动通知消费者及时消费。

谢霸戈：“那我写一个 while(true) 不停地调用 RPOP 命令，当有新消息时就消费！”

程序需要不断轮询并判断是否为空再执行消费逻辑，这就会导致即使没有新消息写入队列，消费者也在不停地调用 RPOP 命令占用 CPU 资源。

谢霸戈：“如何避免循环调用导致的 CPU 性能损耗呢？”

请叫我贴心哥 Redis，我提供了 BLPOP、BRPOP 阻塞读取的命令，消费者在读取队列没有数据时会自动阻塞，直到有新的消息写入队列，才继续读取新消息执行业务逻辑。

```
BRPOP queue 0
```

参数 0 表示阻塞等待绵绵无绝期，哪怕烟花易冷人事易分，雨纷纷旧故里草木深，斑驳的城门盘踞着老树根，直到“心上人”来。

重复消费解决方案

◎ 消息队列自动为每条消息生成一个全局 ID。

◎ 生产者为每条消息创建一个全局 ID，消费者把处理过的消息 ID 记录下来判断是否重复。

其实这就是幂等，对于同一条消息，消费者收到后处理一次的结果和处理多次的结果是一样的。

消息可靠性解决方案

谢霸戈：“消费者读取消息，处理过程中宕机了就会导致消息没有处理完成，可是数据已经不在队列中了，怎么办？”

这种现象的本质就是消费者在处理消息时崩溃了，无法再读取消息，缺乏一个消息确认的可靠机制。我提供了 BRPOPLPUSH source destination timeout 命令，含义是以阻塞的方式从 source 队列读取消息，同时把这条消息复制到另一个 destination 队列中（备份），并且是原子操作。

不过这个命令从 6.2 版本起被 BLMOVE 取代。接下来，上才艺！生产者使用 LPUSH 把消息依次存入 order:pay 队列队头（左端）。

```
LPUSH order:pay "谢霸戈"
LPUSH order:pay "肖菜姬"
```

消费者消费消息时在 while 循环使用 BLMOVE，以阻塞的方式从队列 order:pay 队尾（右端）弹出消息“谢霸戈”，同时把该消息复制到队列 order:pay:back 队头（左端），该操作是原子性的，最后一个参数 timeout = 0 表示持续等待。

```
BLMOVE order:pay order:pay:back RIGHT LEFT 0
```

如果消费消息“谢霸戈”成功，就使用 LREM 把队列 order:pay:back 中的“谢霸戈”消息删除，从而实现 ACK 确认机制。

```
LREM order:pay:back 0 "谢霸戈"
```

0 是 count 参数对应的值，该参数的含义如下。

◎ count > 0，从表头（左端）向表尾（右端），依次删除 count 个 value。

◎ count < 0，从表尾（右端）向表头（左端），依次删除 |count| 个 value。

◎ count = 0，删除所有的 value。

如果消费异常，那么应用程序使用 BRPOP order:pay:back 从备份队列再次读取消息即可，如图 2-14 所示。

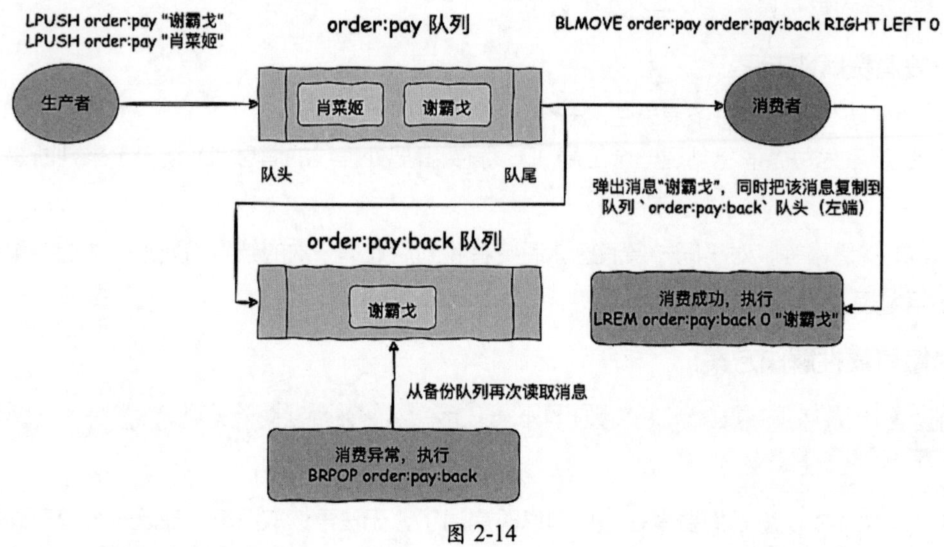

图 2-14

2.3 Sets 实现原理与实战

Sets 的功能类似 Java 中的 HashSet，是通过散列表实现的，所以添加、删除、查找元素的时间复杂度是 $O(1)$。

2.3.1 无序和唯一

Sets 是字符串类型的无序集合，集合中的元素是唯一的，不会出现重复的数据。Java 的 HashSet 底层是用 HashMap 实现的，Sets 的底层数据结构是用散列表实现的，散列表的 key 存储的是 Sets 中元素的 value，散列表的 value 指向 NULL。

不同的是，当元素内容都是 64 位以内的十进制整数，并且元素个数不超过 set-max-intset-entries 配置的值（默认为 512）时，Sets 会使用更加省内存的 intset（整形数组）来存储，如图 2-15 所示。

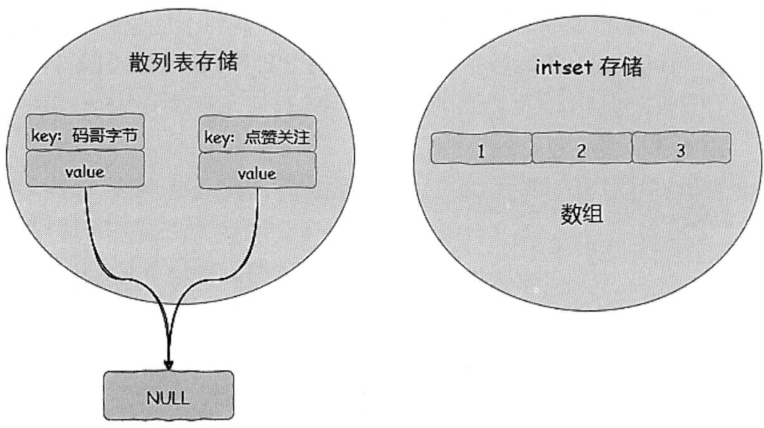

图 2-15

使用场景

当你需要存储多个元素，并且要求不能出现重复数据，无须考虑元素的有序性时，可以使用 Sets。Sets 还支持在集合之间做交集、并集、差集操作，例如统计如下场景中多个集合元素的聚合结果。

◎ 统计多个元素的共有数据（交集）。

◎ 对于两个集合，统计其中的一个独有元素（差集）。

◎ 统计多个集合的所有元素（并集）。

常见的使用场景如下。

◎ 社交软件中共同关注：通过交集实现。

◎ 每日新增关注数：对近两天的总注册用户量集合取差集。

◎ 打标签：你可以为自己收藏的每一篇文章打标签，例如微信收藏功能，这样可以快速地找到被添加了某个标签的所有文章。

2.3.2 intset

先看 intset 结构，结构体定义在源码 intset.h 中。

```
typedef struct intset {
    uint32_t encoding;
    uint32_t length;
    int8_t contents[];
} intset;
```

◎ length：记录整数集合存储的元素个数，其实就是 contents 数组的长度。

◎ contents：真正存储整数集合的数组，是一块连续内存区域。每个元素都是一个数组元素，数组中的元素会按照值的大小从小到大存储，并且不会有重复元素。

◎ encoding：编码格式，决定数组类型，一共有 3 种不同的值，如图 2-16 所示。

- INTSET_ENC_INT16：表示 contents 数组的存储元素是 int16_t 类型的，每 2 字节表示一个整数元素。
- INTSET_ENC_INT32：表示 contents 数组的存储元素是 int32_t 类型的，每 4 字节表示一个元素。
- INTSET_ENC_INT64：表示 contents 数组的存储元素是 int64_t 类型的，每 8 字节表示一个元素。

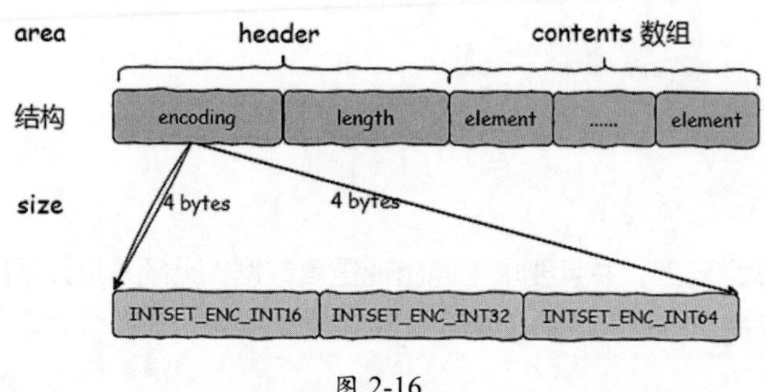

图 2-16

MySQL：“如果在一个 int16_t 类型的 intset 中插入一个 int64_t 类型的值会怎样？”

这个问题问得好。这种情况会触发 intset 升级，也就是 Sets 的所有元素都会转换成 int64_t 类型，步骤如下。

（1）根据新元素的类型和 Sets 元素的数量，计算包括新添加的元素在内的新的空间大小，对底层数组空间扩容，重新分配空间。

（2）将 intset 中原有的元素都转换成新元素类型，把转换后的元素按照从小到大的顺序放到正确的位置上，需要保证 intset 元素的有序性。

（3）将 encoding 改为 INTSET_ENC_INT64, length=length + 1。

因此，每次向 intset 添加新元素都可能引起升级，升级又会对原始数据进行类型转换，时间复杂度是 $O(N)$。

MySQL：“如果删除刚刚添加的 int64_t 类型元素，那么会执行降级操作吗？”

intset 不支持降级操作。

MySQL：“Sets 是无序集合，为何在存储整形数字的场景中 contents 数组元素需要有序？”

数组有序有助于使用二分法提高查询元素的效率。当 insetFind 函数的返回值为 0 时，表示 intset 中没有目标数据；当 insetFind 函数的返回值为 1 时，表示存在目标数据。方法内部会调用 intsetSearch 函数使用二分法来查找数据。

```
static uint8_t intsetSearch(intset *is, int64_t value, uint32_t *pos) {
    int min = 0, max = intrev32ifbe(is->length)-1, mid = -1;
    int64_t cur = -1;
    // 省略一些检查代码

    while(max >= min) {
        mid = ((unsigned int)min + (unsigned int)max) >> 1;
        cur = _intsetGet(is,mid);
        if (value > cur) {
            min = mid+1;
        } else if (value < cur) {
            max = mid-1;
        } else {
            break;
        }
    }
     // 修改 pos 指针
    if (value == cur) {
        if (pos) *pos = mid;
        return 1;
    } else {
        if (pos) *pos = min;
        return 0;
    }
}
```

如果查找到目标值，那么 pos 指针记录目标值的位置；如果查找不到目标值，那么 pos 指针记录的就是这个目标值插入 intset 的位置。

2.3.3 出招实战：共同好友

三国天下有限公司开发了一款名为“三国恋”的社交 App，需要实现共同好友功能，这个场景就能通过交集来实现。为每个用户创建一个 Sets 集合，将账号名作为集合的 key，集合 value 存储该账号的好友。如下命令构建刘备和曹操的好友集合。

```
SADD user:刘备 赵子龙 张飞 关羽 貂蝉
SADD user:曹操 貂蝉 夏侯惇 典韦 张辽
```

想要知道两个人的共同好友，也就是两个集合的交集，只需要使用 SINTERSTORE 命令。

```
SINTERSTORE user:曹刘好友 user:刘备 user:曹操
```

命令执行后，刘备与曹操两个集合的交集数据就存储到了“user:曹刘好友”集合中。使用 SMEMBERS 查看曹操与刘备的共同好友，如图 2-17 所示。

```
redis> SMEMBERS user:曹刘好友
1) "貂蝉"
```

好家伙，他们都喜欢貂蝉，你喜不喜欢呢？

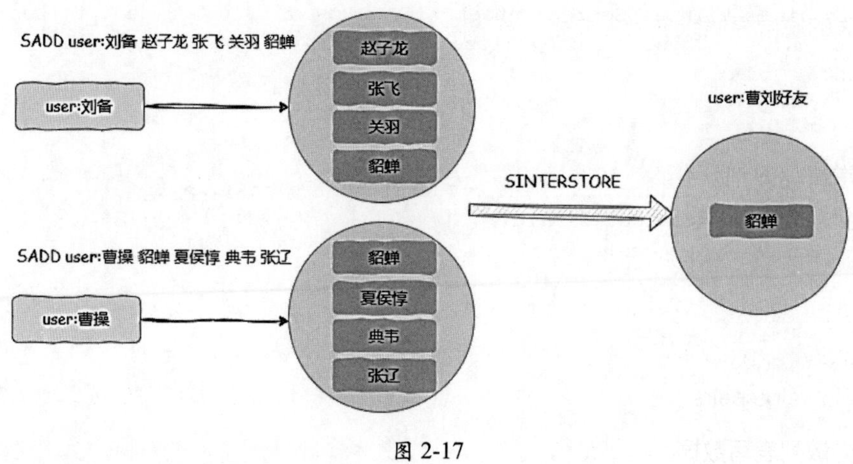

图 2-17

2.4 散列表实现原理与实战

2.4.1 field-value pairs 集合

散列表是一种 field-value pairs 集合类型，类似于 Java 中的 HashMap。一个 field 对应一个 value。

Redis 的散列表的底层数据结构通常是 dict，由数组和链表构成，数组元素占用的槽位叫作哈希桶，当出现散列冲突时就会在这个桶下挂一个链表，用“拉链法”解决散列冲突的问题，如图 2-18 所示。

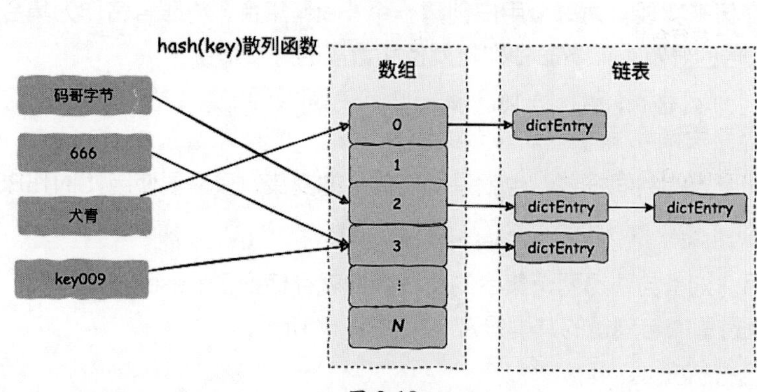

图 2-18

2.4.2　dict 和 listpack

散列表的底层存储数据结构实际上有两种。

◎ dict 数据结构。
◎ listpack（7.0 版本之前使用 ziplist）数据结构。

在通常情况下，使用 dict 数据结构存储数据，每个 field-value pairs 构成一个 dictEntry 节点。只有同时满足以下两个条件，才会使用 listpack 数据结构来代替 dict，按照 field 在前 value 在后、紧密相连的方式依次把每个 field-value pairs 放到列表的表尾。

◎ 每个 field-value pairs 中的 field 和 value 的字符串的字节数都小于或等于 hash-max-listpack- value 配置的值（默认为 64）。
◎ field-value pairs 数量小于 hash-max-listpack-entries 配置的值（默认为 512）。

每次向散列表写数据时，都会调用 t_hash.c 中的 hashTypeConvertListpack 函数来判断是否需要转换底层数据结构。

当插入和修改的数据不满足以上两个条件时，就把散列表底层存储的数据结构转换成 dict。需要注意的是，不能由 dict 退化成 listpack。

虽然使用了 listpack 就无法实现 $O(1)$ 时间复杂度操作数据，但是能大大减少内存占用，而且由于数据量比较小，性能不会有太大差异。

散列表使用 listpack 存储数据时的情况如图 2-19 所示。

写入两个field-value pairs

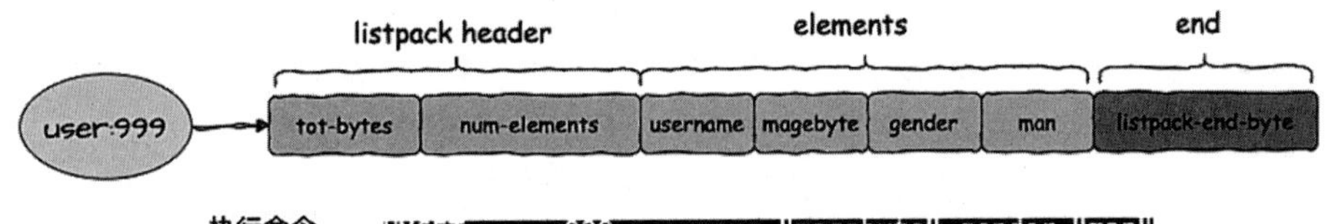

执行命令　HMSET user:999 username "magebyte" gender "man"

图 2-19

接下来带你揭秘 dict 到底是什么样子的。Redis 数据库就是一个全局散列表。在正常情况下，我只会使用 ht_table[0]散列表，图 2-20 是一个没有进行 rehash 的 dict 字典。

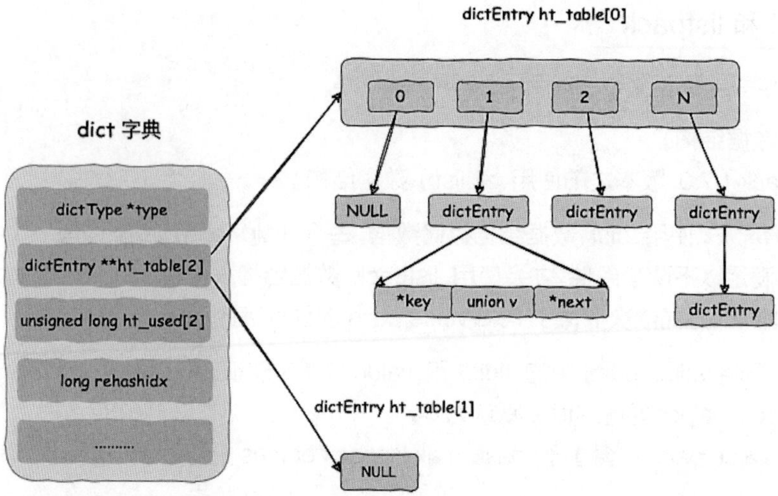

dictEntry ht_table[0]
0 1 2 N
dict 字典
NULL dictEntry dictEntry dictEntry
dictType *type
dictEntry **ht_table[2]
*key union v *next
dictEntry
unsigned long ht_used[2]
long rehashidx
dictEntry ht_table[1]
....
NULL

图 2-20

在源码 dict.h 中使用 dict 结构体表示 Redis 全局散列表。

```
struct dict {
    dictType *type;
    // 真正存储数据的地方，分别存放两个指针
    dictEntry **ht_table[2];
    unsigned long ht_used[2];

    long rehashidx;

    int16_t pauserehash;
    signed char ht_size_exp[2];
};
```

◎ dictType *type：存放函数的结构体，定义了一些函数指针，可以通过配置自定义函数，实现在 dict 的 key 和 value 中存放任何类型的数据。

◎ dictEntry **ht_table[2]：存放大小为 2 的散列表指针数组，每个指针指向一个 dictEntry 类型的散列表。

◎ ht_used[2]：记录每个散列表使用了多少槽位。

◎ rehashidx：标记是否正在执行 rehash 操作，–1 表示没有进行 rehash。如果正在执行 rehash 操作，那么其值表示当前执行 rehash 操作的 ht_table[0] 散列表 dictEntry 数组的索引。

◎ pauserehash：表示 rehash 的状态，大于 0 时表示 rehash 暂停，等于 0 时表示继续执行，小于 0 时表示出错。

继续看 dictEntry，数组中每个元素都是 dictEntry 类型的，就是它存放了 field-value pairs。

```
typedef struct dictEntry {
    void *key;
    union {
        void *val;
        uint64_t u64;
        int64_t s64;
        double d;
    } v;
    struct dictEntry *next;
} dictEntry;
```

◎ *key 指针指向 field-value pairs 中的 field，实际上指向一个 SDS 实例。

◎ v 是一个 union 联合体，表示 field-value pairs 中的 value，同一时刻只有一个字段有 value，用联合体的目的是节省内存。

- *val：value 是非数字类型时使用该指针存储。
- uint64_t u64：value 是无符号整数时使用该字段存储。
- int64_t s64：value 是有符号整数时使用该字段存储。
- double d：value 是浮点数时使用该字段存储。

◎ *next 是指向下一个节点的指针，当散列表数据增加时，可能出现不同的 field 得到的哈希值相等，也就是多个 field 对应一个哈希桶的情况，这就是哈希冲突。Redis 使用拉链法，也就是用链表将数据串起来。

MySQL：“为什么 ht_table[2] 存放了两个指向散列表的指针？用一个散列表不就够了么。”

默认使用 ht_table [0]读/写数据，当散列表的数据越来越多时，哈希冲突严重会导致哈希桶的链表比较长，使查询性能下降。当散列表保存的 field-value pairs 太多或者太少时，需要通过 rehash 对散列表进行扩/缩容。

扩容和缩容

Redis 扩容和缩容的步骤如下。

（1）为了提高性能，减少哈希冲突，会创建一个大小等于 ht_used[0] * 2 的散列表 ht_table[1]，也就是每次扩容时根据散列表 ht_table [0]已使用空间扩大一倍创建一个新散列表 ht_table [1]。反之，如果是缩容操作，就根据 ht_table [0]已使用空间缩小一半创建一个新的散列表。

（2）重新计算 field-value pairs 的哈希值，得到这个 field-value pairs 在新散列表 ht_table [1]中的桶位置，将 field-value pairs 迁移到新的散列表上。

（3）所有 field-value pairs 迁移完成后，修改指针，释放空间。把 ht_table[0]指针指向扩容后的散列表，回收原来小的散列表的内存空间，把 ht_table[1]指针指向 NULL，为下次扩/缩容做准备。

MySQL："什么时候会触发扩容？"

- ◎ 当前没有执行 bgsave 或者 BGREWRITEAOF 命令，同时负载因子大于或等于 1。也就是当前没有 RDB 子进程和 AOF 重写子进程在工作，毕竟这两个操作比较容易对性能造成影响，就不扩容"火上浇油"了。
- ◎ 正在执行 bgsave 或者 BGREWRITEAOF 命令，负载因子大于或等于 5。这时哈希冲突太严重了，再不触发扩容，查询效率就太低了。

负载因子 = 散列表存储的 dictEntry 节点数量 / 哈希桶个数。在理想情况下，每个哈希桶存储一个 dictEntry 节点，这时负载因子 = 1。

MySQL："需要迁移的数据量很大，rehash 操作岂不是会长时间阻塞主线程？"

为了防止阻塞主线程造成性能问题，我并不是一次性把全部的 key 迁移，而是分多次将迁移操作分散到每次请求中，避免集中式 rehash 造成长时间阻塞，这个方式叫渐进式 rehash。

在执行渐进式 rehash 期间，dict 会同时使用 ht_table[0] 和 ht_table[1]两个散列表，rehash 的具体步骤如下。

（1）将 rehashidx 配置为 0，表示 rehash 开始执行。

（2）在 rehash 期间，服务端每次处理客户端对 dict 散列表执行添加、查找、删除或者更新操作时，除了执行指定操作，还会检查当前 dict 是否处于 rehash 状态，如果是，就把散列表 ht_table[0]上索引位置为 rehashidx 的哈希桶的链表的所有 field-value pairs rehash 到散列表 ht_table[1]上，该哈希桶的数据迁移完成，将 rehashidx 的值加 1，表示下一次要迁移的哈希桶所在的位置。

（3）当所有的 field-value pairs 迁移完成后，将 rehashidx 配置为–1，表示 rehash 操作已完成。

MySQL："在 rehash 过程中，字典的删除、查找、更新和添加操作，要在两个 ht_table 中都做一遍吗？"

删除、修改和查找可能会在两个散列表中进行，第一个散列表中没找到就到第二个散列表中查找。但是增加操作只会在新的散列表上进行。

MySQL："如果请求比较少，岂不是要长时间使用两个散列表。"

好问题，在 Redis Server 初始化时，会注册一个时间事件，定时执行 serverCron 函数，其中包含 rehash 操作用于辅助迁移，以避免这个问题。

2.4.3　出招实战：购物车

在线购物 App 的购物车应具备如下功能，如图 2-21 所示。

◎ 添加商品到购物车。

◎ 浏览购物车的所有商品。

◎ 更新某个商品的数量（增加或者减少）并查看商品信息（价格、图片、描述等）。

◎ 删除商品。

◎ 清空购物车。

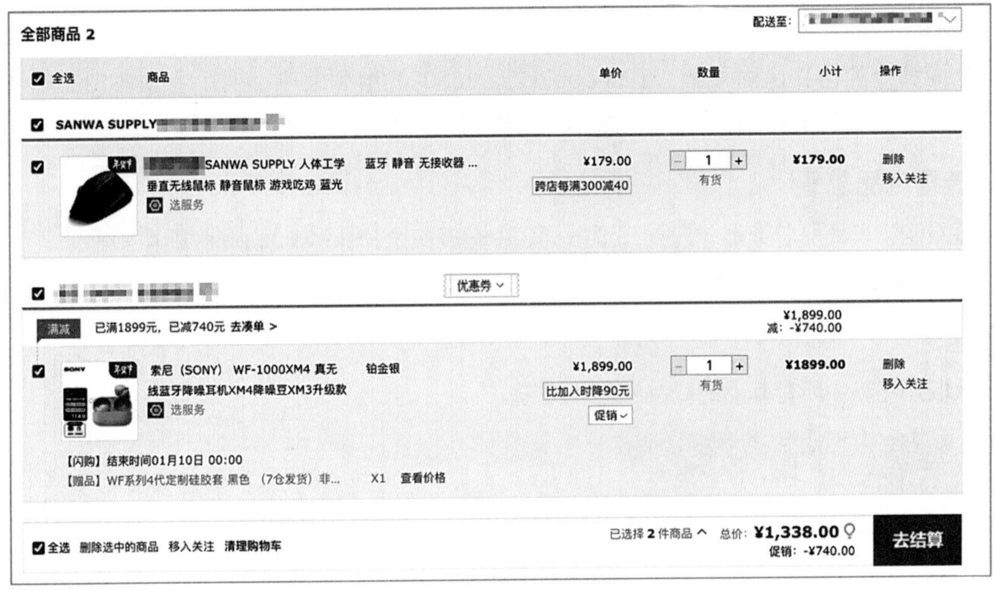

图 2-21

这里仅讨论购物车的模型设计，不涉及购物车与数据库的同步、购物车与订单的关系等问题。为每个用户创建一个散列表存储购物车信息，key = shoppingCart:用户 ID，value 就是购物车信息，如图 2-22 所示。

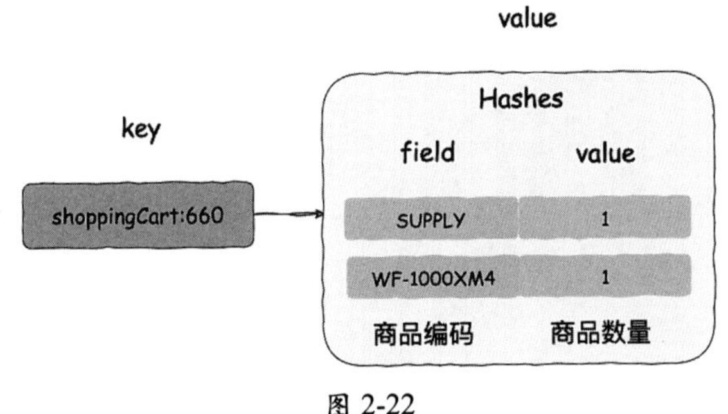

图 2-22

添加商品

将商品的编码作为 field，购买数量作为 value，如果要添加商品就向集合中新增 field-value pairs。假设用户的 ID 是 660，鼠标的商品编码为 SUPPLY，耳机的商品编码为 WF-1000XM4，可以通过如下命令添加两个商品到购物车。

```
HMSET shoppingCart:660 SUPPLY 1 WF-1000XM4 1
```

修改商品数量

多买一个 WF-1000XM4 降噪耳机，买俩！

```
HINCRBY shoppingCart:660 WF-1000XM4 1
```

上面命令的含义是对 key 为 shoppingCart:660 的散列表中 field 是 WF-1000XM4 的 value 与给定值 1 做相加操作。如果想减少商品数量，就把参数改为 －1。

查看商品总量

查看购物车商品总数量，只要知道散列表中有多少个 field-value pairs 即可。

```
HLEN shoppingCart:660
```

全选

获取购物车中所有商品的商品编码和数量。

```
> HGETALL shoppingCart:660
SUPPLY
1
WF-1000XM4
2
```

每个 field 后面紧跟 value。

删除商品

删除购物车 shoppingCart:660 中编号为 SUPPLY 的鼠标，也就是删除散列表中 field = SUPPLY 的 field-value pairs。

```
HDEL shoppingCart:660 SUPPLY
```

清空购物车

把整个散列表删除。

```
DEL shoppingCart:660
```

查询商品明细

MySQL：“当前设计并没有提升购物车查询性能呀，还要使用商品编号去数据库查询商品明细信息（价格、图片地址、文字描述等）。”

问得好，商品明细信息是不会随着用户购物车中的商品变化的，本着分离变与不变的原则，你可以开辟一个独立的散列表专门保存商品明细信息，让查询商品明细的请求先从这个散列表中获取数据，当获取不到时再查询数据库，并把从数据库查到的数据写到这个散列表中。field 保存商品编码，value 存储商品明细信息的 JSON 字符串，如图 2-23 所示。

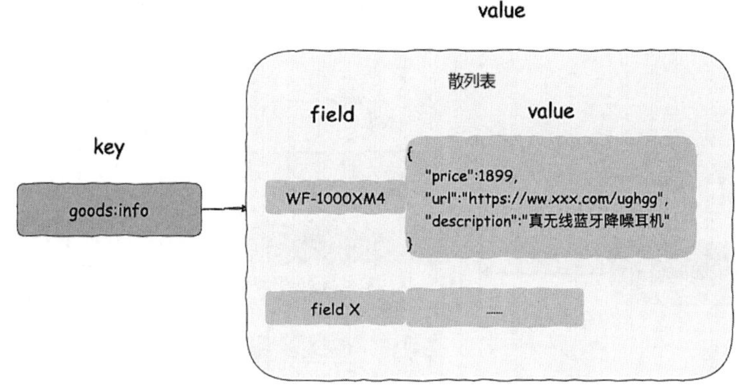

图 2-23

按照如下命令创建一个名为 goods:info 的散列表，并把商品编号为 WF-1000XM4 的降噪耳机的图片地址、价格、描述信息序列化成 JSON 字符串保存到 value 中。

```
HSETNX "goods:info" "WF-1000XM4"
"{\"price\":1899,\"url\":\"https://ww.xxx.com/ughgg\",\"description\":\"真无线蓝牙降噪耳机\"}"
```

HSETNX 命令的作用是只有当 field 不存在时才配置 value，否则“啥也不干”。

查询流程

（1）从散列表 shoppingCart:660 中查到商品的编码和价格。

（2）根据商品编码去散列表 goods:info 中查找商品明细信息，如果查找不到则从数据库中查找，并把查到的数据通过 HSETNX 命令写到散列表中，以便下次查询时从 Redis 中获取，提高性能。

2.5 Sorted Sets 实现原理与实战

2.5.1 有序性和唯一性

Sorted Sets 与 Sets 类似，是一种集合类型，这种集合中不会出现重复的 member（数据）。它们之间的区别在于，Sorted Sets 中的元素由两部分组成，分别是 member 和 score（分数）。

member 会关联一个 double 类型的 score，Sorted Sets 默认会根据这个 score 对 member 从小到大进行排序，如果 member 关联的 score 相同，则按照字符串的字典顺序排列，如图 2-24 所示。

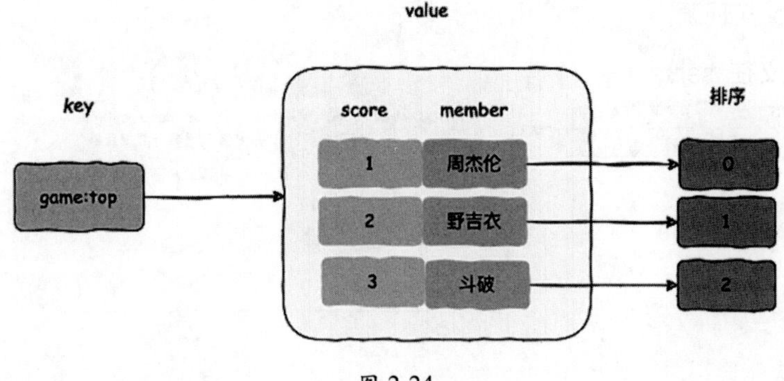

图 2-24

常见的使用场景如下。

◎ 排行榜，例如维护大型在线游戏中根据分数排名的 Top 10 有序列表。
◎ 速率限流器，根据排序集合构建滑动窗口速率限制器。
◎ 延迟队列，使用 score 存储过期时间，从小到大排序，最靠前的就是最先到期的数据。

2.5.2 skiplist + dict 和 listpack

Sorted Sets 底层通过两种方式存储数据。

◎ listpack（在 7.0 版本之前是 ziplist）：使用条件是集合元素个数小于或等于 zset-max-listpack-entries 的配置值（默认为 128），且 member 占用字节数小于或等于 zset-max-listpack-value 的配置值（默认为 64）。将 member 和 score 紧凑排列作为 listpack 的一个元素存储。
◎ skiplist + dict：当不满足上述条件时，将数据分别存储在 skiplist（跳表）和 dict 中，是一种用空间换时间的思想。散列表的 key 存储的是元素的 member，value 存储的是 member 关联的 score。

MySQL：“也就是说，listpack 适用于元素个数不多且元素占用空间不大的场景。”

对，使用 listpack 存储的目的就是节省内存。Sorted Sets 能支持高效的范围查询，正是因为采用了 skiplist，例如 ZRANGE 命令的时间复杂度为 $O(\lg n)+m$，n 是 member 的个数，m 是返回结果数。需要注意的是，应该避免返回大量结果。

而使用 dict 的目的是实现以 $O(1)$ 时间复杂度查询单个元素，例如 ZSCORE key member 命令。总而言之，Sorted Sets 在插入或者更新时，会同时向 skiplist 和 dict 中插入或更新对应的数据，以保证 skiplist 和 dict 的数据一致。

MySQL：“这个方式很巧妙呀，skiplist 用来根据 score 进行范围查询或单个查询，dict 则用于实现以 $O(1)$ 时间复杂度查询对应 score，满足高效范围查询和单元素查询的要求。”

Sorted Sets 实现源码主要在以下两个文件中。

◎ 结构定义在 server.h 中。
◎ 功能实现在 t_zset.c 中。

一起来看 skiplist + dict 数据结构如何存储数据。

skiplist + dict

MySQL：“说说什么是 skiplist 吧。”

skiplist 的本质是一种可以进行二分查找的有序链表。skiplist 在原有的有序链表上增加了多级索引，通过索引来实现快速查找。

skiplist 不仅能提高搜索性能，还可以提高插入和删除操作的性能。它在性能上和红黑树、AVL 树不相上下，但是原理和实现比红黑树简单。

回顾链表，如图 2-25 所示，它的痛点是查询很慢，时间复杂度为 $O(n)$，唯快不破的 Redis 是不能忍的。

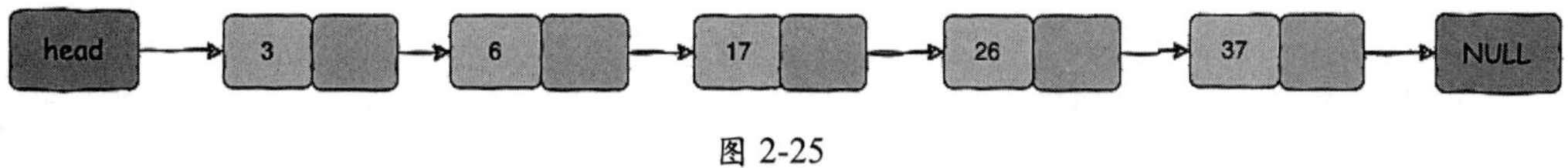

图 2-25

如果在有序链表的每相邻两个节点增加一个“跳跃”指向下下个节点的指针，那么查找的时间复杂度就可以降低为原来的一半，如图 2-26 所示。

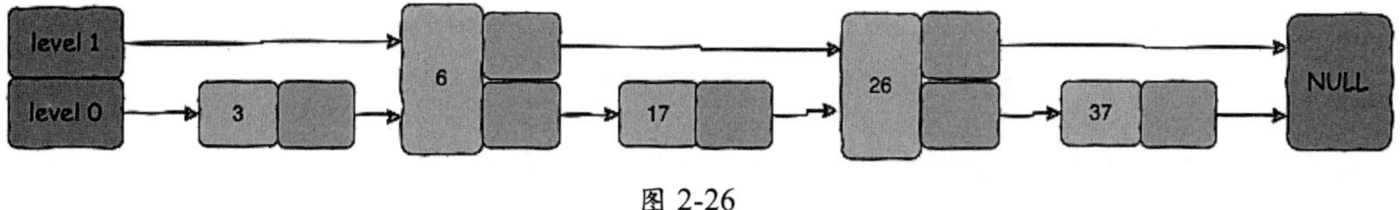

图 2-26

这样 level 0 和 level 1 分别形成两个链表，level 1 的链表只有 2 个节点（6、26）。

skiplist 节点查找

通常，数据查找是从顶层开始的，如果节点保存的值比待查数据的值小，skiplist 就继续访问该层的下一个节点。

如果遇到比待查数据的值大的节点，就跳到当前节点的下一层的链表继续查找。例如现在想查找 17，查找的路径如图 2-26 中虚线箭头所示。

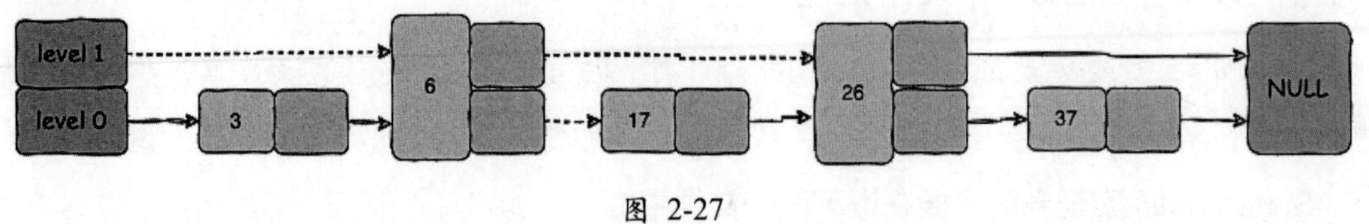

图 2-27

◎ 从 level 1 开始，17 大于 6，继续与下一个节点比较。

◎ 17 < 26，回到原节点，跳到当前节点的 level 0 层链表，与下一个节点比较，找到目标 17。

skiplist 正是受这种多层链表的启发设计出来的。根据上面的生成链表，上层链表的节点个数是下面一层的一半，这样的查找过程类似于二分查找，时间复杂度为 $O(\lg n)$。

但是，这种方式在插入数据时有很大问题，每次新增一个节点，就会打乱相邻的两层链表节点个数为 2∶1 的关系，如果要维持这个关系，就需要调整链表，时间复杂度是 $O(n)$。

为了避免这个问题，skiplist 不要求上下相邻的两层链表的节点个数有严格的比例关系，而是为每个节点随机出一个层数，这样插入节点时只需要修改前后的指针。

图 2-28 是一个有 4 层链表的 skiplist，假设我们要查找 26，图中虚线箭头就是查找路径。

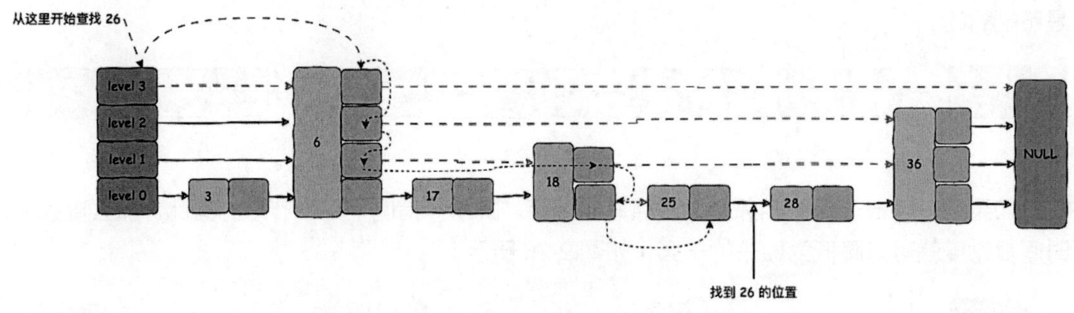

图 2-28

对经典 skiplist 有一个直观的印象后，再来看 Redis 中 skiplist 的实现细节，Sorted Sets 数据结构的定义如下。

```
typedef struct zset {
    dict *dict;
    zskiplist *zsl;
} zset;
```

zset 结构体中有两个变量，分别是 dict 和 zskiplist。dict 在前文已经讲过，重点看 zskiplist。

```
typedef struct zskiplist {
    // 头、尾指针便于双向遍历
    struct zskiplistNode *header, *tail;
    // 当前 skiplist 包含元素个数
    unsigned long length;
    // 表内节点的最大层级数
    int level;
} zskiplist;
```

◎ zskiplistNode *header, *tail：头、尾指针，用于实现双向遍历。

◎ length：链表包含的节点总数。需要注意的是，新创建的 zskiplist 会生成一个空的头指针，它不包含在 length 的计数中。

◎ level：表示 skiplist 中节点的最大层级数，skiplist 中的节点可以拥有多个层级，每个层级是一个链表结构，通过不同层级的指针可以实现跳跃式查询。

继续看 skiplist 中每个节点，由 zskiplistNode 结构体来表示。

```
typedef struct zskiplistNode {
    sds ele;
    double score;

    struct zskiplistNode *backward;

    struct zskiplistLevel {
        struct zskiplistNode *forward;
        unsigned long span;
    } level[];

} zskiplistNode;
```

◎ ele 和 score 属性：Sorted Sets 既要保存元素，又要保存元素的权重，使用 SDS 类型的 ele 存储实际内容，double 类型 score 保存权重。

◎ *backward：后退指针，指向该节点的上一个节点，便于从尾节点实现倒序查找。注意，每个节点只有一个后退指针，只有 level 0 层链表是双向链表。

◎ level[]：zskiplistLevel 结构体类型的柔性数组。skiplist 是一个多层的有序链表，每一层的节点由指针链接起来，所以数组中每个元素都代表 skiplist 的一层。

- *forward：前进指针。
- span：跨度，用来记录节点在该层的 *forward 指针到指针指向的下一个节点之间跨越了 level0 层的节点数。可以计算元素排名（rank），例如查找 ele = 肖菜姬、score = 17 的排名，只需要把查找路径经过的节点的 span 相加即可，如将图 2-29 中虚线路径的 span 相加，rank = (2 + 2) – 1 = 3（减 1 是因为 rank 从 0 开始）。如果要按照从大到小的顺序计算排名，那么只需用 skiplist 的长度减去查找路径上的 span 累加值，即 4 – (2 + 2) = 0。

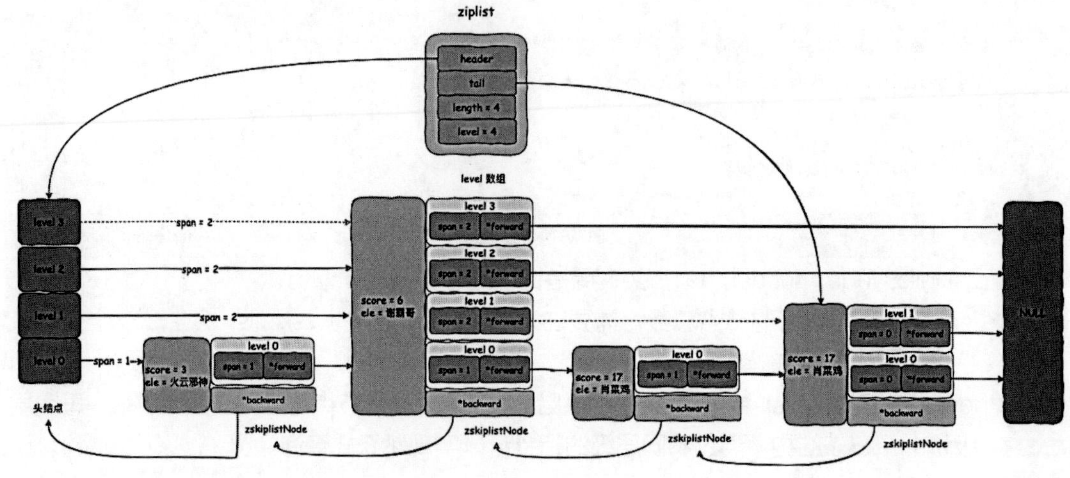

图 2-29

listpack

MySQL：“根据 zset 结构体的定义可知，它分别使用了 dict、skiplist 两种数据结构，listpack 的影子都见不着呀。”

这个问题问得好，使用 listpack 存储的细节在源码文件 t_zset.c 中的 zaddGenericCommand 函数中体现，部分代码如下，其内部会判断是否使用 listpack 来存储。

```
void zaddGenericCommand(client *c, int flags) {
    // 省略部分代码

    // key 不存在则创建 sorted set
    zobj = lookupKeyWrite(c->db,key);
    if (checkType(c,zobj,OBJ_ZSET)) goto cleanup;
    if (zobj == NULL) {
        if (xx) goto reply_to_client;
        // 如果 zset_max_listpack_entries == 0 或者
        // 元素字节大小大于 zset_max_listpack_value 配置
        // 则使用 skiplist + dict 存储，否则使用 listpack
        if (server.zset_max_listpack_entries == 0 ||
            server.zset_max_listpack_value < sdslen(c->argv[scoreidx+1]->ptr))
        {
```

```
            zobj = createZsetObject();
        } else {
            zobj = createZsetListpackObject();
        }
        dbAdd(c->db,key,zobj);
    }
    // 省略部分代码
}
```

listpack 是一块由多个数据项组成的连续内存。采用 listpack 插入 member-score 数据对时，每个 member-score 数据对紧凑排列。如图 2-30 所示。

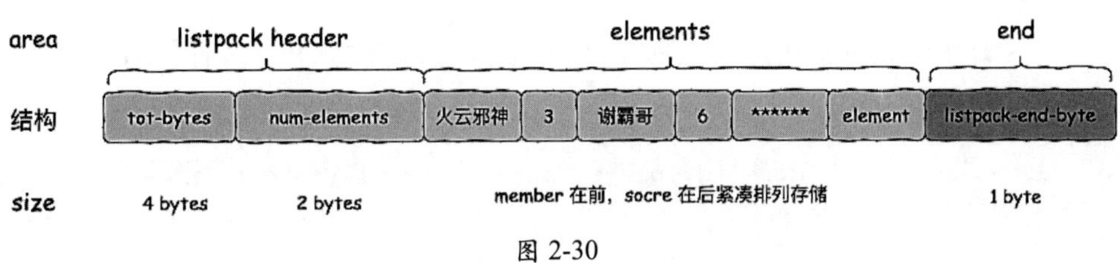

图 2-30

listpack 最大的优势就是节省内存，但只能按顺序查找元素，时间复杂度是 $O(n)$。正因如此，才能在少量数据的情况下，既节省内存，又不影响性能。每一步查找前进两个数据项，也就是跨越一个 member-score 数据对。

2.5.3　出招实战：游戏排行榜

很多地方都会用到排行榜功能，例如微博热榜、知乎热榜、电影排行榜、游戏战力排行榜等。我教你使用 Sorted Sets 实现一个实时游戏高分排行榜。

玩家的得分越高，排名越靠前，如果分数相同则先达到该分数的玩家排在前面，游戏排行榜提供的功能如下。

- ◎ 按照分数从高到低排名，查询前 N 位玩家的信息。
- ◎ 新注册玩家，需要把新玩家信息添加到排行榜中。
- ◎ 能查看某个玩家的排名和分数。

Sorted Sets 的每个元素都由 member 和 score 两部分组成，可以利用 score 进行排序，正好满足我们的需求。用 score 保存玩家的游戏得分，member 保存玩家 ID。

程许媛："分数相同，先达到该分数的排在前面，也就是说，在游戏分数相同的情况下，时间戳越小，排名越靠前，怎么实现？"

这个问题问得好，既然时间也会影响排名，就把时间戳考虑到 score 中。

程许媛："有问题！分数越大，排名越靠前；而时间戳越小，排名越靠前。两个规则是相反的，怎么结合在一起。"

好问题，这时候你可以指定一个非常大的时间作为基准时间，例如这个时间就是你当年信誓旦旦的对那个女孩说的"如果非要在这份爱上加一个期限，我希望是……一万年"，也就是 2024 + 10000 年。

时间排序值 =（基准时间 - 玩家达到分数时间）/ 基准时间

以上公式得到的结果一定小于 1，正好可以作为 score 的小数部分。越早达到，这个值就越大，满足排序要求。

score = 玩家游戏分 + [(基准时间–玩家获得某分数时间) / 基准时间]

通过上面的公式，可以实现当分数相同时，用时越短排名越靠前的功能。

```
private double calcScore(int playerScore, long playerScoreTime) {
  return playerScore + (BASE_TIME - playerScoreTime) * 1.0 / BASE_TIME;
}
```

◎ playerScore：玩家游戏分。
◎ playerScoreTime：玩家获得某分数时间，单位为秒。
◎ BASE_TIME：基准时间，单位为秒。

当需要获取玩家的游戏分数时，取整数位即可。接下来演示如何使用 zset 命令实现排行榜。假设 BASE_TIME 为 2023 年 1 月 1 日 0 时 0 分 0 秒的时间戳秒数 = 317242022400。

更新排行榜

使用命令 ZADD key score member [score member...]新增或者更新玩家排行榜。如下命令表示新增了 4 个玩家信息到排行榜。leaderboard:339 作为 key，表示区服 339 战力排行榜，玩家 2 和玩家 3 的战力都是 500，玩家 3 比玩家 2 先到达 500 战力。

```
redis> ZADD leaderboard:339 2500.994707057989 player:1
(integer) 1
redis> ZADD leaderboard:339 500.99470705798905 player:2
(integer) 1
redis> ZADD leaderboard:339 500.9947097814618 player:3
(integer) 1
redis> ZADD leaderboard:339 987770.994707058 player:4
(integer) 1
```

假设玩家 4 的女朋友不在家，他天天玩游戏，战力提升到 1987770。player:4 的 score 更新为 1987770.994707055。

```
ZADD leaderboard:339 1987770.994707055 player:4
```

获取 Top 3 玩家排行信息

ZRANGE 命令可以按照排名、score、字典排序进行范围查询。语法使用规则如下。

```
ZRANGE key start stop [BYSCORE | BYLEX] [REV] [LIMIT offset count] [WITHSCORES]
```

默认按照 score 由低到高排序，如果分数相同则根据 member 字典排序。

◎ REV：可选参数，按照 score 由高到低逆序排列。

◎ LIMIT offset count：可选参数，类似于 MySQL 的分页功能，offset 是查询的起始位置，count 是条数。需要注意的是，count 为负数则返回所有符合条件的数据。

◎ WITHSCORES：可选参数，返回 score 和 member，返回的格式是 member 1,score 1,…,member N,score N。

你可以使用 REV 来实现逆序，WITHSCORES 返回 member 和 score。如下命令从 key 为 leaderboard:339 的 Sorted Sets 中按照 score 逆序获取 3 个元素。

```
> ZRANGE leaderboard:339 0 2 REV WITHSCORES
player:4
1987770.9947070549
player:1
2500.9947070579892
player:3
500.99470978146178
```

获取指定玩家排名

我提供了 ZREVRANK 命令，用于返回指定 member 的排名，需要注意的是，排名从 0 开始。如下命令查找 player:4 的排名，0 表示第一。

```
> ZREVRANK leaderboard:339 player:4
0
```

2.6 Stream 实现原理与实战

我在 2.1.2 节说过，使用 Lists 实现消息队列有很多局限性。

◎ 没有 ACK 机制。

◎ 没有类似 Kafka 的消费者组（Consumer Group）概念。

◎ 消息堆积。

◎ Lists 是线性结构，查询指定数据需要遍历整个列表。

2.6.1 支持消费者组的轻量级 MQ

Stream 是 Redis 5.0 专门为消息队列设计的数据类型，借鉴 Kafka 的消费者组的设计思路，提供消费者组的概念，同时提供消息的持久化和主从复制机制。客户端可以访问任何时刻的数据，并且能记住每个客户端的访问位置，从而保证消息不丢失。

以下是 Stream 类型的主要特性。

◎ 使用 Radix Tree 和 listpack 结构来存储消息。

◎ 序列化生成消息 ID。

◎ 借鉴 Kafka 消费者组的概念，将多个消费者划分到不同的消费者组中。当消费同一个 Stream 时，同一个消费者组中的多个消费者可以并行但不重复消费，提升消费能力。

◎ 支持多播（多对多）、阻塞和非阻塞读取。

◎ ACK 确认机制，保证了消息至少被消费一次。

◎ 可配置消息保存上限阈值，我会把历史消息丢弃，防止内存占用过大。

需要注意的是，Redis Stream 是一种超轻量级的 MQ，并没有完全实现消息队列的所有设计要点，所以它的使用场景需要考虑业务的数据量和对性能、可靠性的需求。

对于系统消息量不大、可以容忍数据丢失的场景，使用 Redis Stream 作为消息队列就能享受高性能快速读/写消息的优势。

2.6.2 Radix Tree 的奥秘

每个 Stream 都有唯一的名称，作为 Stream 在 Redis 中的 key。Stream 支持将 xadd 命令添加数据到 Stream 中，如果 Stream 不存在会自动创建一个 Stream。

Stream 存储在 Radix Tree 树上，树上的节点存储一个 field-value pairs，key 存储消息 ID ，value 存储的是指向保存消息内容的 listpack 指针。

Stream 就像一个仅追加内容的消息链表，把消息一个个串起来，每个消息都有唯一的 ID 和消息内容，消息内容由多个 field-value pairs 组成。Stream 底层使用 Radix Tree 和 listpack 数据结构存储数据。

为了便于理解，我将 Radix Tree 变形，使用列表来体现 Stream 中消息的逻辑有序性，如图 2-31 所示。

这张图涉及很多概念，但是你不要慌。我一步步拆开说，最后你再回头看就懂了。

◎ Consumer Group：消费者组，每个消费者组可以有一个或者多个消费者，消费者之间是竞争关系。不同消费者组的消费者之间无任何关系。

◎ *pel：全称是 Pending Entries List，记录了当前被客户端读取但是还未 ACK（Acknowledge character，确认字符）的消息。如果客户端未 ACK，*pel 的消息 ID 就会越来越多。

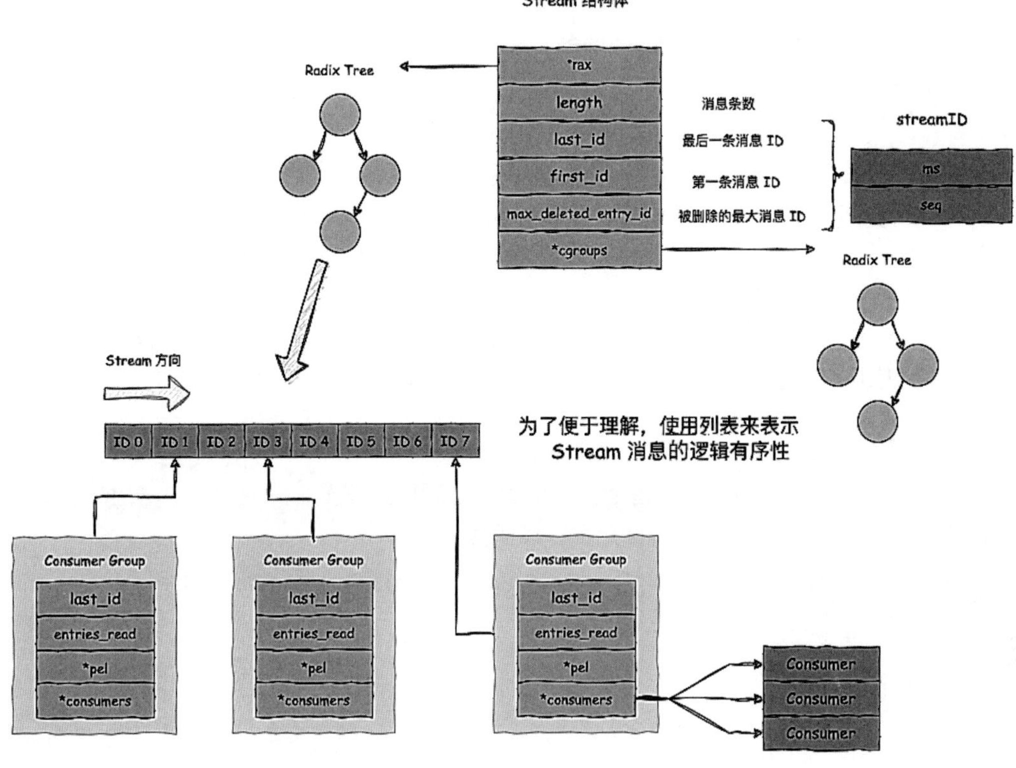

图 2-31

Stream 结构

stream.h 源码中的 Stream 结构体如下。

```
typedef struct stream {
    rax *rax;
    uint64_t length;
    streamID last_id;
    streamID first_id;
    streamID max_deleted_entry_id;
    uint64_t entries_added;
    rax *cgroups;
} stream;

typedef struct streamID {
    uint64_t ms;
    uint64_t seq;
} streamID;
```

◎ *rax：rax 的指针，指向一个 Radix Tree，key 存储消息 ID，value 实际上指向一个 listpack 数据结构，存储了多条消息，每条消息的 ID 都大于或等于这个 key 的消息 ID。

◎ length：该 Stream 的消息条数。

◎ streamID：结构体，消息 ID 的抽象，一共占 128 位，内部维护毫秒时间戳（字段 ms）和 1 毫秒内的自增序号（字段 seq），用于区分同一毫秒内插入的多条消息。

◎ last_id：当前 Stream 最后一条消息的 ID。

◎ first_id：当前 Stream 第一条消息的 ID。

◎ max_deleted_entry_id：当前 Stream 被删除的最大的消息 ID。

◎ entries_added：添加到 Stream 中的消息总数，entries_added = 已删除消息条数 + 未删除消息条数。

◎ *cgroups：rax 指针，指向一个 Radix Tree，记录当前 Stream 的所有消费者组，每个消费者组的名称都是唯一标识，并作为 Radix Tree 的 key，消费者组实例作为 value。

消费者组

每个 Stream 可以有多个消费者组，一个消费者组可以有多个消费者同时对组内消息进行消费。消费者组由 streamCG 结构体定义，源码如下。

```
/* Consumer Group */
typedef struct streamCG {
    streamID last_id;
    long long entries_read;
    rax *pel;
    rax *consumers;
} streamCG;
```

结构体中每个属性代表的含义如下。

◎ last_id：该消费者组的消费者已经读取但还未 ACK 的最后一条消息 ID。

◎ *pel：pending entries list 的简写，指向一个 Radix Tree 的指针，保存着消费者组中所有消费者读取但还未 ACK 的消息，就是它实现了 ACK 机制。该树的 key 是消息 ID，value 关联一个 streamNACK 实例。

◎ *consumers：Radix Tree 指针，表示消费者组中的所有消费者，key 是消费者名称，value 指向一个 streamConsumer 实例。

streamNACK

每个 streamCG 持有一个 *pel 指针，指向一个 streamNACK 实例，streamNACK 结构体用于抽象消费者已经读取，但是未 ACK 的消息 ID 的相关信息。streamNACK 结构体的源码如下。

```
/* Pending (yet not acknowledged) message in a consumer group. */
typedef struct streamNACK {
    mstime_t delivery_time;
    uint64_t delivery_count;
```

```
    streamConsumer *consumer;
} streamNACK;
```

每个属性代表的含义如下。

◎ delivery_time：该消息最后一次推送给消费组的时间戳。

◎ delivery_count：消息被推送的次数。

◎ *consumer：消息推送的消费者客户端。

streamConsumer

消费者组中对消费者的抽象使用了定义 streamCG 结构体中的*consumers 指针，它指向 streamConsumer 结构体，用于表示消费者。streamConsumer 的源码如下。

```
/* A specific consumer in a consumer group.  */
typedef struct streamConsumer {
    mstime_t seen_time;
    sds name;
    rax *pel;
} streamConsumer;
```

每个属性代表的含义如下。

◎ seen_time：消费者最近一次被激活的时间戳。

◎ name：消费者名称。

◎ *pel：Radix Tree 指针，对于同一个消息而言，streamCG -> pel 与 streamConsumer -> pel 的 streamNACK 实例是同一个。

streamCG、streamNACK、streamConsumer 之间的关系如图 2-32 所示。

肖菜姬："Redis 你好，Stream 如何结合 Radix Tree 和 listpack 结构来存储消息？为什么不使用 dict 来存储，将消息 ID 作为 dict 的 key，dict 的 value 则存储消息 field-value pairs 内容？"

在回答之前，先将几条消息插入 Stream，让你对 Stream 消息的存储格式有个大体认知。该命令的语法如下。

```
XADD key id field value [field value ...]
```

Stream 中的每个消息可以包含不同数量的 field-value pairs，在成功写入消息后，我会把消息的 ID 返回给客户端。

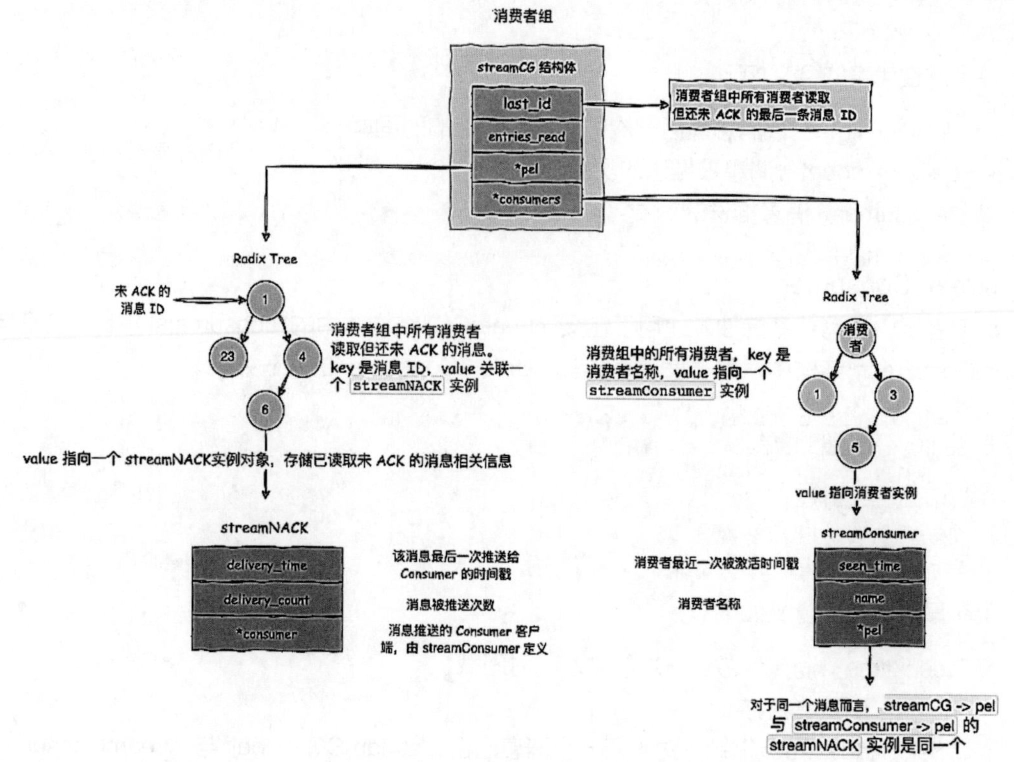

图 2-32

执行如下命令把用户购买书籍的消息存放到 hotlist:books 队列中，消息内容主要包括 payerID、amount 和 orderID。

```
> XADD hotlist:books * payerID 1 amount 69.00 orderID 9
1679218539571-0
> XADD hotlist:books * payerID 1 amount 36.00 orderID 15
1679218572182-0
> XADD hotlist:books * payerID 2 amount 99.00 orderID 88
1679218588426-0
> XADD hotlist:books * payerID 3 amount 68.00 orderID 80
1679218604492-0
```

hotlist:books 是 Stream 的名称，后面的“*”表示让 Redis 为插入的消息自动生成唯一 ID，你也可以自定义。

消息 ID 由以下两部分组成。

◎ 当前毫秒内的时间戳。

◎ 顺序编号。起始值为 0，用于区分同一时间内产生的多个命令。

肖菜姬：“如何理解 Stream 是一种只执行追加操作（append only）的数据结构？”

通过将元素 ID 与时间进行关联，并强制要求新元素的 ID 必须大于旧元素的 ID，Redis 从逻辑上将 Stream 变成了一种只执行追加操作的数据结构。

用户可以确信，新的消息和事件只会出现在已有消息和事件之后，一切都是有序进行的。

肖菜姬：“插入的消息 ID 大部分相同，例如上例中 4 条消息的 ID 的前缀都是 1679218。另外，每条消息 field-value pairs 的 field 通常是一样的，例如上例中 4 条消息的 field 都是 payerID、amount 和 orderID。使用 dict 存储会有很多冗余数据，你这么抠门，所以不使用 dict 对不对？”

没毛病，小老弟很聪明。为了节省内存，我使用了 Radix Tree 和 listpack。Radix Tree 的 key 存储消息 ID，value 则使用 listpack 数据结构存储多个消息，listpack 中的消息 ID 都大于或等于 key 存储的消息 ID。

我在前面已经讲过，listpack 非常节省内存。而 Radix Tree 数据结构的最大特点是适合保存具有相同前缀的数据，从而节省内存。那么，Radix Tree 到底是怎样的数据结构？继续往下看。

Radix Tree

Radix Tree（前缀树）也被称为 Radix Trie，或者 Compact Prefix Tree，用于高效地存储和查找字符串集合。它将字符串按照前缀拆分成一个个字符，并将每个字符作为一个节点存储在树中。

当插入一个 field-value pairs 时，Redis 会将 field 拆分成一个个字符，并根据字符在 Radix Tree 中的位置找到合适的节点，如果该节点不存在，则创建新节点并添加到 Radix Tree 中。

当所有字符添加完毕后，将值对象指针保存到最后一个节点中。当查询一个 field 时，Redis 按照字符顺序遍历 Radix Tree，如果发现某个字符不存在于树中，则表示 field 不存在；如果最后一个节点表示一个完整的 field，则返回对应的值对象。

图 2-33 展示了一个简单的 Radix Tree，将根节点到叶子节点的路径对应的字符拼接起来，就得到了两个 field（他说气堡了、他说气炸了）。

你应该已经发现，这两个 field 拥有公共前缀（他说气），Radix Tree 实现了共享，这样就可以避免相同字符串被重复存储。如果采用 dict 的方式保存，那么 field 的相同前缀就会被多次存储，导致内存浪费。

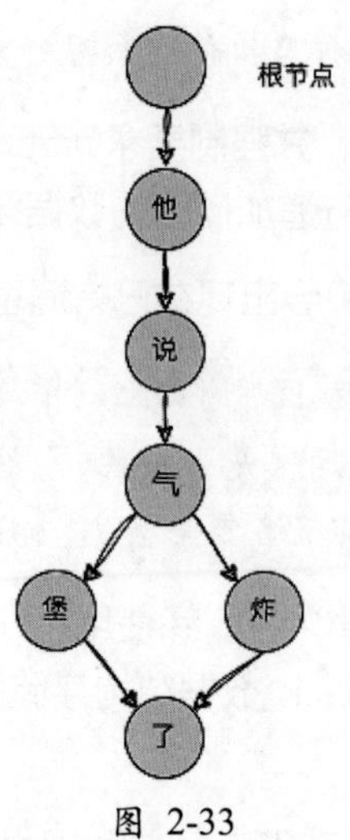

图 2-33

Radix Tree 改进

每个节点只保存一个字符，一是浪费内存空间，二是在进行查询时，还需要逐一匹配每个节点表示的字符，对查询性能也会造成影响。所以，Redis 并没有直接使用标准 Radix Tree，而是做了一次变形——Compact Prefix Tree（压缩前缀树）。

通俗来讲，当多个 field 具有相同的前缀时，就将相同前缀的字符串合并在一个共享节点中，从而减少存储空间。图 2-34 展示了几个 field（test、toaster、toasting、slow、slowly）在 Radix Tree 上的布局。

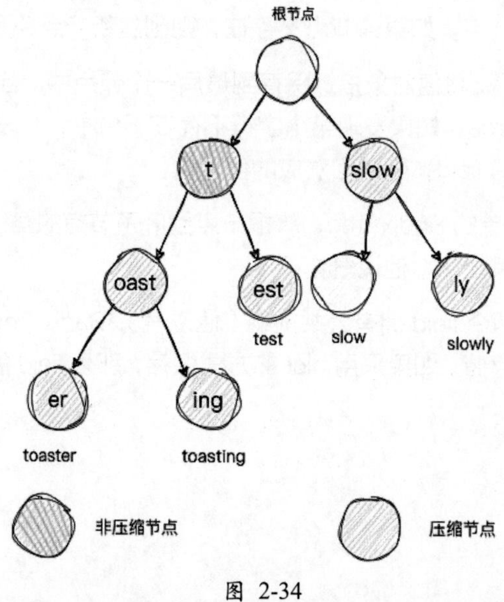

图 2-34

由于 Compact Prefix Tree 可以共享相同前缀的节点，所以在存储一组具有相同前缀的 field 时，Redis 的 Radix Tree 相比其他数据结构（如 dict）占有更少的空间，并具有更快的查询速度。Radix Tree 节点的数据结构由 rax.h 文件中的 raxNode 定义。

```
typedef struct raxNode {
    uint32_t iskey:1;
    uint32_t isnull:1;
    uint32_t iscompr:1;
    uint32_t size:29;
    unsigned char data[];
} raxNode;
```

每个属性的含义如下。

◎ iskey：从 Radix Tree 根节点到当前节点组成的字符串是否是一个完整的 field。如果是，则 iskey 的值为 1。
◎ isnull：当前节点是否为空节点。如果是，则不需要为该节点分配指向 value 的指针内存。
◎ iscompr：是否为压缩节点。
◎ size：当前节点的大小，会根据节点类型而改变。对于压缩节点，该值表示压缩数据的长度；对于非压缩节点，该值表示节点的子节点个数。
◎ data[]：实际存储的数据，具体的存储内容根据节点类型不同而有所不同。
  - 压缩节点：data 数组存储被压缩的字符串。
  - 非压缩节点：data 数据包含子节点对应的合并字符串、指向子节点的指针。
  - value 指针指向一个 listpack 实例，里面保存了消息的实际内容。

Radix Tree 最大的特点就是适合保存具有相同前缀的数据，实现节省内存的目标，以及支持范围查找。这也是 Stream 采用 Radix Tree 作为底层数据结构的原因。

2.6.3 出招实战：实现消费者组特性的消息队列

废话少说，实战。

周五下班前，靠“卷团队”获得业绩的领导李易卷为了实现 KPI，获得更多的股票和年终奖，就对开发负责人张无剑说：“我建议明天还是赶一赶进度，隔壁老王也过来加班，否则下周风险会增加，你动员一下团队冲一冲！”。

张无剑担心自己和同事长时间处于高度紧张的状态下，会产生焦虑、烦躁等情绪，从而肝气不舒、脾胃失调。为了缓解压力，他打开美团 App，请组内成员一起吃大餐。顺便提一句，他的英文名叫 Double Joy，意为双倍快乐。

异步并行处理

下单的过程除了需要生成订单核心业务流程，还涉及赠送积分、优惠券发放，以及发送下单成功通知等一系列业务。假设每个业务节点耗时 100 ms，则串行处理需要 400 ms，而并行处理只需要 200 ms。消息队列可以起到异步并行处理的作用，从而减少请求响应时间，提高系统吞吐量，如图 2-35 所示。

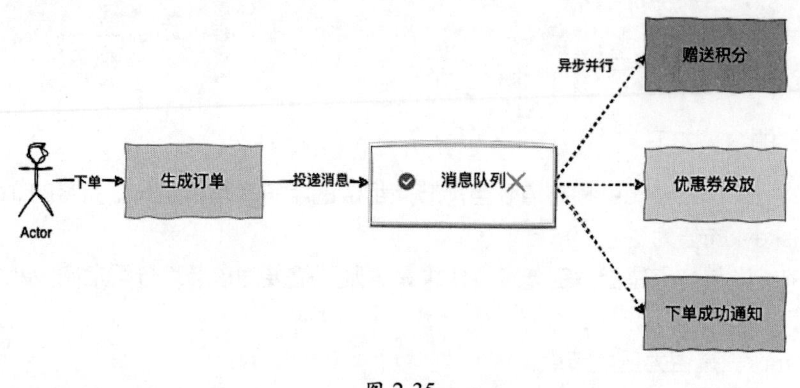

图 2-35

应用解耦

此外，通过消息队列，还实现了应用解耦，例如用户下单后，订单系统需要通知积分系统，订单系统将消息写入消息队列，积分系统订阅消息进行积分即可。

普通消费队列

XADD 插入消息

XADD 命令的主要作用是将消息有序插入末尾，并自动生成全局唯一 ID。张无剑的下单请求到了订单中心生成订单后，可通过 XADD 将订单创建完成的消息发送到消息队列，让其他服务监听消息异步执行。

Stream 的每个元素都由 field-value pairs 构成，XADD 的语法如下。

```
XADD streamName id field value [field value ...]
```

如果订单系统执行如下命令，就是向名称为 order:doubleJoy 的消息队列插入一条消息，消息的内容表示张无剑的订单 ID 是 1，该订单买的是海鲜大餐（seafood），套餐编号是 68，消费金额是 598。消息的内容由 3 个 field-value pairs 组成，分别是 orderID -> 1、seafood -> 68 amount -> 598。

```
XADD order:doubleJoy * orderID 1 seafood 68 amount 598
"1685782062437-0"
```

队列名称后面的 *表示让 Redis 为插入的消息自动生成唯一 ID。当然，你也可以不用 *，在名称后边设定一个自定义的 ID，只要保证这个 ID 全局唯一即可。

消息 ID 由两部分组成。

◎ 时间戳：插入消息时，精确到毫秒的当前服务器时间。
◎ 顺序编号：起始值为 0，用于区分同一时间内产生的多个命令。

将元素 ID 与时间进行关联，并强制要求新元素的 ID 必须大于旧元素的 ID，Redis 从逻辑上将 Stream 变成了一种只执行追加操作的数据结构。

新消息和事件只会出现在已有消息和事件之后，就像现实世界里新事件总是发生在已有事件之后一样，一切都是有序进行的。使用 XLEN 命令可以查看当前 Stream 有多少条消息。

```
XLEN order:doubleJoy
(integer) 1
```

XREAD 读取消息

张无剑："积分系统如何读取队列的消息进行消费呢？"

如下命令的含义是：客户端用阻塞等待读取的方式从队头读取 1 个消息。

```
XREAD COUNT 1 BLOCK 0 STREAMS order:doubleJoy 0-0
1) 1) "order:doubleJoy"
   2) 1) 1) "1685785480628-0"
         2) 1) "orderID"
            2) "1"
            3) "seafood"
            4) "68"
            5) "amount"
            6) "598"
```

该命令可以同时对多个 Stream 进行读取。

```
XREAD [COUNT count] [BLOCK milliseconds] STREAMS key [key ...] ID [ID ...]
```

◎ COUNT：从每个 Stream 中最多读取的元素个数。
◎ BLOCK：阻塞读取，当消息队列没有新消息插入时，则阻塞等待，0 表示无限等待，单位是毫秒。
◎ ID：消息 ID，在读取消息时可以指定 ID，并从这个 ID 的下一条消息开始读取。
  - 0-0 表示从第一个元素开始读取。
  - "$" 符号表示读取最新插入的消息。

如果想使用 XREAD 进行顺序消费，那么每次读取后要记住返回的消息 ID，下次调用 XREAD 时将上一次返回的消息 ID 作为参数传递就可以继续消费后续的消息了。例如执行下面的命令，从 ID 为 1685785480628-0 的消息开始，读取下一条消息。

```
XREAD COUNT 1 BLOCK 0 STREAMS order:doubleJoy 1685785480628-0
1) 1) "order:doubleJoy"
   2) 1) 1) "1685785502168-0"
         2) 1) "orderID"
            2) "2"
            3) "茅台飞天"
            4) "79"
            5) "amount"
            6) "598"
```

张无剑：“如何使用客户端阻塞等待的方式读取最新插入的消息？”

如下命令最后的“$”符号表示从尾部读取最新插入的消息，BLOCK 0 表示阻塞等待。需要注意的是，如果没有新消息插入，则一直阻塞等待。

```
XREAD BLOCK 0 STREAMS order:doubleJoy $
```

毫无疑问，这里不会返回任何消息，除非现在有新消息插入。

张无剑：“这么容易就实现消息队列了吗？说好的 ACK 机制呢？”

我们可以在不定义消费者组的情况下通过 XREAD 单独消费，将 Stream 当成普通队列使用。通过 XREAD 读取的数据其实并没有被删除，当重新执行 XREAD BLOCK 0 STREAMS order:doubleJoy 0-0 命令时又会重新读取所有数据。

```
XREAD BLOCK 0 STREAMS order:doubleJoy 0-0
1) 1) "order:doubleJoy"
   2) 1) 1) "1685785480628-0"
         2) 1) "orderID"
            2) "1"
            3) "seafood"
            4) "68"
            5) "amount"
            6) "598"
      2) 1) "1685785502168-0"
         2) 1) "orderID"
            2) "2"
            3) "茅台飞天"
            4) "79"
            5) "amount"
            6) "598"
      3) 1) "1685785517633-0"
         2) 1) "orderID"
            2) "3"
            3) "鲍鱼"
            4) "88"
            5) "amount"
            6) "598"
```

一个 Stream 可以有多个客户端（消费者）等待数据。在默认情况下，每条新消息都会被发送到 Stream 中等待数据的消费者。

所有消息都无限期地存储在 Stream 中（除非用户明确要求删除消息），不同的消费者会通过收到的最后一条消息的 ID 来确定下一条要读取的消息。

消费者组

Redis Stream 的消费者组允许用户将一个 Stream 从逻辑上划分为多个不同的 Stream，并让消费者组的消费者处理。如图 2-36 所示。

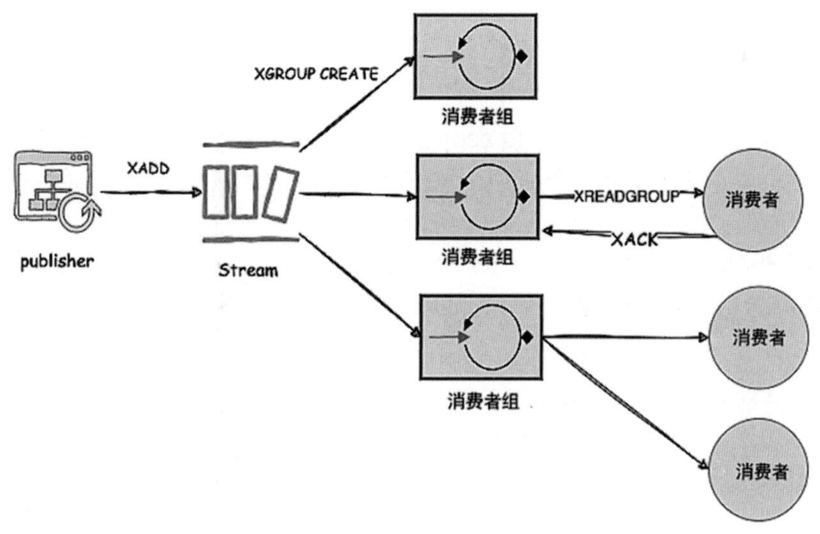

图 2-36

支持多播的可持久化的消息队列借鉴了 Kafka 的设计。Stream 高可用是建立在主从复制的基础上的，和其他数据结构一样，Stream 也会被异步复制到副本并持久化到 AOF 和 RDB 文件中。也就是说，在哨兵和集群环境下，Stream 是可以支持高可用的。

使用 Stream 作为消息队列有以下几个特性。

◎ 每个消费者组的状态都是独立的，互不影响，同一组 Stream 消息会被所有消费者组消费。

◎ 一个消费者组可以由多个消费者组成，消费者之间是竞争关系，任意一个消费者读取消息都会使 last_id 向前移动。

◎ 每个消费者有一个*pel 变量，用于记录当前消费者读取了但是还未 ACK 的消息。它用来保证消息至少被客户端消费了一次。

消费者组的主要命令如下。

◎ XGROUP：用于创建、销毁和管理消费者组。

◎ XREADGROUP：用于通过消费者组从 Stream 中读取消息。

◎ XACK：允许消费者将待处理消息标记为已正确处理，可以移除。

◎ XPENDING：显示已读取，但未 ACK 的消息的相关信息。

◎ XINFO：查看 Stream 和消费者组的相关信息。

XGROUP CREATE 创建消费者组

XGROUP CREATE 命令的语法如下，<> 标记的是必备参数，[] 标记的是可选参数。

```
XGROUP CREATE $streamName $groupName <id | $> [MKSTREAM][ENTRIESREAD]
```

◎ streamName：指定队列的名称。

◎ groupName：指定消费者组的名称。

◎ <id | $>：指定消费者组在 Stream 的 ID，它决定了消费者组从哪个 ID 之后开始读取消息，0-0 表示从队头开始读取，$ 表示从现在开始从队尾读取新插入的消息，你也可以自定义 ID。

◎ MKSTREAM：在默认情况下，XGROUP CREATE 命令在 Stream 不存在时返回错误。使用可选 MKSTREAM 子命令作为最后一个参数来自动创建 Stream。

为消息队列 order:doubleJoy 创建 pointsGroup 和 couponGroup 两个消费者组，分别代表“积分服务消费者组”和“优惠券服务消费者组”。

```
XGROUP CREATE order:doubleJoy pointsGroup 0-0 MKSTREAM
XGROUP CREATE order:doubleJoy couponGroup 0-0 MKSTREAM
```

XREADGROUP 读取消息

我是 Redis，作为贴心哥，我为开发者提供了 XREADGROUP 命令来实现消费者组的组内消费者消费消息。

例如，积分服务的 pointsGroup 消费者组的消费者 consumer1 从名称为 order:doubleJoy 的 Stream 的队头阻塞读取一条消息的命令如下。

```
XREADGROUP GROUP pointsGroup consumer1 COUNT 1 BLOCK 0 STREAMS order:doubleJoy >
1) 1) "order:doubleJoy"
   2) 1) 1) "1685785480628-0"
         2) 1) "orderID"
            2) "1"
            3) "seafood"
            4) "68"
            5) "amount"
            6) "598"
```

语法如下。

```
XREADGROUP GROUP $groupName $consumerName [COUNT count] [BLOCK milliseconds]
  [NOACK] STREAMS streamName [streamName ...] id [id ...]
```

该命令与 XREAD 大同小异，区别在于新增了 GROUP groupName consumerName 选项。这两个参数分别用于指定 Stream 的消费者组及该消费者组中负责处理消息的消费者。

◎ groupName：消费者组名称。
◎ consumerName：消费者组的消费者名称。
◎ NOACK：如果你可以接受消息偶尔丢失的情况，那么 NOACK 子命令不会将消息添加到 PEL（Rending Entries List），相当于读取消息时就执行 ACK。
◎ BLOCK：阻塞读取，单位是毫秒。为 0 表示无限阻塞等待。

在使用 XREADGROUP 时，要在 STREAMS 选项中指定 ID，有两种配置方式。

◎ 通常使用>这个配置，消费者只接收自上次读取后产生的新消息，其实就是从消费者组的 last_id 开始一个个读取消息，这些都是未分配给其他消费者的消息。也就是说，只获取比上次读取的消息 ID 更大的消息。
◎ 0 或者其他有效 ID，仅返回所有 ID 大于指定 ID 的未 ACK 的历史消息，不包含新消息。

需要注意的是，XREADGROUP 实际是一个写命令，看起来是从 Stream 中读取数据的，但副作用是修改消费者组的 last_delivered_id，所以它只能在 master 实例上调用。

张无剑：“当消息传递给消费组的消费者时会执行哪些步骤？”

Stream 内部有一个队列 PEL 保存每个消费者读取但是还没有执行 ACK 的消息。

◎ 如果该消息从未被任何消费者读取过，那么消费者会创建一个 PEL，并把 ID 保存在 PEL 中标记为待处理。
◎ 消费者接收消息，处理业务逻辑。
◎ 消息处理完成后，消费者可以选择执行 XACK 确认或者拒绝该消息。
  - 如果消费者执行 XACK 确认消息，则表示处理成功，从 PEL 中移除该 ID。
  - 如果消费者拒绝消息，则表示处理失败或者错误。消息依然保存在 PEL 中，可以由同一或其他消费者重新处理。

如果消息队列中的消息被消费者组的一个消费者消费了，这条消息就不会再被这个消费者组的其他消费者读取到。

例如，consumer2 执行读取操作，读取到的是 orderID = 2 的消息，因为 consumer1 已经把 orderID = 1 的消息消费过了。

```
XREADGROUP GROUP pointsGroup consumer2 COUNT 1 BLOCK 0 STREAMS order:doubleJoy >
1) 1) "order:doubleJoy"
   2) 1) 1) "1685785502168-0"
         2) 1) "orderID"
            2) "2"
```

```
        3) "茅台飞天"
        4) "79"
        5) "amount"
        6) "598"
```

消费者组的作用之一就是让组内的多个消费者读取消息，从而实现负载均衡。例如，一个消费者组有三个消费者 C1、C2、C3 和一个包含消息 1、2、3、4、5、6、7 的 Stream，如图 2-37 所示。

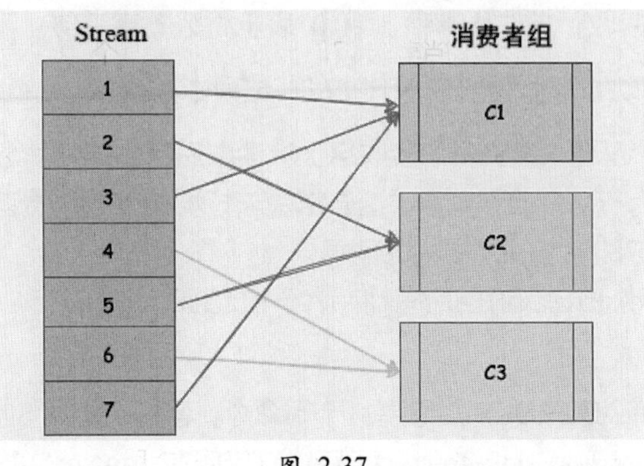

图 2-37

XACK 确认消息

当消费者接收消息时，如果消息需要 ACK，则 Stream 会为每条消息创建对应的 streamNACK 实例，并记录到消费者组和消费者的 PEL 中。

消费者消费成功，需要使用 XACK 命令对消息进行确认才会将消息从 PEL 中清除。如果 XREADGROUP 命令携带 NOACK 子命令，则消息无须确认，也就意味着不会进入 PEL。

一旦消费者成功处理了一条消息，就应该调用 XACK，这样这条消息就不会被再次读取，同时这条消息的 PEL 记录也被清除，从 Redis 服务器释放内存。

如下命令表示，确认名称为 order:doubleJoy 的 Stream 的 pointsGroup 消费者组的消息 ID 为 1685785480628-0。

```
XACK order:doubleJoy pointsGroup 1685785480628-0
```

XPENDING 查看已读未 ACK 消息

张无剑："在消费过程中，消费者 A 读取了消息，还没执行业务逻辑就崩溃了，如何实现消息至少能消费一次？"

问得好，除了使用 XREADGROUP GROUP pointsGroup consumer2 COUNT 1 BLOCK 0 STREAMS order:doubleJoy > 正常读取新消息，你还可以再执行一条新命令：指定实际的 ID

值或者 0 来替换 > 这个参数，意思是让当前消费者读取分配给自己但是还未 ACK 的历史消息，保证 At Least Once 的语义。

张无剑："如果消费者运行的服务器被回收，再也不启动，这个消费者对应的 PEL 未 ACK 的消息该如何处理？"

为了保证在消费者消费发生故障或者宕机重启后，未 ACK 的消息依然可以被其他消费者消费，Stream 提供了 XPENDING 命令，专用于查询消费者组中未 ACK 的消息的相关信息。例如查看 order:doubleJoy 队列中，消费者组 pointsGroup 每个消费者未 ACK 的消息信息。

```
XPENDING order:doubleJoy pointsGroup
1) (integer) 2
2) "1685785480628-0"
3) "1685785502168-0"
4) 1) 1) "consumer1"
      2) "1"
   2) 1) "consumer2"
      2) "1"
```

◎ 1)：已读取未 ACK 消息条数。

◎ 2) ~ 3)：消费者组 pointsGroup 中所有消费者已读取的消息的最小和最大 ID。

◎ 4)：当前消费者组的消费者信息，可以看到例中两个消费者（consumer1 和 consumer2）已读取但是未 ACK 的消息条数。

张无剑："上面的信息比较笼统，我想知道更多细节，怎么办？"

你的问题真多，XPENDING 命令可以提供更多的参数来获取更多的信息，完整的命令如下。

```
XPENDING <key> <groupname> [IDLE <min-idle-time>] <start-id> <end-id> <count>
[<consumer-name>]]
```

你这么聪明，有的参数一看就知道是啥意思了，我就不啰唆了，只重点介绍几个特别的。

◎ [IDLE <min-idle-time>]：可选参数，可以对 PEL 进行筛选，只返回指定时间内处于空闲状态的消费者组的未 ACK 的消息。<min-idle-time> 是一个整数，单位为毫秒。例如，你想要获取在最近 5 秒内没有接收新消息的消费者组 mygroup 的未 ACK 的消息，可以使用 XPENDING mystream mygroup IDLE 5000 命令。时间越长，越能说明这个消费者组在"摸鱼"。

◎ <start-id>：指定的起始消息 ID。命令将返回在此 ID 之后但在 <end-id> 之前的消息，可以用 - 表示从最早一条消息开始获取消息。

◎ <end-id>：指定的结束消息 ID。命令将返回在 <start-id> 之后但在此 ID 之前的消息，配置为 + 等同于指定了当前 Stream 中最新消息的 ID 作为 end-id。

◎ <count>：表示要返回的消息数量。

◎ [<consumer-name>]：可选参数，用于指定只返回属于特定消费者的未 ACK 的消息。

```
XPENDING order:doubleJoy pointsGroup IDLE 5000 - + 10
1) 1) "1685785480628-0"
   2) "consumer1"
   3) (integer) 1113535381
   4) (integer) 1
2) 1) "1685785502168-0"
   2) "consumer2"
   3) (integer) 1112153314
   4) (integer) 1
127.0.0.1:6379>
```

每个未 ACK 的消息响应体对应一个子数组，每个子数组都包含以下信息。

◎ 消息的唯一 ID。

◎ 消费者名称，获取该消息但是还未 ACK 的消费者名称，我把它称作消息的当前所有者。

◎ 消费者的空闲时间，即从上次消息传递给该消费者到现在经过的毫秒数。

◎ 该消息已传递给消费者的次数。

第二个未 ACK 的消息的信息与第一个类似，以此类推。如果你想查看 consumer1 消费者的信息，在末尾新增一个参数表示消费者即可。

```
XPENDING order:doubleJoy pointsGroup IDLE 5000 - + 10 consumer1
1) 1) "1685785480628-0"
   2) "consumer1"
   3) (integer) 1186071318
   4) (integer) 1
```

张无剑："时钟回拨会导致消息 ID 重复吗？"

根据上文，我们已经知道消息 ID 由时间戳和序号两部分组成。时间戳精确到毫秒，序号是时间戳所在时间对应的消息序号。

每个 Stream 都维护了一个 latest_generated_id 属性，记录最后一个消息 ID。如果发现时间戳倒退（小于 latest_generated_id 所记录的 ID），则采用时间戳不变、序号递增的方式来生成新消息 ID，从而保证 ID 单调递增。

2.7 Geospatial 实现原理与实战

产品经理跟我说，他有一个 idea：所谓"花有重开日，人无再少年"，他想为广大少男少女开发一款 App，提供一个连接彼此的机会。用户登录后，基于地理位置就能发现附近的那个 Ta。

记忆中的一个夜晚，她在人群中轻盈地移动，那高挑的身影像一个飘逸的音符，她的眼神清澈而灵动，双眸中映出来自银河系的星光。

2.7.1　基于位置服务

在邂逅女神之前，先了解一下什么是基于位置服务（Location Based Services，LBS）。

经纬度是由经度与纬度组成的坐标系统，又称地理坐标系统。经度的范围在 (–180, 180]，以本初子午线（英国格林尼治天文台）为 0 经度线，东正西负；纬度的范围在[–90, 90]，以赤道为 0 纬度线，北正南负。

LBS 是围绕用户当前地理位置的数据而展开的服务，为用户提供精准的“邂逅”服务。LBS 的特点如下。

◎ 以“我”为中心，搜索附近的 Ta。
◎ 以“我”当前的地理位置为准，计算出别人和“我”之间的距离。
◎ 按“我”与别人距离的远近排序，筛选出离“我”最近的用户。

MySQL 实现

以登录用户为中心、*R* 为半径画圆，那么圆形区域内的用户就是我们想要邂逅的“附近的人”。

张无剑：“Redis 老哥，我想到可以把经纬度存储到 MySQL 中。”

```
CREATE TABLE `nearby_user` (
  `id` int(11) NOT NULL AUTO_INCREMENT,
  `name` varchar(255) DEFAULT NULL COMMENT '名称',
  `longitude` double DEFAULT NULL COMMENT '经度',
  `latitude` double DEFAULT NULL COMMENT '纬度',
  `create_time` datetime DEFAULT NULL ON UPDATE CURRENT_TIMESTAMP COMMENT '创建时间',
  PRIMARY KEY (`id`)
) ENGINE=InnoDB DEFAULT CHARSET=utf8mb4;
```

张无剑：“总不能把数据库中所有“女神”的经纬度数据都查询出来，一一计算她们与自己的距离，再根据距离排序吧？这个时间复杂度太高，计算量太大了。”

你可以分别把男女坐标的数据存放到不同的表中，以此减少表中的数据量。通过一个矩形区域来过滤“女神”的坐标，再计算矩形区域内数据的距离并排序，计算量会明显降低。

张无剑：“如何划分这个矩形区域呢？”

在圆形外套一个矩形，将用户经度、纬度的最大值和最小值作为查询语句的筛选条件，就很容易将矩形内的“女神”信息搜索出来，如图 2-38 所示。

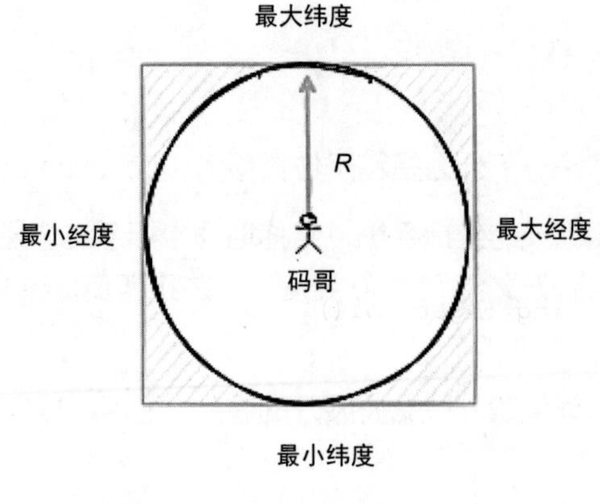

图 2-38

为了满足高性能的矩形区域算法，数据表需要为经纬度坐标加上复合索引 (longitude, latitude)，以最大程度优化查询性能。

张无剑："多出来的阴影部分怎么办？这些不是目标区域。"

多出来的这部分区域内的用户到圆点的距离一定比圆的半径 R 大，那么我们就计算用户中心点与正方形内所有用户数据的距离，筛选出所有距离小于或等于半径的用户，即符合要求的附近的人。

再说了，你不是想邂逅更多的"女神"吗？不需要那么精确。

使用一个第三方类库根据经纬度和距离来计算外接矩形，根据两个用户的经纬度计算两点之间的距离。

```
<dependency>
    <groupId>com.spatial4j</groupId>
    <artifactId>spatial4j</artifactId>
    <version>0.5</version>
</dependency>
```

执行步骤如下。

（1）根据用户的经纬度、搜索距离获取外接正方形。

（2）执行 SQL 语句，查询出经纬度在正方形范围内的数据。

（3）剔除超过指定距离的用户数据（不需要很精确，如果想要更多配对，那么不用执行该步骤）。

```
/**
 * 获取指定距离的人
 *
```

```
     * @param distance 搜索距离范围，单位为千米
     * @param userLng  当前用户的经度
     * @param userLat  当前用户的纬度
     */
    public String nearBySearch(double distance, double userLng, double userLat) {
      //1.获取外接正方形
      Rectangle rectangle = getRectangle(distance, userLng, userLat);
      //2.获取位置在正方形内的所有用户
      List<User> users = userMapper.selectUser(rectangle.getMinX(),
rectangle.getMaxX(), rectangle.getMinY(), rectangle.getMaxY());
      //3.剔除半径超过指定距离的用户
      users = users.stream()
        .filter(a -> getDistance(a.getLongitude(), a.getLatitude(), userLng, userLat)
<= distance)
        .collect(Collectors.toList());
      return JSON.toJSONString(users);
    }

    // 获取外接矩形
    private Rectangle getRectangle(double distance, double userLng, double userLat) {
      return spatialContext.getDistCalc()
        .calcBoxByDistFromPt(spatialContext.makePoint(userLng, userLat),
                    distance * DistanceUtils.KM_TO_DEG, spatialContext, null);
    }

        /***
        * 球面中，两点间的距离
        * @param longitude 经度 1
        * @param latitude  纬度 1
        * @param userLng   经度 2
        * @param userLat   纬度 2
        * @return 返回距离，单位为千米
        */
       private double getDistance(Double longitude, Double latitude, double userLng,
double userLat) {
           return spatialContext.calcDistance(spatialContext.makePoint(userLng,
userLat),
                spatialContext.makePoint(longitude, latitude)) *
DistanceUtils.DEG_TO_KM;
       }
```

getDistance 方法可以获取两点之间的距离，所以用户间距离的排序可以在业务代码中实现，SQL 语句也非常简单。

```
SELECT * FROM nearby_user
WHERE
(longitude BETWEEN #{minlng} AND #{maxlng})
AND (latitude BETWEEN #{minlat} AND #{maxlat})
```

但是数据库的查询性能毕竟有限，如果“附近的人”查询请求非常多（高并发场景），那么

这可能不是一个很好的方案。

尝试 Redis 散列表未果

我们一起分析一下 LBS 数据的特点。

◎ 每个“女神”都有一个 ID 编号，ID 对应经纬度信息。

◎ “靓仔”登录 App 查找附近的人时，App 根据“靓仔”的经纬度获取指定范围内的“女神”信息。

◎ 获取到符合位置要求的“女神”ID 列表后，再根据 ID 从数据库查询“女神”列表返回给用户。

数据特点就是一个“女神”（用户）对应一组经纬度，让我想到了 Redis 的散列表，也就是一个 field（“女神”ID） 对应一个 value（经纬度），如图 2-39 所示。

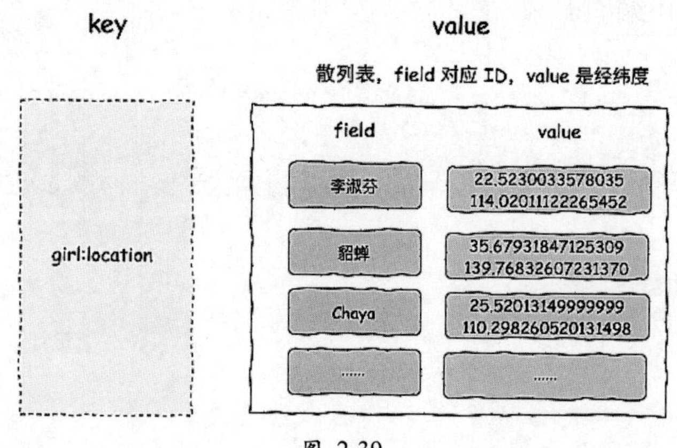

图 2-39

散列表看起来好像可以实现，但是 LBS 应用除了记录经纬度，还需要对散列表中的数据进行范围查询，将经纬度换算成距离并排序。而散列表中的数据是无序的，显然不可取。

Sorted Sets 初见端倪

在 Sorted Sets 中，每个元素都由两部分组成，分别是 member 和 score。可以根据权重分数对 member 排序，这样看起来就满足需求了。例如，member 存储“女神”ID，score 是该“女神”的经纬度信息，如图 2-40 所示。

张无剑：“还有一个问题，Sorted Sets 中元素的权重值是一个浮点数，经纬度是经度和纬度两个值，如何将它们转换成一个浮点数呢？”

思路对了，为了实现对经纬度的比较，Redis 采用业界广泛使用的 GeoHash 编码，分别对经度和纬度进行编码，再把经纬度的编码组合成一个最终编码，这样就实现了将经纬度转换成一个值。而 Redis 的 GEO 类型的底层数据结构就是用 Sorted Sets 实现的。

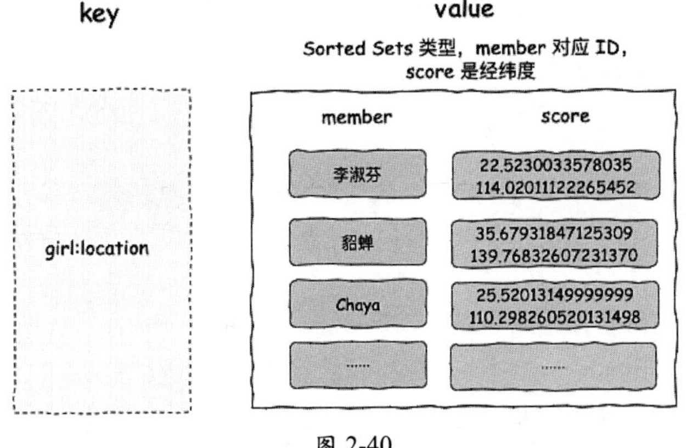

图 2-40

2.7.2　GeoHash 编码和底层数据结构

GeoHash 编码

GeoHash 编码是将二维经纬度编码转换为一维，为地址位置分区的一种算法。其核心思想是区间二分：将地球编码看成一个二维平面，然后将这个平面递归均分为更小的子块。这个过程可以分为三步。

（1）将经、纬度分别变成一个 *N* 位二进制数。

（2）将经、纬度的二进制数合并。

（3）按照 Base32 进行编码。

经纬度编码

GeoHash 编码会把一个经度编码成一个 *N* 位的二进制数，例如对经度范围(–180,180]做 *N* 次二分区操作，其中 *N* 可以自定义。

在进行第一次二分区时，经度范围(–180,180]会被分成(–180,0)和[0,180]两个子区间（我称之为左、右分区）。

此时，我们可以查看一下要编码的经度值落在了左分区还是右分区。如果落在左分区，就用 0 表示；如果落在右分区，就用 1 表示。这样一来，每做完一次二分区，我们就可以得到 1 位编码值（不是 0 就是 1）。

再对经度值所属的分区做一次二分区，查看经度值落在了二分区后的左分区还是右分区，然后按照刚才的规则再做 1 位编码。当做完 *N* 次二分区后，经度值就可以用一个 *N* 位的数来表示了。

所有的地图元素坐标都被放置于唯一的方格中，分区次数越多，方格越小，坐标越精确。

然后对这些方格进行整数编码，距离越近的方格编码越接近。

编码之后，每个地图元素的坐标都将变成一个整数，通过这个整数可以还原出元素的坐标，整数越长，还原出来的坐标值的损失就越小。对于“附近的人”这个功能而言，损失的一点精度可以忽略不计。

例如，对经度值 169.99 进行 4 位编码（$N = 4$，做 4 次分区），把经度区间(–180,180] 分成了左分区(-180,0) 和右分区[0,180]。

◎ 169.99 属于右分区，使用 1 表示第一次分区编码。

◎ 再将 169.99 经过第一次划分所属的 [0, 180] 区间继续分成 [0, 90) 和 [90, 180]，169.99 依然在右区间，编码为 1。

◎ 将[90, 180] 分为[90, 135) 和 [135, 180]，这次落在左分区，编码为 0。

纬度的编码思路与经度一样，不再赘述。

合并经纬度编码

假如计算的经、纬度编码分别是 11011 和 00101，经纬度组合编码的第 0 位由经度编码第 0 位的值决定，经纬度组合编码的第 1 位由纬度编码第 0 位的值决定，以此类推，如图 2-41 所示。

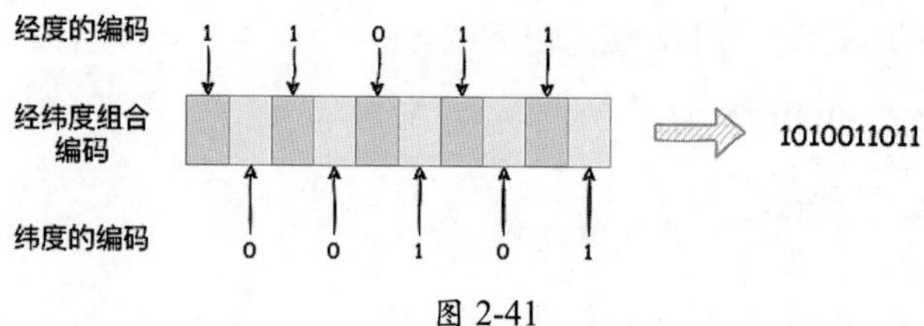

图 2-41

其实质是二分法。不断地将经度、纬度范围进行二分，输出 1/0，偶数位放经度，奇数位放纬度，把两串编码组合成一串二进制格式编码（二分次数越多，输出的 bit 串越长），然后将这一串二进制格式编码按照 5 位一组进行 Base32 编码，得到最终结果。

这样，经纬度(35.679，114.020)就可以使用 1010011011 表示，将这个值作为 Sorted Sets 的权重就可以实现排序。每个地理位置的坐标都由 geo.h 的 geoPoint 结构体定义，所有的坐标信息都存放在 geoArray 数组中。

```
typedef struct geoPoint {
    double longitude;
    double latitude;
    double dist;
    double score;
    char *member;
} geoPoint;
```

```
typedef struct geoArray {
    struct geoPoint *array;
    size_t buckets;
    size_t used;
} geoArray;
```

添加地理位置的原理

添加地理位置到 Geospatial 的核心源码在 geo.c 文件的 geoaddCommand 中，主要步骤如下，为了便于理解，我省略了部分代码。

```
void geoaddCommand(client *c) {
    int xx = 0, nx = 0, longidx = 2;
    int i;

  // 1. 解析可选命令可选参数
    while (longidx < c->argc) {
        char *opt = c->argv[longidx]->ptr;
        if (!strcasecmp(opt,"nx")) nx = 1;
        else if (!strcasecmp(opt,"xx")) xx = 1;
        else if (!strcasecmp(opt,"ch")) { /* Handle in zaddCommand. */ }
        else break;
        longidx++;
    }

   // 省略部分代码


    /* 2. 创建一个参数数组，用于构建调用 ZADD 命令所需的参数和命令 */
    int elements = (c->argc - longidx) / 3;
    int argc = longidx+elements*2; /* ZADD key [CH] [NX|XX] score ele ... */
    robj **argv = zcalloc(argc*sizeof(robj*));
    argv[0] = createRawStringObject("zadd",4);
    for (i = 1; i < longidx; i++) {
        argv[i] = c->argv[i];
        incrRefCount(argv[i]);
    }

  // 省略部分代码


   // 3. 将经纬度转换成 GeoHash 编码作为 zset 的 score 部分
        GeoHashBits hash;
        geohashEncodeWGS84(xy[0], xy[1], GEO_STEP_MAX, &hash);
        GeoHashFix52Bits bits = geohashAlign52Bits(hash);
        robj *score = createObject(OBJ_STRING, sdsfromlonglong(bits));
        robj *val = c->argv[longidx + i * 3 + 2];
        argv[longidx+i*2] = score;
        argv[longidx+1+i*2] = val;
```

```
        incrRefCount(val);
    }

// 4. 使用 replaceClientCommandVector 替换客户端的命令参数向量，然后调用 zaddCommand
// 来实际执行 ZADD 命令，将位置成员添加到有序集合中
    replaceClientCommandVector(c,argc,argv);
    zaddCommand(c);
}
```

（1）解析命令可选参数。例如 NX、XX、CH 等。

（2）创建一个参数数组，用于构建调用 ZADD 命令所需的参数。

（3）将一组经度和纬度坐标转换为 GeoHash 编码，并将编码后的结果和相关的值作为有序集合的 score 和 member，构建成一个 Redis 命令的参数数组 argv。这样就可以通过执行相应的命令将这些坐标和值添加到 Sorted Sets 有序集合中。这部分是核心，我逐步解释。

◎ GeoHashBits hash;: 结构体变量，用于存储 GeoHash 编码的结果。

◎ geohashEncodeWGS84(xy[0], xy[1], GEO_STEP_MAX, &hash);: 函数调用，用于将 WGS84 坐标（经度和纬度）编码为 GeoHash。xy[0] 是经度，xy[1] 是纬度，GEO_STEP_MAX 可以指定编码的精度。函数执行后，编码结果将存储在 hash 变量中。

◎ GeoHashFix52Bits bits = geohashAlign52Bits(hash);: 函数调用，用于将 GeoHash 编码对齐为 52 位。GeoHash 实际上是一个可变长度的编码，在 Redis 的世界里，通常会使用 52 位的固定长度编码。函数执行后，固定长度的编码结果将存储在 bits 变量中。

◎ robj *score = createObject(OBJ_STRING, sdsfromlonglong(bits));: 这行代码创建了一个 Redis 对象 score，其类型是 String，并将 GeoHash 编码结果 bits 转换为字符串格式。GeoHash 编码通常是二进制格式数据，为了在 Redis 中使用，需要将其转换为字符串类型的对象。

◎ robj *val = c->argv[longidx + i * 3 + 2];: 这行代码从输入参数 c->argv 中获取与当前元素相关的值（value）。在这行代码的上下文中，c->argv 是一个包含 Redis 命令的参数的数组。

◎ argv[longidx+i*2] = score; 和 argv[longidx+1+i*2] = val;: 这两行代码将前面创建的 score 对象和获取的值对象 val 分别放入 Redis 命令的参数数组 argv 中。在这段代码的上下文中，这个过程是为了构建一个可以传递给 Redis 命令的参数数组。

◎ incrRefCount(val);: 这行代码增加了值对象 val 的引用计数。在 Redis 的对象引用计数机制中，当一个对象被引用时，需要增加其引用计数。这里的上下文是为了确保在参数数组 argv 使用这个对象时，引用计数正确。

（4）使用 replaceClientCommandVector 替换客户端的命令参数，然后调用 zaddCommand

来实际执行 ZADD 命令，将位置成员添加到 Serted Sets 中。

地理位置信息查询

添加地理位置信息到 Geospatial 的核心源码在 geo.c 文件的 geoaddCommand 中，主要步骤如下，作为贴心哥，我省略部分代码以便你理解。

```
void georadiusGeneric(client *c, int srcKeyIndex, int flags) {
  // 省略部分源码
  // 1. 从命令参数中解析出相关的选项和参数，包括搜索的中心点坐标、搜索半径或区域尺寸、排序
  // 方式和返回结果的数量等，大家不用在意这里的细节
   int withdist = 0, withhash = 0, withcoords = 0;
   int frommember = 0, fromloc = 0, byradius = 0, bybox = 0;
   int sort = SORT_NONE;
   int any = 0;
   if (c->argc > base_args) {
       int remaining = c->argc - base_args;
       for (int i = 0; i < remaining; i++) {
           char *arg = c->argv[base_args + i]->ptr;
           if (!strcasecmp(arg, "withdist")) {
               withdist = 1;
           } else if (!strcasecmp(arg, "withhash")) {
               withhash = 1;
           } else if (!strcasecmp(arg, "withcoord")) {
               withcoords = 1;
           } else if (!strcasecmp(arg, "any")) {
               any = 1;
           } else if (!strcasecmp(arg, "asc")) {
               sort = SORT_ASC;
           } else if (!strcasecmp(arg, "desc")) {
               sort = SORT_DESC;
           } else if (!strcasecmp(arg, "count") && (i+1) < remaining) {
               if (getLongLongFromObjectOrReply(c, c->argv[base_args+i+1],
                                               &count, NULL) != C_OK) return;
               if (count <= 0) {
                   addReplyError(c,"COUNT must be > 0");
                   return;
               }
               i++;
           } else if (!strcasecmp(arg, "store") &&
                      (i+1) < remaining &&
                      !(flags & RADIUS_NOSTORE) &&

   }
          // 省略部分代码
     }
   // 省略部分代码
   // 2.根据给定的搜索条件计算出所有邻近的 geohash 区域，可能包含符合搜索条件的地理位置
   GeoHashRadius georadius = geohashCalculateAreasByShapeWGS84(&shape);
```

```
        // 3. 遍历指定的有序集合（zset），根据计算得到的 geohash 区域信息找出所有符合条件的地
        // 理位置，并将它们存储在一个 geoArray 结构中
        geoArray *ga = geoArrayCreate();
        membersOfAllNeighbors(zobj, &georadius, &shape, ga, any ? count : 0);

        // 4. 如果没有指定存储目标键（storekey），则将搜索结果返回客户端
        // 否则，将搜索结果存储在一个新的 Sorted Sets 中，存储键为 storekey，并返回结果数量
        // 省略部分代码
        // 4.1 如果没有指定存储目标键（storekey），则将搜索结果返回客户端
        if (storekey == NULL) {
           // 省略部分代码
            addReplyArrayLen(c, returned_items);
           // 省略部分代码

        } else {
          // 省略部分代码
            // 4.2 否则，将搜索结果存储在一个新的有序集合中，存储键为 storekey，并返回结果数量


            for (i = 0; i < returned_items; i++) {
                // 省略部分代码
                znode = zslInsert(zs->zsl,score,gp->member);
                serverAssert(dictAdd(zs->dict,gp->member,&znode->score) ==
DICT_OK);
                gp->member = NULL;
            }

            if (returned_items) {
              // 判断是否需要使用 listpack 数据结构来存储
                zsetConvertToListpackIfNeeded(zobj,maxelelen,totelelen);
                setKey(c,c->db,storekey,zobj,0);
                decrRefCount(zobj);

            } else if (dbDelete(c->db,storekey)) {
                // 省略部分代码
            }
            addReplyLongLong(c, returned_items);
        }
        geoArrayFree(ga);
    }
```

2.7.3 出招实战：附近的人

Redis Geospatial 数据类型采用了 GeoHash 编码算法，把 GeoHash 编码合并的经纬度值作为 Sorted Sets 元素的 score 权重。你可以使用 Geospatial 提供的两个命令来实现“附近的人”这个功能。

◎ GEOADD：把地理位置信息（longitude, latitude, name）添加到集合中，注意，经度位于纬度之前。

◎ GEOSEARCH：搜索位于给定形状指定的区域内的地理位置数据，除了支持在圆形区域内搜索，还支持在矩形区域内搜索。该命令从 6.2.0 版本开始提供，用于代替已弃用的 GEORADIUS 和 GEORADIUSBYMEMBER 命令。

GEOADD

你可以使用 GEOADD 命令将登录 App 的“女神”的地理位置添加到集合中，例如一次添加多个用户（“李淑芬”“貂蝉”“Chaya”）的地理位置信息到集合中。

```
GEOADD girl:localtion 13.361389 38.115556 "李淑芬" 15.087269 37.502669 "貂蝉"
15.087269 37.502669 "Chaya"
```

下面解释语法，帮你掌握真本事。

```
GEOADD key [NX | XX] [CH] longitude latitude member [longitude
  latitude member ...]
```

◎ key：该例中“girl:localtion”就是 key。

◎ NX：不更新已存在的元素，只添加新元素。

◎ XX：只更新已存在的元素，不添加新元素。

◎ CH：返回值为修改的元素总数，包括添加的新元素和更新坐标的已存在元素。

◎ longitude：经度。

◎ latitude：纬度。

◎ member：元素内容，与地理位置关联的数据，可以是任何字符串。

删除地理位置

张无剑：“如何删除下线用户的经纬度信息呢？”

这个问题问得好，Geospatial 是基于 Sorted Sets 实现的，可以借用 ZREM 命令删除地理位置信息。例如删除“李淑芬”的地理位置信息。

```
ZREM girl:localtion "李淑芬"
```

GEOSEARCH

张无剑：“现在，我登录了 App，如何根据我的经纬度信息查找附近指定范围内的‘女神’呢？”

别着急，Geospatial 提供了 GEOSEARCH 用于搜索指定地理位置的数据。假设你的经纬度是（15.087269 37.502669），需要获取附近 10 千米的“女神”数据，并由近到远排序。

```
GEOSEARCH girl:localtion FROMLONLAT 15.087269 37.502669 BYRADIUS 10 KM ASC
```

```
WITHCOORD WITHDIST
    1) 1) "李淑芬"
       2) "0.0002"
       3) 1) "15.08726745843887329"
          2) "37.50266842333162032"
```

该命令和响应信息有些复杂，我来分别解释一下，不要慌。

```
GEOSEARCH key
<FROMMEMBER member | FROMLONLAT longitude latitude>
<BYRADIUS radius <M | KM | FT | MI> | BYBOX width height <M | KM | FT | MI>>
[ASC | DESC]
[COUNT count [ANY]]
[WITHCOORD] [WITHDIST] [WITHHASH]
```

Geospatial 数据类型中的查询 GEOSEARCH 命令有很多参数，可以满足不同的需求。

例如，支持以 member 或者经纬度为中心点进行范围搜索，这是一个必填参数。

◎ FROMMEMBER member：将 member 作为中心点，例如当前登录用户“码哥”。

◎ FROMLONLAT longitude latitude：将给定的经纬度作为中心点进行搜索。

除此之外，GEOSEARCH 命令还支持将不同的形状作为搜索区域，这是一个必填参数。

◎ BYRADIUS：允许用户在给定的半径（radius）内搜索，单位可以是 M | KM | FT | MI。

◎ BYBOX：允许用户在一个由高度（height）和宽度（width）确定的轴对齐的矩形内搜索，单位可以是 M | KM | FT | MI。

搜索的数据还可以排序返回，这是一个可选参数。

◎ ASC：以当前用户经纬度为中心点，将数据由近到远排序。

◎ DESC：以当前用户经纬度为中心点，将数据由远到近排序。

COUNT 选项表示指定返回的数据数量，防止附近“女神”太多，从而节省带宽资源。如果需要更多“女神”列表，那么可以不加限制。

除此之外，你还可以控制命令返回的格式，这是一个可选参数。如果没有配置该参数，则命令只返回一个数组，数组的元素是 member，例如返回 ["李淑芬", "貂蝉", "Chaya"]。

◎ WITHDIST：返回匹配数据项与指定中心点的距离，距离的单位与 BYRADIVS 或 BYBOX 的距离单位相同。

◎ WITHCOORD：返回匹配数据的经度和纬度。

◎ WITHHASH：返回匹配数据的原始 GeoHash 编码，以 52 位无符号整数的形式表示，用户一般对这个没兴趣。

在 Redis 源码中，定义了一个结构体 GeoShape，用于表示地理空间搜索的形状和相关参数。

```
typedef struct {
    int type;
    double xy[2];
    double conversion;
    double bounds[4];
    union {
        double radius;
        struct {
            double height;
            double width;
        } r;
    } t;
} GeoShape;
```

◎ int type;: 搜索类型，可以是圆形搜索或矩形搜索。通常使用预定义的常量或枚举进行标识，例如 CIRCULAR_TYPE 和 RECTANGLE_TYPE。

◎ double xy[2];: 搜索中心点的经纬度坐标。xy[0] 存储经度（longitude），xy[1] 存储纬度（latitude）。

◎ double conversion;: 搜索半径或矩形的高度和宽度的单位转换因子。通常以千米为单位，因此 conversion 可能为 1000，将距离的单位转换为米（即 1 km = 1000 m）。

◎ double bounds[4];: 搜索区域的边界框（bounding box）。bounds[0] 和 bounds[1] 分别表示最小经度和最小纬度，bounds[2] 和 bounds[3] 分别表示最大经度和最大纬度。这个边界框用于将搜索结果限制在指定范围内。

◎ union { ... } t;: 联合体（union），用于根据搜索类型存储不同的参数。

- 如果 type 是圆形搜索（CIRCULAR_TYPE），则使用 radius 存储搜索半径。这个圆形搜索将在以 xy 为中心，以 radius 为半径的圆内进行搜索。
- 如果 type 是矩形搜索（RECTANGLE_TYPE），则使用 r 结构体存储搜索矩形的高度和宽度。这个矩形搜索将在以 xy 为中心，高度为 r.height、宽度为 r.width 的矩形内进行搜索。

GeoShape 结构体可以灵活地表示不同形状和尺寸的地理空间搜索，并根据实际需求使用圆形或矩形搜索来查找地理位置的数据。Geospatial 本身并没有设计新的底层数据结构，而是直接使用了 Sorted Sets。

使用 GeoHash 编码把经纬度转换成 Sorted Sets 中的元素权重，这其中的两个关键机制就是对二维地图进行区间划分和对区间进行编码。

一组经纬度落在某个区间后，就用区间的编码值来表示，并把编码值作为 Sorted Sets 元素的权重分数。在一个地图应用中，车的数据、餐馆的数据、人的数据可能会有上千万条，如果使用 Redis 的 Geospatial 来保存，那么将出现 BigKey。

在 Redis 的集群环境中，集合可能从一个节点迁移到另一个节点，如果单个 key 的 value

过大，则会对集群的迁移工作造成较大的影响。在集群环境中，单个 key 对应的数据大小不宜超过 5MB，否则会导致集群迁移卡顿，影响线上服务正常运行。所以，建议单独部署一个 Redis 集群用于保存 Geospatial 的数据对外提供服务。

如果数据有过亿条甚至更多，就需要对 Geospatial 数据进行拆分，可以按国家、省、市拆分，甚至可以按区拆分。这样就可以显著减小单个 Sorted Sets 的大小。

2.8 Bitmap 实现原理与实战

在移动应用的业务场景中，我们需要保存这样的信息：一个 key 关联了一个数据集合。常见的场景如下。

◎ 用户在线状态统计：可以使用 Bitmap 来记录用户的在线状态，其中每位表示一个用户的在线状态（在线为 1，离线为 0）。这样可以高效地统计在线用户数量和在线用户的分布情况。

◎ 用户签到记录：Bitmap 可以用于记录用户的签到情况，其中每位表示一个日期（已签到为 1，未签到为 0）。这样可以轻松统计用户的连续签到天数、活跃用户数等信息。

◎ 页面点击量统计：Bitmap 可以用于统计网站的页面点击量，其中每位表示一个页面的点击情况（点击为 1，未点击为 0）。这样可以快速获取每个页面的点击量及总点击量。

在通常情况下，我们面临的用户数量及访问量都是巨大的，例如百万、千万级别的用户数量，或者千万级别、甚至亿级别的签到信息统计。所以，我们必须选择能够高效统计大量数据的集合类型。

2.8.1 Bitmap

Bitmap（位图）是 Redis 提供的一种特殊的数据结构，用于处理 bit 级别的数据。

实际上面向 bit 的操作是在字符串类型上定义的，将 Bitmap 存储在字符串中，每个字符都是由 8 bit 组成的数组，其中的每位只能是 0 或 1。字符串类型的最大容量是 512MB，所以一个 Bitmap 最多可配置 2^32 个不同位。

Bitmap 解决的是二值状态统计场景问题。也就是集合中的元素的值只有 0 和 1 两种，在签到打卡和用户是否登录的场景中，只需记录签到（1）或未签到（0）、已登录（1）或未登录（0）。

假如我们使用 Redis 的字符串类型判断用户是否登录（key -> userId，value -> 0 表示下线，value -> 1 表示登录），如果以字符串的形式存储 100 万个用户的登录状态，那么需要存储 100 万个字符串，内存开销太大。

张无剑："为何字符串类型内存开销大呢？"

字符串类型底层使用 SDS 结构存储数据，除了记录实际数据，还需要额外的 len 和 alloc 等信息，如图 2-42 所示。

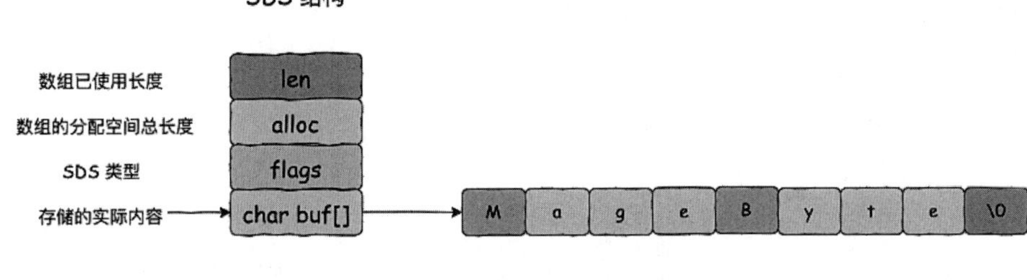

图 2-42

◎ len：占 4 字节，表示 buf 的已用长度。
◎ alloc：占 4 字节，表示 buf 实际分配的长度，通常大于 len。
◎ char buf[]：字节数组，保存实际的数据，Redis 自动在数组最后加上一个"\0"，额外占用 1 字节的开销。

所以，SDS 中除了 char buf[] 保存实际的数据，还有 len 与 alloc 的额外开销。另外，Redis 的数据类型有很多，对于不同的数据类型要记录一些元数据（例如最后一次访问的时间、被引用的次数等）。Redis 使用 RedisObject 结构体来统一记录这些元数据，ptr 指针指向实际数据，如图 2-43 所示。

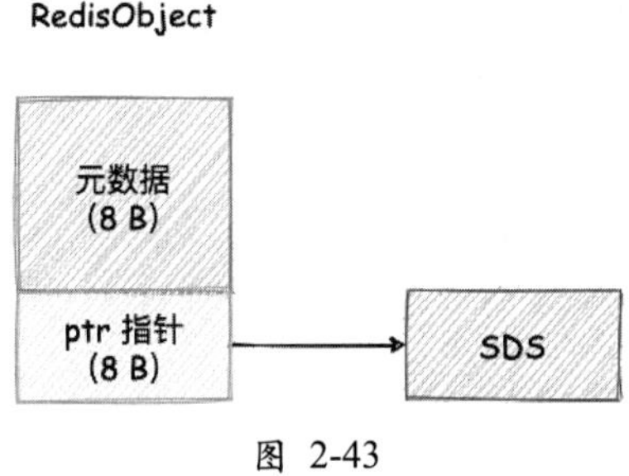

图 2-43

Bitmap 可以用来实现二值状态场景。例如，用 1 bit 表示登录状态，一亿个用户也只占用一亿 bit 内存，约为 12 MB（100000000 / 8/ 1024/1024）。

```
估算占用空间的公式是：($offset/8/1024/1024) MB
```

2.8.2 SDS 数据结构构成的位数组

Bitmap 的底层使用字符串类型的 SDS 数据结构来保存位数组，Redis 把每字节数组的 8

bit 利用起来，每位表示一个元素的二值状态（不是 0 就是 1）。

可以将 Bitmap 看作一个以 bit 为单位的数组，数组的每位只能存储 0 或者 1，数组的每位下标在 Bitmap 中叫作 offset 偏移量。

为了直观展示，我们可以将 buf 数组的每个槽位中的字节用一行表示，每行有 8 bit ，8 个格子分别表示字节中的 8 位，如图 2-44 所示。

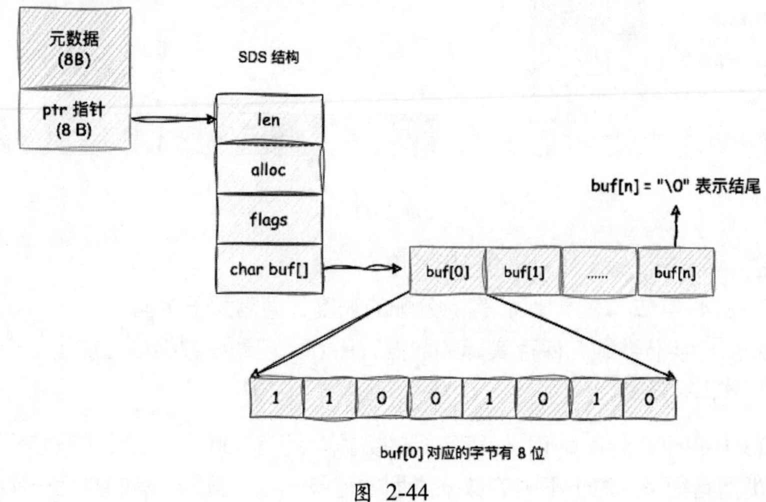

图 2-44

8 bit 组成 1 byte，所以 Bitmap 会极大地节省存储空间。这就是 Bitmap 的优势。

配置 Bitmap offset value 原理

Bitmap 提供了 SETBIT 命令用于设置或者清空 Bitmap 集合的 offset 位置的 bit 的 值（只能是 0 或者 1）。

命令的实现在源码 bitops.c 文件的 setbitCommand 方法中，我省略了一些代码，以便大家理解。

```
/* SETBIT key offset bitvalue */
void setbitCommand(client *c) {
    // 省略部分代码
    // 1. 命令参数中解析出偏移量 bitoffset，表示要配置的 bit 在 Bitmap 中的位置
    if (getBitOffsetFromArgument(c,c->argv[2],&bitoffset,0,0) != C_OK)
        return;
    // 2. 从命令参数中解析出 bit 的值 on，这个值只能是 0 或 1，表示要配置的位值
    if (getLongFromObjectOrReply(c,c->argv[3],&on,err) != C_OK)
        return;

    /* 3. 如果 on 不是 0 或 1，即不是有效的位值，将返回错误回复并结束 */
    if (on & ~1) {
        addReplyError(c,err);
```

```
        return;
    }
    // 4. 查找并返回键 c->argv[1] 对应的字符串对象 o，字符串对象在 Redis 中用于存储
Bitmap
    int dirty;
    if ((o = lookupStringForBitCommand(c,bitoffset,&dirty)) == NULL) return;

    /* 5. 计算偏移量 bitoffset 对应的字节索引 byte 和位索引 bit。由于 Redis 中的 Bitmap
是按字节存储的，所以需要计算偏移量对应的 byte 位置和 bit 位置 */
    byte = bitoffset >> 3;
    byteval = ((uint8_t*)o->ptr)[byte];
    bit = 7 - (bitoffset & 0x7);
    // 6. 获取字节中指定位的当前值 bitval
    bitval = byteval & (1 << bit);


    /* 7. 比较当前位值 bitval 与要配置的位值 on 是否相同。如果位值有变化，或者该位是新创建
的，或者 Bitmap 长度发生变化，那么进行位值更新*/
    if (dirty || (!!bitval != on)) {
        /* Update byte with new bit value. */
        byteval &= ~(1 << bit);
        byteval |= ((on & 0x1) << bit);
        ((uint8_t*)o->ptr)[byte] = byteval;
        signalModifiedKey(c,c->db,c->argv[1]);
        // 省略部分代码

        server.dirty++;
    }
    /* 8. 返回配置前的位值 bitval 作为回复 */
    addReply(c, bitval ? shared.cone : shared.czero);
}
```

获取 offset value 原理

获取 key 关联的 Bitmap 在 offset 处的 bit 的值，当 key 不存在时，返回 0。源码 bitops.c 的 getbitCommand 方法实现了 GETBIT 命令。

```
/* GETBIT key offset */
void getbitCommand(client *c) {
    // 省略部分代码
    // 1. 从命令参数中解析出偏移量 bitoffset，表示要获取的 bit 在 Bitmap 中的位置
    if (getBitOffsetFromArgument(c,c->argv[2],&bitoffset,0,0) != C_OK)
        return;
    // 2. 查找并返回键 c->argv[1] 对应的字符串对象 o。如果键不存在，或者类型不是字符串对
    // 象，则返回零值的回复
    if ((o = lookupKeyReadOrReply(c,c->argv[1],shared.czero)) == NULL ||
        checkType(c,o,OBJ_STRING)) return;

    //3. 计算偏移量 bitoffset 对应的字节索引 byte 和位索引 bit。由于 Redis 中的 Bitmap
    // 是按字节存储的，所以需要计算偏移量对应的 byte 位置和 bit 位置
```

```
    byte = bitoffset >> 3;
    bit = 7 - (bitoffset & 0x7);

    // 4. 根据字符串对象类型，从字节中获取指定位的值 bitval
    if (sdsEncodedObject(o)) {
        if (byte < sdslen(o->ptr))
            bitval = ((uint8_t*)o->ptr)[byte] & (1 << bit);
    } else {
        if (byte < (size_t)ll2string(llbuf,sizeof(llbuf),(long)o->ptr))
            bitval = llbuf[byte] & (1 << bit);
    }
    // 5. 将获取到的位值 bitval 作为回复发送给客户端
    addReply(c, bitval ? shared.cone : shared.czero);
}
```

2.8.3 出招实战：亿级用户登录判断、签到统计系统

用户登录判断

Bitmap 提供了 GETBIT、SETBIT 操作，通过一个偏移值 offset 对 bit 数组的偏移值 offset 的 bit 进行读/写操作，需要注意的是，offset 从 0 开始。

可以使用 key = login_status 关联一个 Bitmap 集合，表示存储用户登录状态数据，将用户 ID 作为 offset，如果用户在线就配置为 1，否则配置为 0。通过 GETBIT 判断对应的用户是否在线。5 亿个用户只需要 60 MB 的空间。

SETBIT 命令

```
SETBIT <key> <offset> <value>
```

配置或者清空指定的 key 关联的 Bitmap 在 offset 处的 bit 的值（只能是 0 或者 1）。

GETBIT 命令

```
GETBIT <key> <offset>
```

获取 key 关联的 Bitmap 在 offset 处的 bit 的值，当 key 不存在时，返回 0。举个例子，假如你要判断 ID = 10086 的用户的登录情况。

第一步，用户登录时，执行以下命令，表示用户已登录。

```
SETBIT login_status 10086 1
```

第二步，检查该用户是否登录，返回 1 表示已登录。

```
GETBIT login_status 10086
```

第三步，登出，将 offset 对应的值配置为 0。

```
SETBIT login_status 10086 0
```

用户每月签到情况

在签到统计中，每个用户每天的签到用 1 bit 表示，一个月最多只有 31 天，占用 31 bit。

考虑到每月要重置连续签到次数，为每个登录用户的每个月创建一个 Bitmap 集合，到期后删除以节省内存。key = uid:sign:{userId}:{yyyyMM}。将月份的日期值 - 1 作为 offset（因为 Bitmap offset 从 0 开始，所以 offset=日期 - 1），如果签到就把这个 offset 的 bit 配置为 1。

第一步，执行下面的命令表示记录用户在 2023 年 7 月 1 日 和 2023 年 7 月 29 日打卡签到。

```
SETBIT uid:sign:89757:202307 0 1
SETBIT uid:sign:89757:202307 28 1
```

执行以上两个命令后，Bitmap 的数据就是 10000000000000000000000000001000（一共 32 bit）。需要注意的是，虽然你在 offset = 28 的位置配置 bit = 1，但实际上 Bitmap 占用了 32 bit，Bitmap 占用的 bit 数是 byte 的整数倍。

第二步，判断编号 89757 的用户在 2023 年 7 月 29 日是否打卡签到。

```
GETBIT uid:sign:89757:202307 28
```

第三步，统计该用户在 7 月的签到次数，使用 BITCOUNT 命令。该命令用于统计在给定的 bit 数组中，值等于 1 的 bit 的数量。

```
BITCOUNT uid:sign:89757:202307
```

这样我们就可以统计用户每个月的打卡情况了，是不是很赞？

张无剑："如何统计每个月首次签到日期呢？"

Bitmap 提供了 BITPOS key bit [start [end [BYTE | BIT]]] 命令，返回数据表示 Bitmap 中第一个值为 1 或者 0 的位置。

需要注意的是，该命令会遍历整个 Bitmap，你可以通过可选的 start 参数和 end 参数指定要检测的范围。我们可以通过执行以下命令来获取 userID = 89757 在 2023 年 7 月首次打卡的日期。

```
>BITPOS uid:sign:89757:202307 1
(integer) 0
```

需要注意的是，我们需要将返回的 value + 1 作为首次签到日期，因为 offset 从 0 开始，所以首次签到的日期是 2023 年 7 月 1 日。

使用 Bitmap 之后会节省很多内存，我来给你做一个简单计算。

◎ 一个用户连续签到一个月产生 31 bit 数据，大约 4 byte（每个月都按 31 天算，别说我欺负关系数据库）。

◎ 一个用户连续签到一年产生 48 byte 数据。

◎ 1000 万个用户连续签到一年产生 4.8×10^8 byte（$4.8\times10^8\div1024\div1024\approx457.76$MB）数据。

使用关系数据库，1000 万个用户连续签到一年大约会产生 68.66 TB 数据，而使用 Bitmap 只会产生 457.76MB 数据。

谢霸戈："同城约会 App 上线后，运营人员提出每月连续签到时间越长，发放奖励越多，结果场面异常火爆，老板赢'麻'了。但是问题来了，如何统计一个用户的每月签到详情呢（每月签到情况、连续签到天数）？"

Bitmap 提供了 BITFIELD 命令，这个命令可以通过一次调用对多 bit 进行操作。其语法比较复杂，我解释一下。

```
BITFIELD key
  [GET type offset | [OVERFLOW <WRAP | SAT | FAIL>]
   <SET type offset value | INCRBY type offset increment>
   [GET type offset | [OVERFLOW <WRAP | SAT | FAIL>]
     <SET type offset value | INCRBY type offset increment>
   ...]
```

其中，key 是要操作的 Redis 字符串的键，存储 Bitmap 数据。

在 BITFIELD 命令中，你可以通过连续的子命令链对同一个字符串进行多个位操作。每个子命令由一个或多个参数组成，指定要执行的操作、位字段的类型、偏移量、值等。

以下是每个子命令的详细说明。

◎ GET type offset：从 Bitmap 中获取位字段（bit field）的值。type 表示位字段的数据类型，offset 表示位偏移量（从 0 开始）。你可以指定多个 GET 操作。

◎ SET type offset value：配置位字段的值。type 表示位字段的数据类型，offset 表示位偏移量，value 表示要配置的值。你可以指定多个 SET 操作。

◎ INCRBY type offset increment：将指定位字段的值递增指定的增量。type 表示位字段的数据类型，offset 表示位偏移量，increment 表示递增的数量。你可以指定多个 INCRBY 操作。

◎ OVERFLOW <WRAP | SAT | FAIL>：当位操作导致溢出时的处理方式。你可以选择 WRAP（环绕）、SAT（饱和）或 FAIL（失败）。这个参数对应整个子命令链中的溢出处理方式。

使用的数据类型（type）如下。

◎ u<N>：无符号整数类型，其中 <N> 是位数。例如，u8 表示 8 位无符号整数。

◎ i<N>：有符号整数类型，其中 <N> 是位数。例如，i16 表示 16 位有符号整数。

◎ N：使用默认类型，可以是 u 或 i。

如下命令表示获取从 2023 年 7 月 offset 位置为 0 开始，连续 31 天的签到情况，返回值是无符号十进制的。

```
> BITFIELD uid:sign:89757:202307 GET u31 0
1073741828
```

需要注意的是，一个月最多有 31 天，因此保存签到数据的 Bitmap 最大只需要 31 bit。实际上在 29 号签到时，Bitmap 会占用 32 bit，因为其底层是 SDS 数据结构，1 byte 由 8 bit 组成，其他位置会自动补 0。

谢霸戈："命令返回的是一个十进制数，我哪知道 bit 到底是 0 还是 1 呀？"

你只需要把这个十进制数字和 1 做与运算就可以了。

2.9 HyperLogLog 实现原理与实战

在移动互联网的业务场景中，数据量很大，系统需要保存这样的信息：一个 key 关联了一个数据集合，同时将这个数据集合以统计报表的形式呈现给运营人员。例如：

◎ 统计一个 App 的日活、月活人数。

◎ 统计一个页面每天被多少个不同账户（Unique Visitor，UV）访问。

◎ 统计用户每天搜索不同词条的个数。

◎ 统计注册 IP 地址数。

谢霸戈："通常情况下，系统面临的用户数量及访问量都是巨大的，例如百万、千万级别的用户数量，或者千万级别、甚至亿级别的访问信息，怎么处理这种情况呢？"

这些就是典型的 HyperLogLog（基数统计）应用场景。基数统计指统计一个集合中不重复元素的数量，这些不重复的元素被称为基数。

2.9.1 基数统计

HyperLogLog 是一种概率数据结构，用于估计集合的基数。每个 HyperLogLog 最多消耗 12KB 内存，在标准误差 0.81%的前提下，可以计算 2^64 个元素的基数。其主要特点如下。

◎ 高效存储：HyperLogLog 的内存消耗是固定的，与集合中的元素数量无关。这使得它特别适用于处理大规模数据集，因为它不需要存储所有不同的元素，只需要存储估计基数所需的信息。

◎ 概率估计：HyperLogLog 提供的结果是概率性的，不是精确的基数计数。它通过哈希函数将输入元素映射到 Bitmap 中的某些位置，并基于 Bitmap 的统计信息来估计基数。由于这是一种概率方法，因此可能存在一定的误差，但在实际应用中，这个误差通常是可接受的。

◎ 高速计算：HyperLogLog 可以在常量时间内计算估计的基数，无论集合的大小如何。这意味着它的性能非常好，不会受到集合大小的影响。

2.9.2 稀疏矩阵和稠密矩阵

基本原理

HyperLogLog 是一种概率数据结构，它使用概率算法来统计集合的近似基数，而概率算法的本质是伯努利过程。

伯努利过程可以看作一个抛硬币实验。在抛硬币时，正面朝上和反面朝上的概率都是 1/2。伯努利过程就是一直抛硬币，直到正面朝上，并记录下抛掷次数 k。

例如，在第一次抛掷时硬币正面朝上，那么 k 为 1；如果第一次和第二次抛掷都是反面朝上，直到第三次才出现正面，那么 k 为 3。

对于 n 次伯努利过程，我们会得到 n 个出现正面的投掷次数值 $k_1, k_2, \ldots k_n$，其中最大值记为 k_{max}，而 $2^{\wedge}k_{max}$ **就是 n 的估计值**。也就是说，你可以根据最大投掷次数近似推算出进行了多少次伯努利过程。

所以 HyperLogLog 的基本思想是利用集合中数字的比特串的第一个 1 出现位置的最大值来预估整体基数，但是这种预估方法存在较大误差，为了改善这种情况，HyperLogLog 引入了分桶平均的概念，计算 m 个桶的调和平均值。

Redis 内部使用字符串 Bitmap 来存储 HyperLogLog 所有桶的计数值，一共包括 2^14 个桶，也就是 16384 个桶。每个桶都是一个 6 bit 的数组。

这段代码描述了 Redis HyperLogLog 数据结构的头部定义（hyperLogLog.c 中的 hllhdr 结构体）。

```
struct hllhdr {
    char magic[4];
    uint8_t encoding;
    uint8_t notused[3];
    uint8_t card[8];
    uint8_t registers[];
};
```

◎ **magic[4]**：4 字节的字符数组，用来表示数据结构的标识符。在 HyperLogLog 中，它的值始终为 HYLL，用来标识这是一个 HyperLogLog 数据结构。

◎ encoding：1 字节的字段，用来表示 HyperLogLog 的编码方式。可以取下面两个值之一。
  - HLL_DENSE：使用稠密表示方式。
  - HLL_SPARSE：使用稀疏表示方式。

◎ notused[3]：3 字节的字段，用于未来扩展，要求这些字节的值必须为 0。

◎ card[8]：8 字节的字段，用来存储缓存的基数（基数估计的值）。

◎ registers[]：长度可变的字节数组，用来存储 HyperLogLog 的数据，一共有 16384 个桶，每个桶占据 6 bit，我们都知道 1 字节由 8 bit 组成，这种 6 bit 排列的结构会导致一些桶跨越字节边界，我们需要将 1 或 2 字节进行适当的移位拼接才可以得到实际的计数值。

HyperLogLog 的结构如图 2-45 所示。

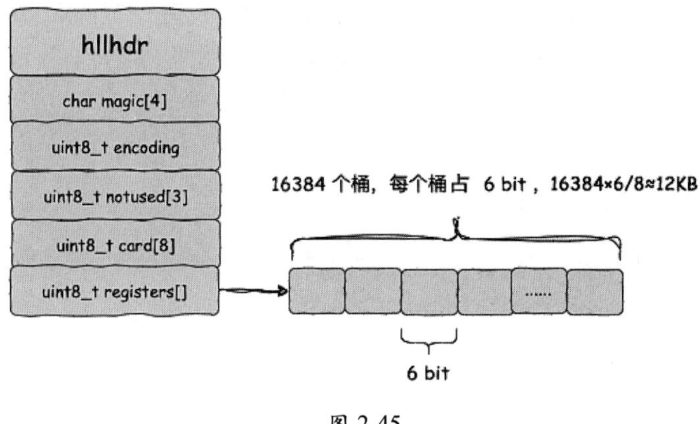

图 2-45

Redis 对 HyperLogLog 的存储进行了优化，在计数较小时，大多数桶的计数值是 0，采用稀疏矩阵存储，占用空间很小。

只有在计数很大、稀疏矩阵占用的空间超过了阈值时才会转变成稠密矩阵，占用 12KB 空间。

2.9.3　出招实战：海量网页访问量统计

HyperLogLog 的主要使用场景是基数统计，例如统计微信公众号的文章每天被多少用户访问过，一个用户一天访问多次只能记一次。对于这种场景，为了节约成本，其实只需要计算一个大概值，没必要算出精确值。

对于上面的场景，可以使用 Sets、Bitmap 和 HyperLogLog 来解决。

Sets：统计精度高，对于少量的数据统计建议使用，大量的数据统计会占用很大的内存空间。

Bitmap：位图算法，统计精度高，内存占用比 Sets 少，但是在统计大量数据时还是会占用较大内存。

HyperLogLog：存在一定误差，占用内存少（稳定占用 12KB 左右）。

使用 Sets 实现

一个用户一天内多次访问同一网站只能记一次，所以很容易就想到通过 Sets 来实现。

例如，微信昵称叫 Chaya 的“小姐姐”访问《爱一个人总要掉眼泪》这篇文章时，我把“Chaya”存到 Sets 中。

```
SADD 爱一个人总要掉眼泪:uv 码哥 Chaya 赵小因 Chaya
(integer) 3
```

Chaya 多次访问这篇文章，Sets 的去重特性保证集合中只有一个记录。接着，通过 SCARD 命令，统计页面 UV。命令返回这个集合的元素个数（微信昵称个数）。

```
SCARD 爱一个人总要掉眼泪:uv
(integer) 3
```

使用 HyperLogLog 实现

Chaya：“Sets 虽好，但如果文章的阅读量达到千万级别，一个集合就保存了千万个用户的 ID，消耗的内存也太大了。”

不要怕，“只要思想不滑坡，办法总比困难多”，这些是典型的 HyperLogLog 应用场景。

HyperLogLog 的优点在于它所需的内存并不会因为集合的大小而改变，无论集合包含多少个元素，HyperLogLog 进行计算所需的内存总是固定的，并且是非常少的。

HyperLogLog 使用起来太简单了。PFADD、PFCOUNT、PFMERGE 三个命令打天下。

PFADD

用户每访问一次页面，就调用 PFADD 命令将用户 ID 添加到 HyperLogLog 中。一共有三个用户访问了这页面，其中 Chaya 访问了两次，但只记一次。

```
PFADD 爱一个人总要掉眼泪:uv 码哥 Chaya 赵小因 Chaya
```

如果执行命令后 HyperLogLog 估计的近似基数发生变化，则 PFADD 返回 1，否则返回 0。如果指定的 key 不存在，那么该命令会自动创建一个空的 HyperLogLog 结构。

PFADD 命令并不会一次性分配 12KB 内存，而是随着基数的增加逐渐增加分配的内存。

PFCOUNT

接下来，通过 PFCOUNT 命令获取文章《爱一个人总要掉眼泪》的 UV 值，可以看到返回值是 3，符合预期。

```
> PFCOUNT 爱一个人总要掉眼泪:uv
3
```

PFMERGE 合并统计

Chaya：“运营人员又提了一个需求：对文章进行标签分类，要把情感类文章的几个页面的数据合并统计。”

页面的 UV 访问量也需要合并，这时 PFMERGE 就派上用场了：同样的用户访问这两个页面只记一次。

如下命令把“爱一个人总要掉眼泪:uv”和“爱情是幸福和不委屈:uv ”两个 HyperLogLog 集合数据合并到“情感分类文章:uv”这个集合中。

```
PFADD 爱情是幸福和不委屈:uv Chaya 赵小因 幸运草
# 合并两个页面 UV
PFMERGE 情感分类文章:uv 爱一个人总要掉眼泪:uv 爱情是幸福和不委屈:uv
```

接着，执行“PFCOUNT 情感分类文章:uv”统计合并后的数据。

```
> PFCOUNT 情感分类文章:uv
4
```

将多个 HyperLogLog 合并（merge）为一个 HyperLogLog，合并后的 HyperLogLog 的基数接近于所有输入 HyperLogLog 的可见集合（observed set）的并集。

2.10　Bloom Filter 实现原理与实战

MySQL：“Redis 老哥，我遇到难题了。程序员要开发一个浏览新闻资讯或视频的‘明日头条’App，需要实现每次推荐给同一用户的内容不重复，并过滤看过的内容。这个 App 系统并发量特别大，我快扛不住了，怎么办？”

如果把所有历史记录都存储在 MySQL 中，那么去重时就需要频繁地对数据库进行 exists 查询，当系统并发量很大时，数据库很难扛住压力。

MySQL：“可以使用 Redis 缓存吗，把浏览数据存储在 Redis 中。”

万万不可，这么多的历史记录要浪费多大的内存空间？！你可以使用 Bloom Filter 解决这个问题，又快又省内存，互联网开发必备！

当数据量大，又需要去重时可以考虑使用 Bloom Filter，它适用于如下场景。

◎ 解决 Redis 缓存穿透问题。
◎ 实现邮件黑名单过滤。
◎ 过滤爬虫爬过的网站。
◎ 不重复推荐新闻。

2.10.1 Bloom Filter

Bloom Filter 是由 Burton Howard Bloom 于 1970 年提出的，它是一种 space efficient 的概率型数据结构，用于判断一个元素是否在集合中。通常用于快速判断某个元素是否可能存在于一个大型数据集中，而无须实际存储整个数据集。

如果 Bloom Filter 给出的响应是某个数据不存在，那么这个数据一定不存在；当给出的响应是某个数据存在时，要注意这个数据可能不存在。

散列表也能用于判断元素是否在集合中，但是 Bloom Filter 只需要散列表的 1/8 或 1/4 的空间复杂度就能解决同样的问题。Bloom Filter 可以插入元素，但不可以删除已有元素。

2.10.2 位数组和哈希函数

Redis 的 Bloom Filter 的实现基于一个位数组（bit array）和一组不同的哈希函数，其实现过程如图 2-46 所示。

（1）分配一块内存空间给位数组，这个位数组的长度是固定的，通常由用户指定，决定了 Bloom Filter 的容量。每个位的初始值都为 0。

（2）添加元素时，采用 k 个相互独立的哈希函数对数组 X 做哈希计算得到 k 个哈希值，这些哈希函数应该是独立的、均匀分布的，以减小冲突的可能性。分别把 k 个哈希值与位数组长度取模映射的数组位置设置为 1。

（3）检测数组 X 是否存在，仍然用这 k 个哈希函数分别对数组 X 做计算得到 k 个哈希值，分别对应数组 X 的 k 个位置，判断这个位置的值，如果全部为 1，则表示 X 可能存在，否则表示 X 不存在。

哈希函数会出现碰撞，所以 Bloom Filter 会存在误判。误判率指 Bloom Filter 判断某个 key 存在，但它实际不存在的情况。

误判率主要受位数组的大小和哈希函数的数量影响。较大的位数组和更多的哈希函数可以降低误判率，但也会增加存储开销和计算开销。

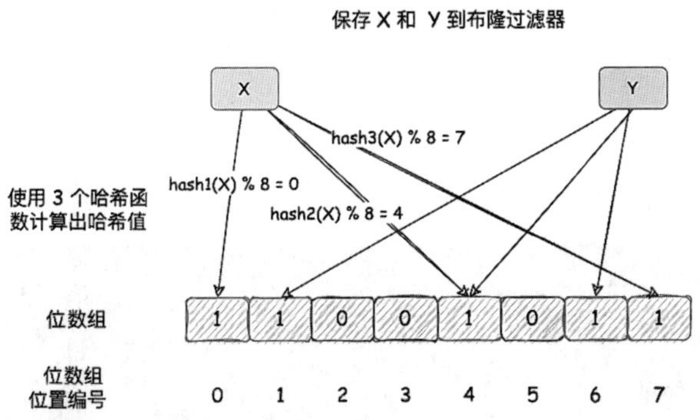

图 2-46

MySQL：“为什么不允许删除元素呢？”

Bloom Filter 的设计目的是快速检查元素存在的可能性，而不是支持元素的删除操作，删除意味着需要将对应的 *k* bit 配置为 0，其中有可能包括其他元素对应的 bit。

2.10.3　出招实战：缓存穿透解决方案

Bloom Filter 不是我的标准功能，而是通过拓展实现的，官方从 Redis 4.0 开始提供了插件机制，Bloom Filter 正式登场。

你可以下载官方提供的可拓展模块，或者从 GitHub 上下载源码自己编译。接下来我以下载源码自行编译的方式来说明如何集成 Bloom Filter，这里以 2.2.14 版本为例。

下载源码

在 GitHub 代码库 RedisBloom/RedisBloom/releases/tag/v2.2.14 下载软件包。

解压编译

运行 tar 命令解压下载的软件包。

```
tar -zxvf RedisBloom-2.2.14.tar
```

切换到解压出来的软件目录，执行 make 命令编译插件。

```
cd RedisBloom-2.6.3
make
```

编译成功，会看到 redisbloom.so 文件。

安装集成

修改 redis.conf 文件，新增 loadmodule 配置，并重启 Redis。

```
loadmodule /opt/app/RedisBloom-2.2.14/redisbloom.so
```

如果是集群，则每个实例的配置文件都需要加入配置。

指定配置文件并启动 Redis。

```
redis-server /opt/app/redis-6.2.6/redis.conf
```

加载成功的页面如图 2-47 所示。

```
9189:M 12 Sep 2023 20:40:42.471 # WARNING: The TCP backlog setting of 511 cannot be enforced because kern.ipc.somaxconn is set to the lower value of 128.
9189:M 12 Sep 2023 20:40:42.471 # Server initialized
9189:M 12 Sep 2023 20:40:42.536 * Module 'bf' loaded from /Users/magebte/Documents/develop/RedisBloom-2.2.14/redisbloom.so
9189:M 12 Sep 2023 20:40:42.537 * Loading RDB produced by version 7.0.12
9189:M 12 Sep 2023 20:40:42.537 * RDB age 197050 seconds
9189:M 12 Sep 2023 20:40:42.537 * RDB memory usage when created 1.36 Mb
9189:M 12 Sep 2023 20:40:42.537 * Done loading RDB, keys loaded: 5, keys expired: 0.
9189:M 12 Sep 2023 20:40:42.537 * DB loaded from disk: 0.001 seconds
9189:M 12 Sep 2023 20:40:42.537 * Ready to accept connections
```

图 2-47

缓存穿透预防

Bloom Filter 可以解决缓存穿透问题，缓存穿透意味着有特殊请求在查询一个不存在的数据，即数据既不存在于 Redis，也不存在于数据库。当用户购买商品创建订单时，就向 Queue（消息队列）发送消息，把订单 ID 添加到 Bloom Filter，如图 2-48 所示。

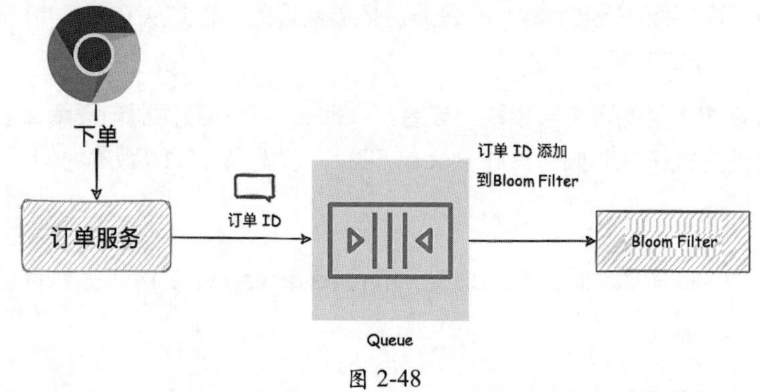

图 2-48

创建过滤器

通过 BF.RESERVE orders 0.1 10000000 命令手动创建一个名为 orders error_rate = 0.1，容量为 10000000 的 Bloom Filter。BF.RESERVE 命令的语法如下。

```
BF.RESERVE key error_rate capacity [EXPANSION expansion]
  [NONSCALING]
```

◎ key：Bloom Filter 的名字。

◎ error_rate：期望的错误率，默认为 0.1，值越低，需要的空间越大。

◎ capacity：初始容量，默认为 100，当实际元素的数量超过初始容量时，误判率上升。

◎ EXPANSION：可选参数，当添加到 Bloom Filter 中的数据达到初始容量后，Bloom Filter

会自动创建一个子过滤器，子过滤器的大小是上一个过滤器的大小乘以 expansion。expansion 的默认值是 2，也就是说 Bloom Filter 默认进行 2 倍扩容。

◎ NONSCALING：可选参数，配置此项后，当添加到 Blom Filter 中的数据达到初始容量后，不会扩容过滤器，并且会抛出异常（(error) ERR non scaling filter is full）。

Bloom Filter 的扩容是通过增加层数来完成的。每增加一层，在查询时就可能遍历多层 Bloom Filter，每一层的容量都是上一层的 2 倍（默认）。

如果使用 Redis 自动创建的 Blom Filter，那么默认的 error_rate 是 0.1，capacity 是 100。

Bloom Filter 的 error_rate 越小，需要的存储空间就越大，对于不需要过于精确的场景，error_rate 配置得稍大一点儿也可以。

Bloom Filter 的 capacity 配置得过大，会浪费存储空间；配置得过小，会影响准确率，所以在使用之前一定要尽可能地精确估计好元素数量，还需要加上一定的冗余空间以避免实际元素的数量高出配置值很多。

添加数据到 Bloom Filter

```
# BF.ADD {key} {item}
BF.ADD orders 10086
(integer) 1
```

使用 BF.ADD 向名为 orders 的 Bloom Filter 添加 10086 这个元素。

如果是多个元素同时添加，则使用 BF.MADD key {item ...}。

```
BF.MADD orders 10087 10089
1) (integer) 1
2) (integer) 1
```

判断元素是否存在

BF.EXISTS 判断一个元素是否存在于 BloomFilter，返回值为 1 表示存在，返回值为 0 表示不存在。

```
# BF.EXISTS {key} {item}
BF.EXISTS orders 10086
(integer) 1
```

如果需要批量检查多个元素是否存在于 Bloom Filter，则使用 BF.MEXISTS，返回值是一个数组。

```
# BF.MEXISTS {key} {item}
BF.MEXISTS orders 100 10089
1) (integer) 0
2) (integer) 1
```

只需要通过 BF.RESERVE、BF.ADD、BF.EXISTS 三个命令就能避免缓存穿透问题。

Chaya："如何查看创建的 Bloom Filter 信息呢？"

这个问题问得好，好奇心还是要有的。用 BF.INFO key 查看。

```
BF.INFO orders
 1) Capacity
 2) (integer) 10000000
 3) Size
 4) (integer) 7794184
 5) Number of filters
 6) (integer) 1
 7) Number of items inserted
 8) (integer) 3
 9) Expansion rate
10) (integer) 2
```

◎ Capacity：预设容量。

◎ Size：实际占用情况，但如何计算待进一步确认。

◎ Number of filters：过滤器层数。

◎ Number of items inserted：实际插入的元素数量。

◎ Expansion rate：子过滤器扩容系数（默认为 2）。

2.11 Redis 高性能的原因

我如今已经成为软件系统必备的中间件之一，是面试官青睐的对象。本节从面试角度提炼知识点，带你融会贯通。

学习新技术时，如果只接触零散的技术点，没有在脑海里建立完整的知识体系，就会很吃力，出现"看起来好像会，过后就忘记"的情况。

65 哥前段时间去面试某大厂，被问到"Redis 的性能为什么这么强"。

65 哥："额……因为它是基于内存操作数据的，内存速度很快。"

面试官："还有呢？"

65 哥："没了呀。"

很多人仅仅知道 Redis 基于内存实现，并不了解其核心原因。今日，我带你一起探索真正的原因。

为了让我的性能一骑绝尘，创始人 Antirez 对我的各方面都进行了优化。下次面试的时候，面试官如果问起 Redis 的性能为什么如此高，可不能只傻傻地说单线程和内存存储了。

根据官方数据，Redis 的每秒请求数（Qequests Per Second，QPS）可以达到 100000，有兴趣的读者可以参考官方的基准程序测试报告《How fast is Redis？》，如图 2-49 所示。

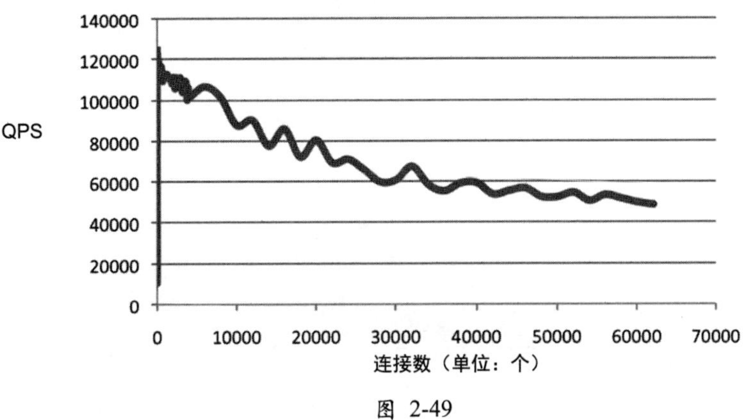

图 2-49

Redis 的性能强大主要有以下原因。

- ◎ 基于内存实现。
- ◎ 使用 I/O 多路复用模型。
- ◎ 单线程模型。
- ◎ 高效的底层数据结构。
- ◎ 全局散列表。

2.11.1　基于内存实现

65 哥："这个我知道，Redis 是基于内存的数据库，就像段誉的'凌波微步'，完全吊打磁盘的速度。对于磁盘数据库来说，首先要将数据通过 I/O 操作读取到内存里。"

没错，读、写操作都是在内存上完成的，下面分别对比一下内存操作与磁盘操作的差异。

图 2-50 是磁盘操作调用栈流程。

内存操作

内存直接由 CPU 控制，也就是由 CPU 内部集成内存控制器，所以说内存是直接与 CPU 对接的，享受与 CPU 通信的"最优带宽"。Redis 将数据存储在内存中，读/写操作不会被磁盘的 I/O 速度限制。

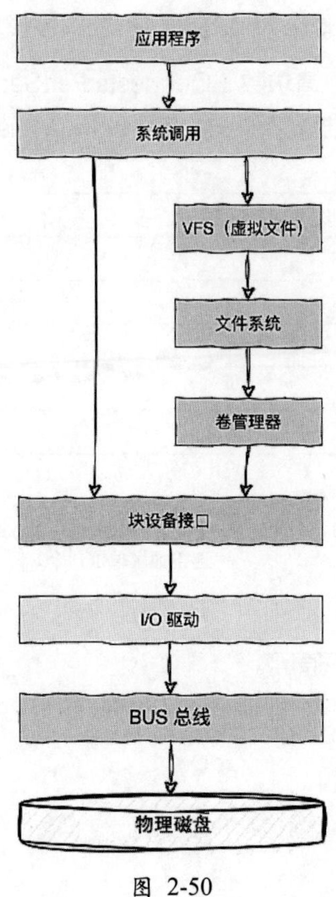

图 2-50

2.11.2 I/O 多路复用模型

Redis 采用 I/O 多路复用技术并发处理连接。采用 epoll + 自己实现的简单的事件框架。将 epoll 中的读、写、关闭、连接都转化成事件，再利用 epoll 的多路复用特性实现一个 ae 高性能网络事件处理框架，绝不在 I/O 上浪费一点时间。

65 哥："那什么是 I/O 多路复用呢？"

在解释 I/O 多路复用之前，我们先了解下基本 I/O 操作会经历什么。

一个基本的网络 I/O 模型处理 get 请求时，会经历以下过程。

（1）服务端 bind/listen 绑定 IP 地址并监听指定端口的请求，与客户端建立 accept。

（2）从 socket 中读取请求 recv。

（3）解析客户端发送的请求 parse。

（4）执行 get 命令。

（5）Send 执行相应客户端数据，也就是向 socket 写回数据。

其中，bind、accept、recv、parse 和 send 属于网络 I/O 处理，而 get 命令属于键-值数据操作。既然 Redis 是单线程的，那么，最基本的实现就是在一个线程中依次执行上述操作（Redis 6.0 引入 I/O 多线程模型，图 2-51 描述的是 6.0 之前的版本）。

其中的关键是 accept 和 recv 会出现阻塞，当 Redis 监听到一个客户端有连接请求，但一直未能成功建立连接时，会阻塞在 accept 函数，导致其他客户端无法和 Redis 建立连接。

类似地，当 Redis 通过 recv 函数从一个客户端读取数据时，如果数据一直没有到达，那么 Redis 就会一直阻塞在 recv 函数，如图 2-51 所示。

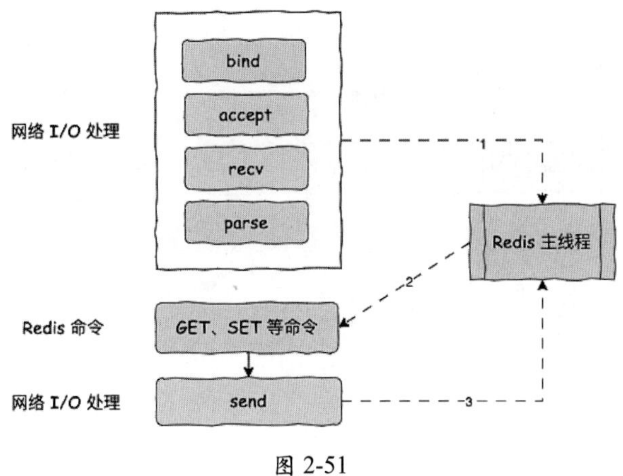

图 2-51

阻塞的原因是使用了传统阻塞 I/O，也就是在执行 read、accept、recv 等函数时会一直阻塞等待，如图 2-52 所示。

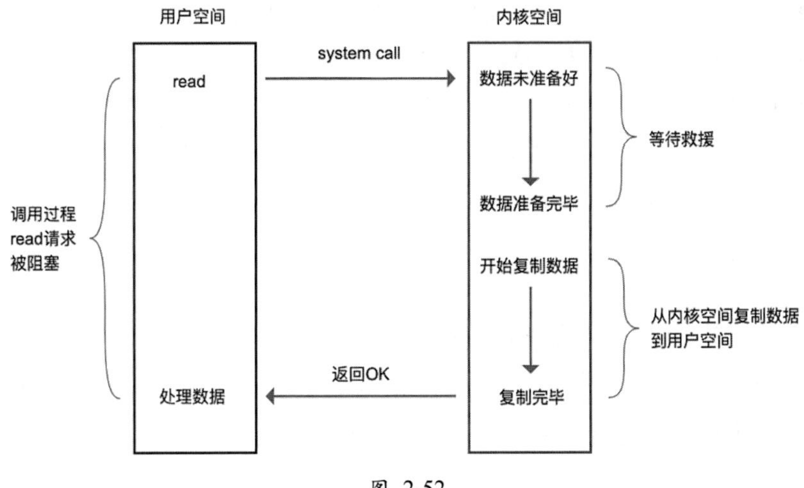

图 2-52

I/O 多路复用

“多路”指多个 socket 连接，“复用”指共同使用一个线程。多路复用主要有 select、poll 和 epoll 三种技术。epoll 的基本原理是，内核不监视应用程序本身的连接，而是监视应用程序的文件描述符。

客户端在运行时会生成具有不同事件类型的套接字。在服务器端，I/O 多路复用程序（I/O 多路复用模块）会将消息放入队列（图 2-53 中的 I/O 多路复用程序的 socket 队列），然后通过文件事件分派器将其转发到不同的事件处理器。

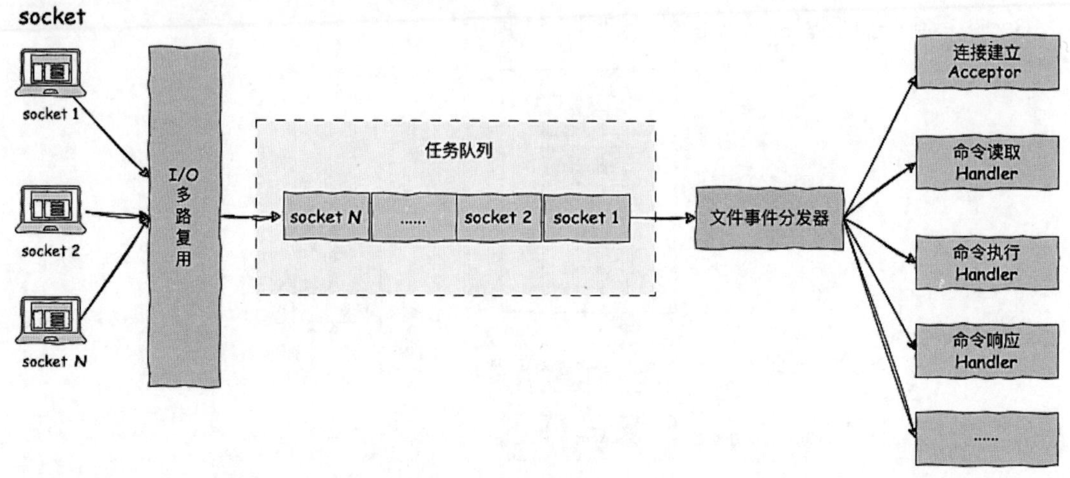

图 2-53

简单来说，在单线程条件下，内核会一直监听 socket 上的连接请求或者数据请求，一旦有请求到达就交给 Redis 线程处理，这就实现了一个 Redis 线程处理多个 I/O 流的效果。

select/epoll 提供了基于事件的回调机制，即针对不同事件调用不同的事件处理器。所以 Redis 一直在处理事件，响应性能得到了提升。

Redis 线程不会阻塞在某一个特定的监听或已连接套接字上，也就是说，不会阻塞在某一个特定的客户端请求处理上。正因如此，Redis 可以同时和多个客户端连接并处理请求，从而提升并发能力。

2.11.3 单线程模型

65 哥：“为什么 Redis 不采用多线程并行执行，以充分利用 CPU 呢？”

单线程指 Redis 的网络 I/O 以及 field-value pairs 命令读/写是由一个线程来执行的。Redis 的持久化、集群数据同步、异步删除等操作都是其他线程执行的。

不过 Redis 从 6.0 版本开始支持多线程模型，需要注意的是，Redis 多 I/O 线程模型只用来处理网络读/写请求，Redis 的读/写命令依然是单线程处理的。

多线程的弊端

使用多线程，通常可以增加系统吞吐量，充分利用 CPU 资源。

但是如果没有良好的系统设计，就可能出现图 2-54 所示的场景：在增加线程数量的初期，吞吐量随之增加，当进一步增加线程数量时，系统吞吐量几乎不再增加，甚至下降！

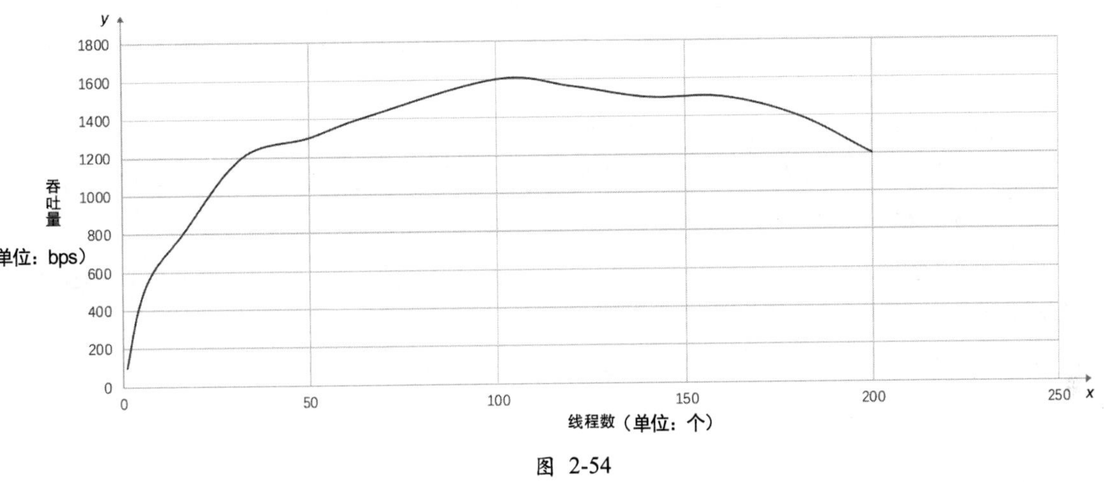

图 2-54

在运行每个任务之前，CPU 需要知道任务在何处加载并开始运行。也就是说，系统需要帮助它预先配置 CPU 寄存器和程序计数器，这称为 CPU 上下文。

这些上下文存储在系统内核中，并在重新计划任务时再次加载。这样，任务的原始状态将不会受到影响，并且看起来是连续运行的。在切换上下文时，我们需要完成一系列工作，这会消耗大量资源。

另外，当多线程并行修改共享数据时，为了保证数据正确，需要采用加锁机制，这会带来额外的性能开销，面临共享资源的并发访问控制问题。

引入多线程开发，就需要使用同步原语来保证共享资源的并发读/写，这增加了代码复杂度和调试难度。

单线程高性能的原因

Redis 选择使用单线程处理命令以及高性能的主要原因如下。

◎ 不会因为创建线程消耗性能。
◎ 避免上下文切换引起的 CPU 消耗，没有多线程切换的开销。

◎ 避免了线程之间的竞争问题，例如添加锁、释放锁、死锁等，不需要考虑各种锁问题。

◎ 代码更清晰，处理逻辑简单。

Chaya："单线程是否可以充分利用 CPU 资源呢？"

官方答复如下。

◎ 使用 Redis 时，几乎不存在 CPU 成为瓶颈的情况，Redis 的性能瓶颈主要受限于内存和网络。

◎ 在一个普通的 Linux 操作系统上，通过使用 pipelining，Redis 每秒可以处理 100 万个请求，所以如果应用程序主要使用复杂度为 $O(N)$ 或 $O(\lg N)$ 的命令，那么不会占用太多 CPU。

◎ 使用了单线程后，可维护性高。多线程模型虽然在某些方面表现优异，但是它引入了程序执行顺序的不确定性，带来了并发读/写的一系列问题，增加了系统复杂度，同时可能存在线程切换，甚至存在加锁、解锁、死锁造成的性能损耗。

Antirez 大佬给我设计了 AE 事件模型以及 I/O 多路复用等技术，处理性能非常高，因此没有必要使用多线程。

单线程机制让 Redis 内部实现的复杂度大大降低，渐进式 Rehash、Lpush 等线程不安全的命令都可以无锁进行。

2.11.4 高效的数据结构

65 哥："为了提高检索速度，MySQL 使用了 B+ Tree 数据结构，所以 Redis 速度快应该也跟数据结构有关。"

回答正确，这里所说的数据结构并不是 Redis 提供给我们使用的 5 种数据类型 String、Lists、Hashes、Sets 和 Sorted Sets，常见的应用场景如下。

◎ String：缓存、计数器、分布式锁等。

◎ Lists：链表、队列、微博关注人的时间轴列表等。

◎ Hashes：用户、订单信息。

◎ Sets：去重、赞、踩、共同好友等。

◎ Sorted Sets：访问量排行榜、点击量排行榜等。

为了在性能和内存之间取得平衡，有的数据类型底层使用了不止一种数据结构，如图 2-55 所示。

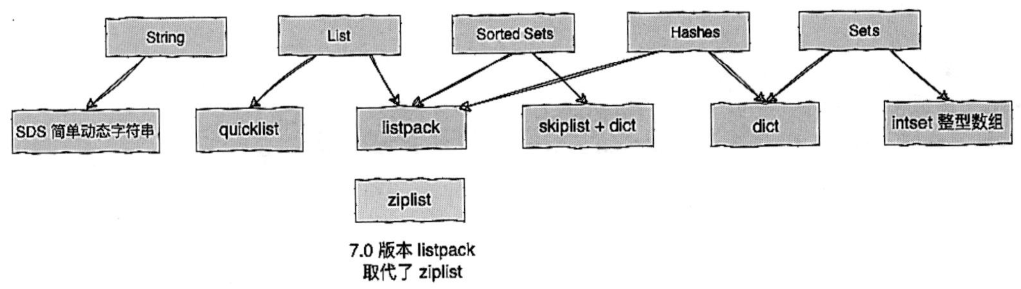

图 2-55

2.11.5　全局散列表

Redis 通过一个散列表来保存所有的 key-value，散列表的本质就是数组 + 链表，数组的槽位被叫作哈希桶。每个桶的 entry 保存指向具体 key 和 value 的指针。

key 是 String 类型，value 的数据类型可以是 5 种中的任意一种。如图 2-56 所示。

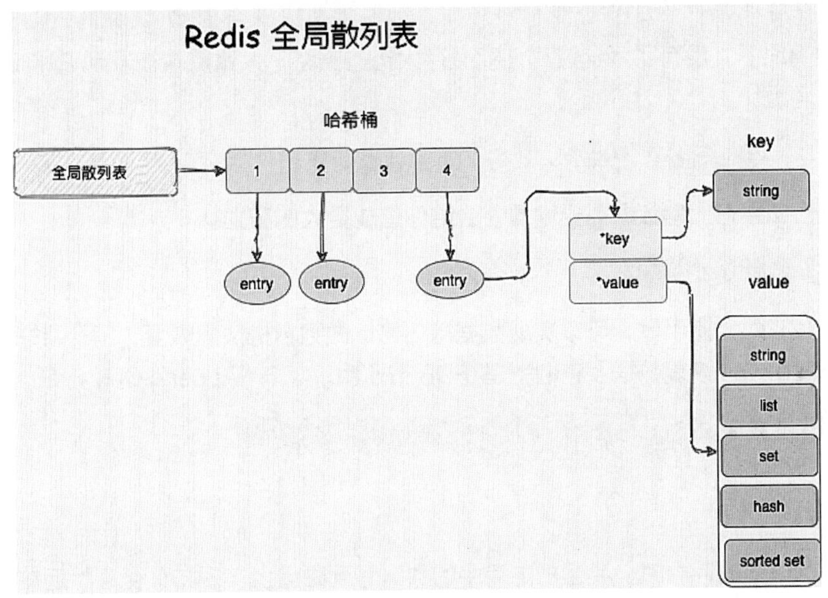

图 2-56

我们可以把 Redis 看作一个全局散列表，而全局散列表的时间复杂度是 $O(1)$。通过计算每个键的哈希值，可以知道对应的哈希桶位置，再通过哈希桶的 entry 找到对应的数据，这也是 Redis“快”的原因之一。

第 3 章　不死之身——高可用

3.1　宕机恢复，不丢数据稳如山

我（Redis）对数据读/写操作的速度快到令人发指，很多程序员把我当作缓存系统来使用，用于提高系统的读取性能。然而，“快”是需要付出代价的：内存无法持久化，一旦断电或者宕机，我保存在内存中的数据将全部丢失。

在这种情况下，没有了我这位高性能缓存大佬的支持，大量流量被发到 MySQL，可能带来更严重的问题。

MySQL：“你赶紧重启，然后从我这里获取数据加载到内存！”

不行呀！如果有大量数据需要恢复，会给你造成更大的压力。

MySQL：“那怎么办？”

别怕，我有两大撒手锏，可以实现数据持久化，做到宕机快速恢复，“不丢数据稳如山”，无须从数据库中慢慢恢复数据。它们就是 RDB 快照和 AOF（Append Only File）。

MySQL：“别磨叽了，赶紧开‘搞’吧，我快扛不住了！”

3.1.1　RDB 快照

当数据存储在内存中时，我会把内存中的数据写到磁盘上实现持久化，然后在重启时把磁盘的快照数据快速加载到内存中，这样就能实现重启后正常提供服务。

MySQL：“我有一个建议，每次对内存执行写命令都同时写入磁盘。”

你的建议很好，下次不要建议了。

这个方案有一个致命问题：每次写命令不仅写内存还写磁盘，磁盘的性能相对内存而言太差，会导致我的性能大大降低，让我快不起来了。”

MySQL："那你如何规避这个问题呢？"

程序员通常把我当作缓存系统使用，对一致性的要求不高，我不需要把所有的数据都保存下来，使用 RDB 快照的方式来实现宕机快速恢复。

在快速执行大量写命令的过程中，我的内存数据会一直变化。RDB 快照指的就是 Redis 内存中某一刻的数据，好比我们在拍照时，会把某个瞬间的画面定格下来。我把某一刻的数据以文件的形式"拍"下来，写到磁盘上。这个文件叫作 RDB 文件，是 Redis Database 的缩写。

我只需要定时执行 RDB 快照，就不必在每次执行写命令时都写入磁盘，既实现了快，又实现了持久化。当宕机后重启数据恢复时，直接将磁盘的 RDB 文件读入内存即可。如图 3-1 所示。

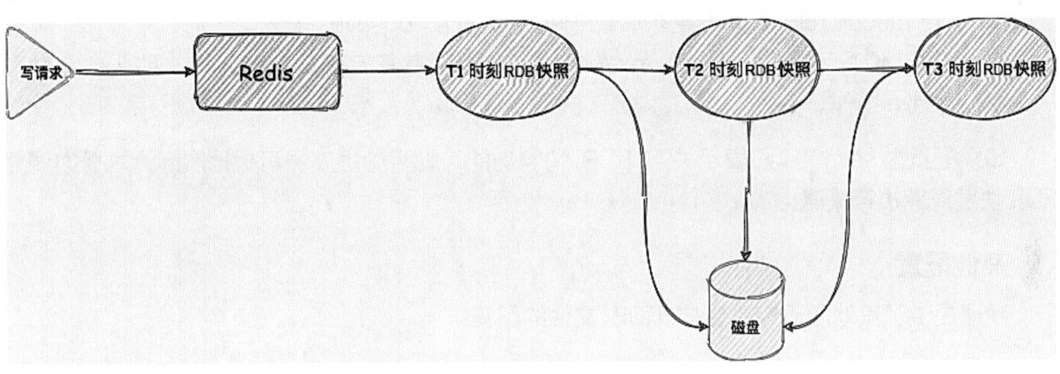

图 3-1

1. RDB 生成策略

MySQL："什么时候触发 RDB 快照操作呢？"

我用的是单线程模型执行读/写命令，所以需要尽可能避免阻塞 RDB 文件生成，以免阻塞主线程，先看看有哪些情况会触发 RDB 快照持久化操作。

有两种情况会触发 RDB 快照持久化。

◎ 手动触发：执行 save 或 bgsave 命令。
◎ 自动触发：一共有四种情况会自动触发执行 bgsave 命令生成 RDB 文件，后文细说。

手动触发

我提供了两个命令用于手动生成 RDB 文件。

◎ save：主线程执行，会阻塞。
◎ bgsave：调用 glibc 的函数 fork 产生一个子进程用于写入临时 RDB 文件，RDB 快照持久化完全交给子进程来处理，完成后自动结束，**父进程可以继续处理客户端请求，**

阻塞只发生在 fork 阶段，时间很短，生成 RDB 文件的默认配置使用的就是该命令。当子进程写完新的 RDB 文件后，会替换旧的 RDB 文件。

自动触发

程序员总不能半夜起来手动执行命令生成 RDB 文件，我会在以下 4 种情况下自动触发 bgsave 操作生成 RDB 文件。

◎ 在 redis.conf 中配置 save m n：在 m 秒内至少有 n 个 key 更改，自动触发 bgsave 生成 RDB 文件。
◎ 主从复制：从节点需要从主节点进行全量复制时会触发 bgsave 操作，把生成的 RDB 文件发送给从节点。
◎ 执行 debug reload 命令重新加载 Redis 会触发 bgsave 操作。
◎ 在默认情况下执行 shutsown 命令时，如果没有开启 AOF 持久化，那么也会触发 bgsave 操作。

如果配置为 save ""，则表示关闭 RDB 快照功能。聪明的程序员可根据实际请求压力调整 RDB 快照周期执行策略。

其他配置

我还提供了其他用于控制生成 RDB 文件的配置。

```
# 文件名称
dbfilename dump.rdb
# 文件保存路径
dir /opt/app/redis/data/
# 当持久化出错时，主进程是否停止写入
stop-writes-on-bgsave-error yes
# 是否压缩
rdbcompression yes
# 导入时是否检查
rdbchecksum yes
```

stop-writes-on-bgsave-error

我曾提到，在 RDB 文件生成的过程中，主线程依然可以接收客户端的写命令，但这是在 RDB 快照操作正常的前提下。

如果生成 RDB 文件期间出现异常，例如操作系统权限不够、磁盘已满，该配置被配置为 yes，我就会禁止执行写操作。当出现 RDB 快照错误时，允许执行写操作。

rdbcompression

如果启用 LZF 压缩算法对字符串类型的数据进行压缩，生成 RDB 文件，则配置为 yes。

rdbchecksum

从 Redis 5.0 开始，RDB 文件的末尾会有一个 64 位的 CRC 校验码，用于验证整个 RDB 文件的完整性。这个功能大概会损失 10% 左右的性能，但是能获得更高的数据可靠性，追求极致性能的程序员可将它配置为 no。

2. 写时复制

MySQL："在实际生产环境中，程序员通常会给你配置 6GB 的内存，将这么大的内存数据生成 RDB 文件落到磁盘的过程会需要较长时间。你如何做到在继续处理写命令请求的同时保证 RDB 文件与内存中的数据一致呢？"

作为唯快不破的 NoSQL 数据库"扛把子"，我在对内存数据做 RDB 快照时，并不会暂停写操作（读操作不会造成数据的不一致）。

我使用了操作系统的多进程写时复制技术（Copy On Write，COW）来实现 RDB 快照持久化。在持久化时我会调用操作系统 glibc 函数 fork 产生一个子进程，RDB 快照持久化完全交给子进程来处理，主进程继续处理客户端请求。

在子进程刚刚产生时，它和父进程共享内存里面的代码段和数据段，你可以将父子进程想象成一个连体婴儿，共享身体。

这是 Linux 操作系统的机制，为了节约内存资源，尽可能让它们共享。在进程分离的一瞬间，内存的增长几乎没有明显变化。

bgsave 子进程可以共享主线程的所有内存数据，所以能读取主线程的数据并写入 RDB 文件。

如果主线程对这些数据进行读操作，那么主线程和 bgsave 子进程互不影响。当主线程要修改某个 field-value pairs 时，这个数据会把发生变化的数据复制一份，生成副本。

接着，bgsave 子进程会把这个副本数据写入保存在磁盘的 RDB 文件中，从而保证数据的一致性，如图 3-2 所示。

MySQL："在执行快照期间，你崩溃了怎么办？"

只要数据没有全部写到磁盘中，这次 RDB 快照就不算成功，崩溃恢复时只能将上一个完整的 RDB 文件作为恢复文件。

MySQL："那我建议你每秒执行一次 RDB 快照，这样宕机最多丢失一秒的数据。"

你的建议很好，下次真的不要再建议了。

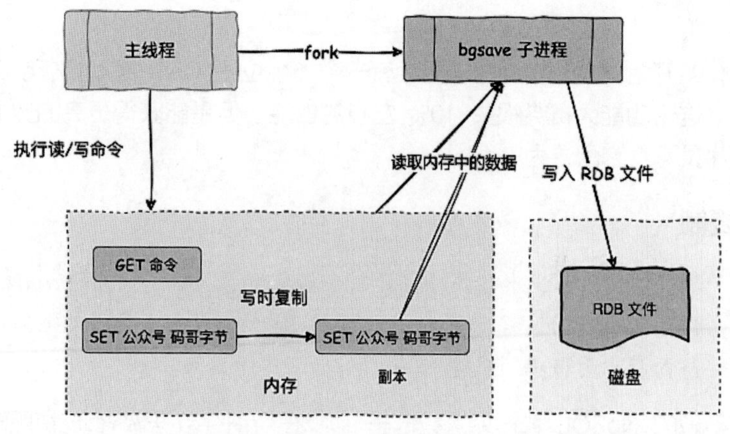

图 3-2

这个方法是错误的，执行 bgsave 操作时不阻塞主线程，但是，如果频繁地执行全量快照，就会带来两方面的开销。

◎ 频繁生成 RDB 文件，磁盘压力过大。会出现上一个 RDB 文件还未生成完，下一个又开始生成的情况，陷入死循环。

◎ bgsave 子进程是由主线程 fork 出来的，虽然 bgsave 不会阻塞主线程，但是 fork 会阻塞主线程。内存越大，阻塞时间越长。

3. 优缺点

RDB 文件的优点如下。

◎ RDB 文件采用二进制格式数据+数据压缩的方式写磁盘，文件体积远小于内存大小，适用于备份和全量复制。

◎ RDB 文件加载恢复数据的速度远远快于 AOF 文件。

RDB 文件的缺点如下。

◎ 实时性不够，无法做到秒级持久化。

◎ 通过 bgsave 调用 fork 函数创建子进程，子进程属于重量级操作，频繁执行成本高。

针对 RDB 文件不适合实时持久化等问题，我提供 AOF 持久化方式来破解。

3.1.2 AOF

AOF（Append Only File）持久化记录的是服务器接收的每个写操作，在服务器启动，重放还原数据集。

AOF 采用的是写后日志模式，即先写内存，后写日志，如图 3-3 所示。

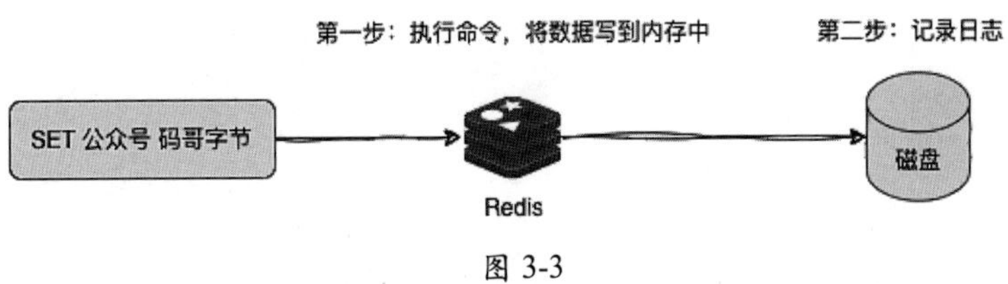

图 3-3

还有一个写前日志（Write Ahead Log）：在实际写数据之前，将修改的数据写到日志文件中，再修改数据。

例如，MySQL InnoDB 存储引擎，在实际修改数据前先记录修改 redo log，再修改数据。

在默认情况下，我并不会开启 AOF 持久化，程序员可以通过配置 redis.conf 文件将其开启。

```
# yes 开启 AOF 持久化，默认是 no
appendonly yes

# AOF 持久化的文件名，默认是 appendonly.aof
appendfilename "appendonly.aof"

# AOF 文件的保存位置和 RDB 文件的位置相同，都是通过 dir 参数配置的
dir ./
```

1. 日志格式

当我接收到 set key MageByte 命令将数据写到内存后，会按照如下格式写入 AOF 文件，如图 3-4 所示。

◎ *3：表示当前命令分为三部分，每部分都以 $ + 数字开头，后面紧跟该部分具体的命令、键、值。

◎ 数字：表示该部分的命令、键、值占用的字节大小。例如，$3 表示该部分包含 3 字节，也就是 SET 命令。

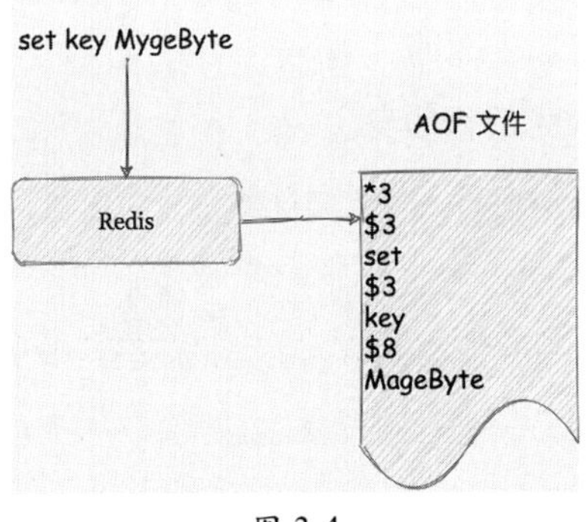

图 3-4

2. 写回策略

为了提高文件的写入效率，当系统调用 write 函数时，通常会将待写入的数据暂存在一个内存缓冲区里，当缓冲区的空间被填满或者超过了指定的时限后，才真正将缓冲区中的数据写入磁盘。

这种做法虽然提高了效率，但也为写入数据带来了安全问题，如果计算机宕机，那么保存在内存缓冲区里的数据将会丢失。

为此，系统提供了 fsync 和 fdatasync 两个同步函数，它们可以强制操作系统立即将缓冲区中的数据写入硬盘，从而确保写入数据的安全性。

Redis 提供的 AOF 配置项 appendfsync 写回策略直接决定 AOF 持久化功能的效率和安全性。

- ◎ always：同步写回，写命令执行完毕立刻将 aof_buf 缓冲区中的内容刷写到 AOF 文件。
- ◎ everysec：每秒写回，写命令执行完，日志只会写到 AOF 文件缓冲区，每隔一秒就把缓冲区的内容同步到磁盘。
- ◎ no：操作系统控制，写命令执行完，把日志写到 AOF 文件内存缓冲区，由操作系统决定何时同步到磁盘。

没有两全其美的策略，我们需要在性能和可靠性上进行取舍。always 可以做到数据不丢失，但是每个写命令都需要写入磁盘，性能最差。

everysec 避免了同步写回的性能开销，发生宕机时可能有一秒未写入磁盘的数据丢失，在性能和可靠性之间做了折中。

no 的性能最好，但是可能丢失很多数据。

3. AOF 重写瘦身

MySQL：“随着写入操作的执行，AOF 文件过大怎么办？文件越大，数据恢复就越慢。”

为了解决 AOF 文件体积膨胀的问题，创造我的 Antirez 老哥设计了一个撒手锏——AOF 重写机制（AOF Rewrite），对文件进行瘦身。

例如，使用 INCR counter 实现一个自增计数器，初始值为 1，递增 1000 次的目标是 1000，在 AOF 中保存 1000 次命令。

在重写时并不需要其中的 999 个写操作，重写机制有“多变一”功能，将旧日志中的多条命令重写后就变成了一条命令。

其原理是开辟一个子进程将内存中的数据转换成一系列 Redis 的写操作命令，写到一个新的 AOF 日志文件中。再将操作期间新增的 AOF 日志追加到这个新的 AOF 日志文件中，追加完毕立即用其替代旧的 AOF 日志文件，瘦身工作就完成了，如图 3-5 所示。

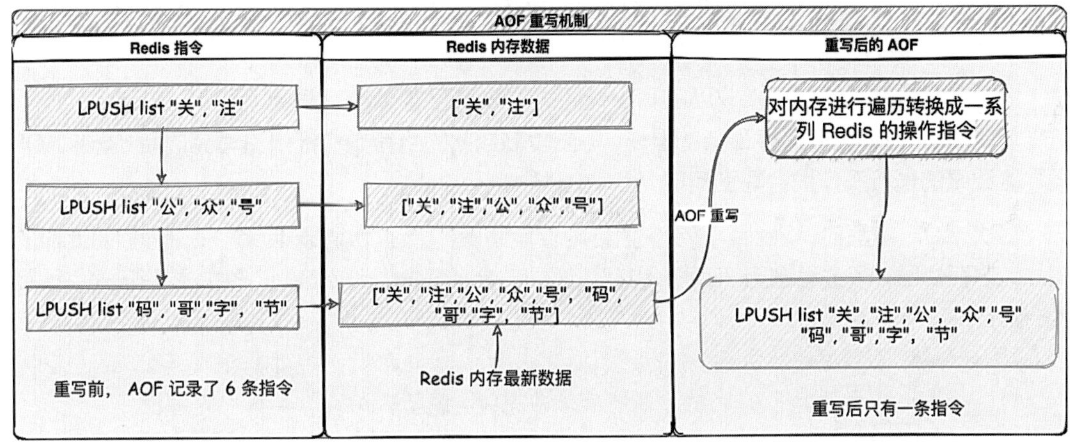

图 3-5

我提供了 bgrewriteaof 命令用于对 AOF 日志进行瘦身。程序员不可能随时随地使用该命令重写文件，否则都没有时间谈恋爱。

所以，我还提供了以下两个配置，实现自动重写策略，解放程序员的双手。

```
# 触发重写 AOF 配置
auto-aof-rewrite-percentage 100
auto-aof-rewrite-min-size 64mb
```

◎ auto-aof-rewrite-percentage：如果当前 AOF 文件的大小超过了上次重写后的 AOF 文件大小，则开始重写 AOF。

◎ auto-aof-rewrite-min-size：触发 AOF 文件重写的最小值。如果 AOF 文件的大小小于这个值，则不触发重写操作。

注意，程序员手动执行 bgrewriteaof 命令并不受这两个条件限制。

MySQL：“AOF 重写会阻塞主线程吗？”

AOF 重写通过主线程 fork 出一个 bgrewriteaof 子进程，把主线程的内存复制一份给 bgrewriteaof 子进程，子进程就能在不影响主线程的情况下，将内存中的数据生成写操作并记录到重写日志。

因此，在 AOF 重写时，阻塞主线程只发生在主线程 fork 子进程那一刻。

重写过程

MySQL：“在重写日志时，有新数据写入内存怎么办？”

总的来说，重写过程中会出现两份日志和一份数据拷贝。分别是旧的 AOF 文件、新的 AOF 文件和 Redis 数据拷贝。

Redis 会将重写过程中接收到的写操作同时记录到旧的 AOF 缓冲区和新的 AOF 缓冲区，这样新的 AOF 日志也会保存最新的操作。等到复制数据的所有操作记录重写完成后，新的 AOF 缓冲区记录的最新操作也会写到新的 AOF 文件中。

每次 AOF 重写时，Redis 都会先执行内存复制操作，让 bgrewriteaof 子进程拥有此时的 Redis 内存快照，子进程遍历 Redis 内存快照中的全部 field-value pairs，生成重写记录。如图 3-6 所示。

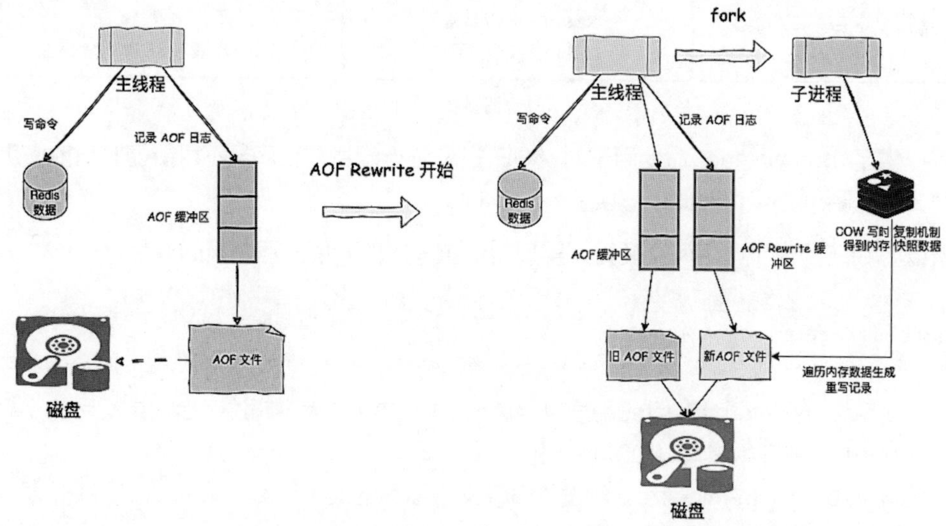

图 3-6

使用两个日志，以确保在重写过程中不会丢失新写入的数据，并且保证数据一致性。

MySQL：“为什么 AOF 重写不复用旧的 AOF 文件？”

这个问题问得好，有以下两个原因。

◎ 一个原因是父子进程写同一个文件必然会产生竞争问题，控制竞争就意味着会影响父进程的性能。

◎ 如果 AOF 重写过程失败，那么旧的 AOF 文件相当于被污染了，无法用于恢复。所以 Redis AOF 重写一个新文件，如果重写失败，则直接删除这个文件，不会对旧的 AOF 文件产生影响。当重写完成后，直接替换旧文件即可。

Multi-Part AOF 机制

MySQL："在 AOF Rewrite 过程中，主进程除了把写命令写入 AOF 缓冲区，还要把写命令写入 AOF 重写缓冲区。一份数据要写入两个缓冲区，还要写入两个 AOF 文件，产生两次磁盘 I/O，太浪费了。"

上述的 AOF Rewrite 操作是 Redis 7.0 之前的逻辑，俗话说得好，"只要思想不滑坡，办法总比困难多"。为了解决性能问题，7.0 版本开始引入 Multi-Part AOF 机制。

除了这个问题，7.0 之前版本的 AOF Rewrite 操作其实还有以下几点性能问题。

◎ 开辟 AOF Rewrite 缓冲区，存放 AOF 重写期间的所有日志，在写命令密集的场景中，AOF Rewrite 缓冲区会占据大量的内存。

◎ AOF Rewrite 结束后，由主线程把 AOF Rewrite 缓冲区的数据写入磁盘，缓冲区过大会阻塞命令执行，造成 Redis 耗时尖刺。

◎ AOF Rewrite 需要主子进程进行复杂的通信，实现逻辑复杂。

Multi-Part AOF 机制就是把单个 AOF 文件拆分成多个，包括三种不同的类型，不同类型的 AOF 文件有不同的职责。

◎ Base AOF 文件：子进程执行 AOF Rewrite 操作时生成的文件，有且只有一个。

◎ Incr AOF 文件：增量 AOF 文件，在 AOF Rewrite 开始时由主进程创建，用于保存在 AOF 重写期间收到的写操作，可能存在多个这样的文件。

◎ History AOF 文件：历史版本的 Base AOF 文件和 Incr AOF 文件。AOF Rewrite 操作执行完成后，原来的 Base AOF 文件和 Incr AOF 文件被标记成 History AOF 文件，并被 Redis 自动删除。

当进行 AOF Rewrite 操作时，Redis 主进程会新建一个 Incr AOF 文件，用于保存整个 AOF Rewrite 操作期间的 AOF 文件，不再写入旧的 Incr AOF 文件。

接着，主线程 fork 出一个子进程，用于执行 AOF Rewrite 操作。子进程会生成一个新的 Base AOF 文件，执行一次内存拷贝，拥有此时的 RDB 文件，遍历 Redis 中的全部 field-value pairs，生成重写记录，写入 Base AOF 文件。

新生成的 Base AOF 文件与新建的 Incr AOF 文件结合在一起，就包含了当前 Redis 的所有数据。AOF Rewrite 操作结束后，主线程会使用一个 manifest 文件来维护这些 AOF 文件的信息，其实就是记录新生成的 Base AOF 文件与新建的 Incr AOF 文件信息，同时把之前的 Base AOF 和 Incr 文件标记成 History。

你会发现，在整个 AOF Rewrite 操作过程中，不再重复写 AOF 文件，也没有使用 AOF Rewrite 缓冲区暂存日志，如图 3-7 所示。

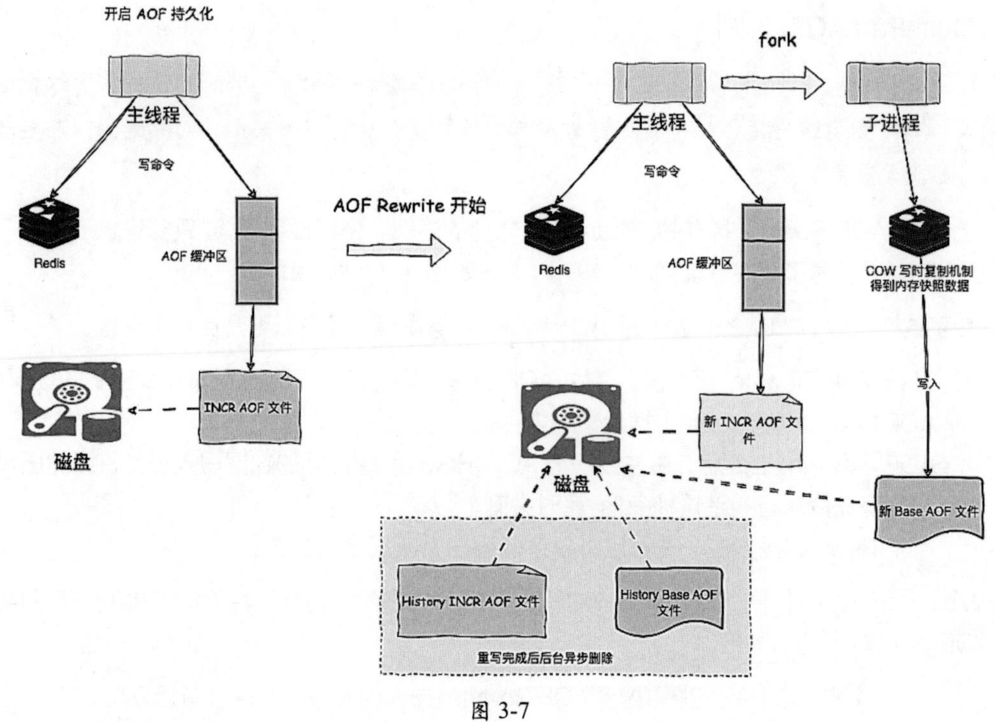

图 3-7

4. AOF 优缺点

AOF 的主要优点如下。

◎ 持久化实时性高。

◎ 是一种追加日志，不会出现磁盘寻道问题，也不会在断电时出现损坏问题。即使由于某种原因（例如磁盘已满）中断，redis-check-aof 工具也能够轻松修复它。

◎ 易于理解和解析的格式，包含所有操作的日志。

◎ 写操作执行成功才记录日志，避免了命令语法检查开销，同时不会阻塞当前写命令。

AOF 的主要缺点如下。

◎ 由于 AOF 记录的是一个个命令，因此在故障恢复时要执行所有命令，如果文件太大，那么整个恢复过程会非常缓慢。

◎ 文件系统对文件大小有限制，不能保存过大的文件，文件变大，追加效率也会变低。

◎ 命令执行完成，如果在写日志之前宕机，那么会丢失数据。

◎ **AOF 避免了当前命令的阻塞，但是可能会给下一个命令带来阻塞的风险。** AOF 文件由主线程执行，在日志写入磁盘过程中，如果磁盘压力过大就会导致写入过程很慢，从而导致后续的写命令阻塞。

MySQL：“两种持久化方式都有优缺点，可不可以结合一下做到更好呢？”

在重启 Redis 时，我们很少使用 RDB 文件来恢复内存状态，因为会丢失大量数据。我们通常使用 AOF 文件重放，但是重放 AOF 文件的性能相对 RDB 文件要慢很多，在 Redis 实例很大的情况下，这样启动需要花费很长时间。

Antirez 在 4.0 版本中给我提供了一个混合使用 AOF 文件和 RDB 快照的方法。简单来说，RDB 文件以一定的频率执行，使用 AOF 文件记录两次快照之间的所有写操作。

如此一来，就不需要频繁执行快照，避免了 fork 对主线程的性能影响，AOF 文件不再是全量的，而是生成 RDB 文件时间的增量 AOF 文件，这样日志就会很小，不需要重写。

MySQL：“如何从 RDB 文件和 AOF 文件中恢复数据呢？”

如果一台服务器上既有 RDB 文件，又有 AOF 文件，那么当我重新启动的时候，将优先选择 AOF 文件来恢复数据，因为它保存的数据更完整。

如果 AOF 文件不存在，则加载 RDB 文件。恢复流程图 3-8 所示。

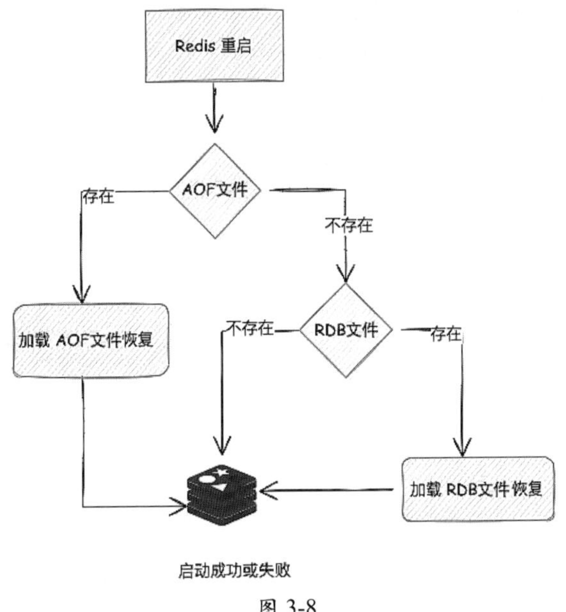

图 3-8

3.2 主从复制架构

高可用有两个含义：一是数据尽量不丢失；二是尽可能提供服务。AOF 和 RDB 快照保证了数据持久化尽量不丢失，而主从复制就是增加副本，将一份数据保存到多个实例上，即使有一个实例宕机，其他实例依然可以提供服务。

本节就带你全方位吃透 Redis 高可用技术解决方案之主从复制架构。

Chaya：“有了 RDB 快照和 AOF 文件，再也不怕宕机丢失数据了，但是 Redis 实例宕机了怎么办？如何实现高可用呢？”

我提供了主从模式，通过主从复制，将一份冗余数据复制到其他 Redis 服务器，实现高可用。当只有一台服务器时，一旦宕机就无法提供服务，那么如果有多台服务器，是不是就可以解决问题了？我们将前者称为 master（主节点），后者称为 slave（从节点），数据的复制是单向的，只能由 master 到 slave。

在默认情况下，每台 Redis 服务器都是 master，且一个 master 可以有多个 slave（或没有 slave），但一个 slave 只能有一个 master。

Chaya：“master 与 slave 之间的数据如何保证一致性呢？”

◎ 读操作：master 和 slave 都可以执行。

◎ 写操作：master 先执行，之后将写操作同步到 slave。

为了保证副本数据的一致性，主从架构采用了读/写分离的方式，master 在执行修改操作时，会把相应的写命令同步给 slave，slave 回放这些命令，就可以保证自己的主从数据一致。

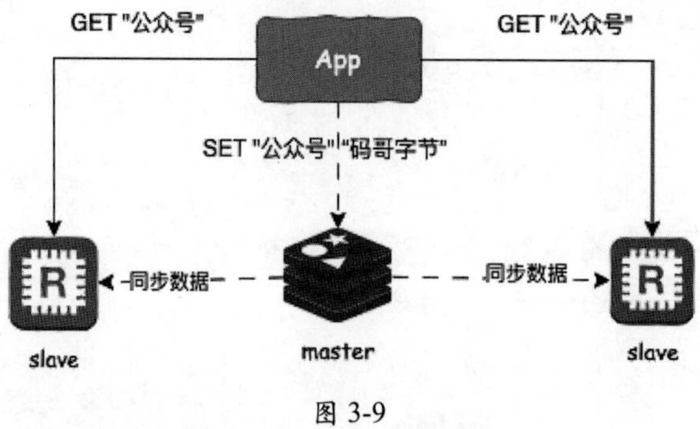

图 3-9

Chaya：“master 和 slave 都可以执行写命令不是更好吗？”

我们可以假设 master 和 slave 都可以执行写命令，那么当同一份数据被分别修改了多次，每次的修改请求被发送到不同的主从实例上时，就会导致实例的副本数据不一致。

如果为了保证数据一致，Redis 需要加锁协调多个实例的修改。

Chaya：“主从复制还有其他作用吗？”

◎ 故障恢复：当 master 宕机时，其他节点依然可以提供服务。

◎ 负载均衡：master 提供写服务，slave 提供读服务，分担压力。

◎ 高可用基石：是哨兵和集群实施的基础。

3.2.1 主从数据同步原理

Chaya："master 和 slave 的同步是如何完成的呢？master 的数据是一次性传给 slave，还是分批同步？主从正常运行期间又怎么同步呢？要是 master 和 slave 间的网络断连了，重新连接后数据还能保持一致吗？"

你问题怎么这么多？不要急。我知道你想安心地与恋人相会，不受 Redis 宕机导致的服务报警的干扰。主从数据同步分为 4 种情况。

◎ master 和 slave 第一次全量同步。

◎ master 和 slave 正常运行期间的数据同步。

◎ master 和 slave 网络断开重连同步。

◎ 无盘复制。

在介绍实现原理之前，先看下如何配置主从复制，每个配置的具体解释，会在后面的章节中给出。

```
# 建立主从关系命令，配置该节点为其他节点的 slave
replicaof <masterip> <masterport>
# slave 只读
replica-read-only yes

# 积压缓冲区大小，在 master 与 slave 断线重连后，如果是增量复制
# master 就从缓冲区里取出数据复制给 slave
repl-backlog-size 128mb
```

1. 全量同步

Chaya："先从主从实例第一次同步说起吧。"

主从库第一次复制过程大体可以分为 3 个阶段：建立连接阶段（准备阶段）、同步数据阶段、发送同步期间接收的新写命令到 slave 阶段。

直接给出图 3-10，方便你有一个全局的认知，后面我会给出具体介绍。

建立连接

第一阶段的主要作用是在 master 和 slave 之间建立连接，为数据全量同步做好准备。建立信任，才能开始同步，就好像 Chaya 你跟你的爱人建立信任才会牵手接吻说风月。

slave 和 master 建立连接后，根据配置信息得到 master 的连接地址，就发送 psync 命令并告诉 master 即将进行同步，主库确认回复后，主从库就进入下一阶段的同步了。

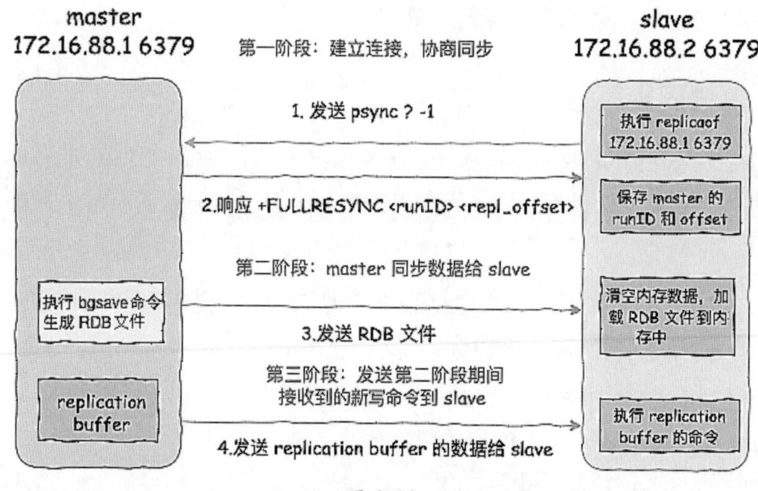

图 3-10

Chaya：“slave 怎么知道 master 的信息并建立连接呢？”

在 slave 的配置文件中的 replicaof 配置项中配置了 master 的 IP 地址和 port，slave 就知道自己要和哪个 master 进行连接了。

slave 内部维护了 masterhost 和 masterport 两个字段，用于存储 master 的 IP 地址和 port 信息。从库发送的 psync 命令包含**主库的 replid** 和**复制进度 offset** 两个参数。

```
PSYNC <runID> <offset>
```

◎ runID：每个 Redis 实例启动时都会自动生成一个唯一标识 ID，在第一次主从复制时，slave 还不知道主库 runID，所以 runID 会被配置为“?”。

◎ repl_offset：记录当前复制进度偏移量，slave 记录的偏移量与 master 记录的偏移量之间的数据差，就是需要复制的增量数据。第一次主从复制，将 repl_offset 配置为–1，表示全量复制。

master 收到 slave 的 PSYNC 命令后，一看是“?”和“–1”，表示第一次要进行全量复制，并向 slave 回复 +FULLRESYNC <runID> <repl_offset>。

同步数据

进入第二阶段，Redis master 执行 bgsave 命令生成 RDB 文件，并将文件发送给 slave，这就是 master 对 slave 的“爱意”。

slave 收到 RDB 文件并将其保存到磁盘，清空当前数据库的数据，再加载 RDB 文件数据到内存中，同时会把 master 的 runID 和 master_offset 记录下来。

Chaya：“我的网络是万兆专线，能不能直接传输，不使用磁盘作为中间存储？”

你真“6”，确实可以。通常全量同步需要在磁盘上创建 RDB 文件，把 RDB 文件传输到 slave 之后保存到磁盘再重新加载到内存。

如果磁盘比较慢，那么对于 master 服务器来说可能是一个压力很大的操作，Redis 2.8.18 是第一个支持无盘复制的版本。如果网络“快到飞起”，那么确实可以开启无盘复制的方式，master 直接通过网络将 RDB 文件发送到 slave。

无磁盘复制不仅提高了性能，还通过在完全重新同步期间消除写入和读取 RDB 文件到磁盘的需求，简化了复制过程。

发送同步期间接收的新写命令到 slave

master 为每个 slave 开辟一块 replication buffer 缓冲区。

Chaya：“这个缓冲区有什么用？”

RDB 文件保存的只是某一时刻 Redis 的内存快照，此后 master 接收到的写命令没有传输到 slave，所以 master 为每个 slave 开辟一块 replication buffer 缓冲区记录从生成 RDB 文件开始收到的所有写命令。

第三阶段，slave 加载 RDB 文件完成后，master 把 replication buffer 缓冲区的数据发送到 slave，主从数据保持一致。

我会为每个连接到 master 的 slave 开辟一个 replication buffer 缓冲区，因为每个 slave 开始同步的时刻可能不一样，所以要分别配置缓冲区。

只要 slave 和 master 建立好连接，对应的缓冲区就会被创建，断开连接，这个缓冲区就会被释放。

一个在 master 端上创建的缓冲区，存放的数据是下面三个时间内所有的 master 数据写操作。

◎ master 执行 bgsave 产生 RDB 文件期间的写操作。
◎ master 发送 RDB 文件到 slave 网络传输期间的写操作。
◎ slave 加载 RDB 文件把数据恢复到内存期间的写操作。

无论是和客户端通信，还是和 slave 通信，Redis 都分配一个内存 buffer 进行数据交互，客户端是一个 client，slave 也是一个 client。每个 client 连上 Redis 后，Redis 都会为其分配一个专有 client buffer，所有数据交互都是通过这个 buffer 进行的。

master 先把数据写到这个 buffer 中，然后通过网络发送出去，这样就完成了数据交互。

无论主从在增量同步还是全量同步，master 都会为其分配一个 buffer，只不过这个 buffer 专门用来将写命令传播到从库，以保证主从数据一致，我们通常把它叫作 replication buffer。

2. 增量同步

Chaya："master 和 slave 的网络断开重连了怎么办？要重新进行全量复制吗？"

其实在上面整个过程完成之后，全量复制就完成了，只要连接不中断，就会持续进行基于长连接的命令传播复制。

在 Redis 2.8 之前，如果主从复制在命令传播时出现了网络闪断，slave 就会和 master 重新进行一次全量复制，开销非常大。

Chaya，你跟你的爱人偶尔吵架闹小矛盾，只是一时断开联系，不可能完全忘了对方，气消了之后依然会接吻表达爱意，对吧?

从 Redis 2.8 开始，我也做了优化，在网络断开重连后，slave 会尝试采用增量复制的方式继续同步。

增量复制用于网络中断等情况后的复制，只将中断期间 master 执行的写命令发送给 slave，与全量复制相比更加高效。

repl_backlog

断开重连增量复制的实现奥秘就是 repl_backlog 缓冲区，它是一个定长的环形数组，如果数组内容满了，就会从头开始覆盖前面的内容。不管在什么时候，master 都会将写命令记录在 repl_backlog 中，它记录 master 接收的新的写请求数据的偏移量和新写命令，这样在 slave 重新连接后，就可以获取未同步的命令发送给 slave 了。

master 使用 master_repl_offset 记录自己写到的位置偏移量，slave 则使用 slave_repl_offset 记录已经读取到的偏移量。

master 收到写操作，偏移量会增加。slave 持续执行同步的写命令后，repl_backlog 的已复制的偏移量 slave_repl_offset 也在不断增加。

在正常情况下，这两个偏移量基本相等，在网络断连阶段，master 可能收到新的写操作命令，所以 master_repl_offset 会大于 slave_repl_offset，如图 3-11 所示。

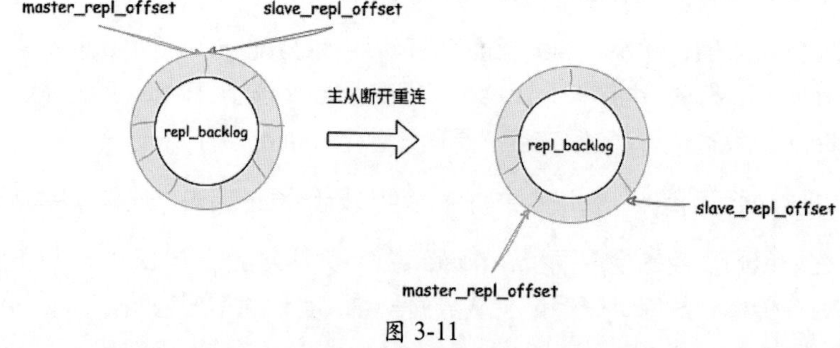

图 3-11

当主从断开重连后，slave 会先发送 psync 命令给 master，同时将自己之前保存的 master 的 runID、slave_repl_offset 发送给 master。

master 只需把 master_repl_offset 与 slave_repl_offset 之间的差异命令同步给从库即可。增量复制执行流程如图 3-12 所示。

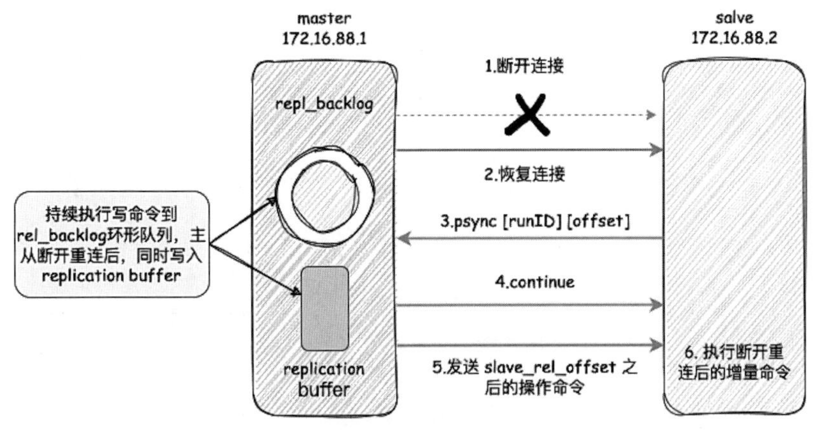

图 3-12

需要注意的是，在进行主从复制时，master 接收到的写操作在写入 replication buffer 的同时，还会写入 repl_backlog 的缓冲区。

◎ replication buffer：对于每个与 master 连接的 slave，master 都会开辟一个 replication buffer 给 slave 独占。

◎ repl_backlog 是一个环形缓冲区，整个 master 进程中只会存在一个，由所有的 slave 共用。repl_backlog 的大小通过 repl-backlog-size 参数配置，默认为 1MB，可以根据每秒产生的命令，以及 master 执行 rdb bgsave、master 发送 RDB 文件到 slave 和 slave 加载 RDB 文件的时间之和来估算积压缓冲区的大小，repl-backlog-size 值不小于这两者的乘积。

总的来说，replication buffer 是主从在进行全量复制时，master 用于和 slave 连接的客户端的 buffer，master 会为每个 client 开辟一块，用于传输命令。

repl_backlog_buffer 是 master 专门用于持续保存写操作的 buffer，目的是支持从库增量复制。

repl_backlog_buffer 在 Redis 服务器启动后一直接收写操作命令，这是所有 slave 共享的。master 和 slave 会各自记录自己的复制进度，所以，不同的 slave 在恢复时会把自己的复制进度（slave_repl_offset）发给 master，master 就可以和它独立同步了，如图 3-13 所示。

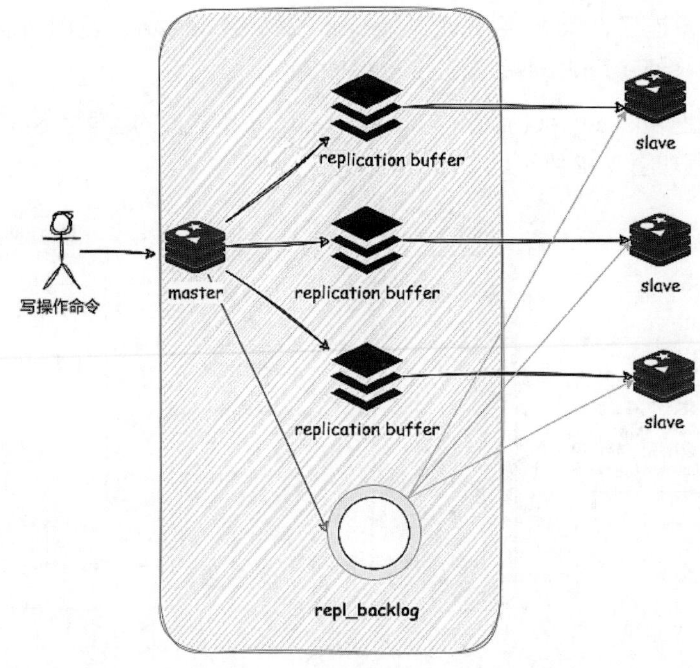

图 3-13

Chaya："如果 repl_backlog 太小，slave 还没读取到就被 master 的新写操作覆盖了，怎么办呢？"

一旦被覆盖就会执行全量复制，我们可以调整 repl_backlog_size 这个参数用于控制缓冲区大小，计算公式如下。

```
repl_backlog = second * write_size_per_second
```

◎ second：从服务器断开重连主服务器所需的平均时间。

◎ write_size_per_second：master 平均每秒产生的命令数据量大小（写命令和数据大小总和）。

例如，如果 master 服务器平均每秒产生 1 MB 的写数据，而 slave 断线之后平均要 5 秒才能重新连接上 master，那么复制积压缓冲区的大小就不能低于 5 MB。

安全起见，可以将复制积压缓冲区的大小设为 2 * second * write_size_per_second，这样可以保证绝大部分断线情况都能用部分重同步来处理。

3. 正常运行期间的同步

Chaya："完成全量同步后，正常运行期间主从如何同步呢？"

当主从完成了全量复制后，它们之间会一直维护一个网络连接，master 通过这个连接将后续收到的命令再传播给 slave，这个过程也被称为基于长连接的命令传播，使用长连接的目的就是避免频繁建立连接导致的开销。

4. 缓冲区演化

Chaya："我发现一个问题：不管是全量复制还是增量复制，当写请求到达 master 时，命令会分别写入所有 slave 的 replication buffer 及 repl_backlog。重复保存太浪费内存了。"

确实，master 为每个 slave 开辟的 replication buffer 存储的内容是一样的。此外，repl_backlog 的内容也与 slave 的 replication buffer 有重复。

所以，在 7.0 版本中，我对上述问题进行了优化，采用了共享缓冲区的设计解决重复保存数据的问题。

既然存储内容是一样的，那么本着"勤俭持家"的原则，最直观的想法就是在命令传播时，将这些写命令放在一个全局的复制缓冲区中，多个 slave 共享这份数据，不同 slave 引用缓冲区的不同内容，这就是共享缓冲区的核心思想。

共享缓冲区方案将 replication buffer 数据切割成多个 16KB 的数据块（replBufBlock），并使用 redisServer.repl_buffer_blocks 链表维护，如图 3-14 所示。

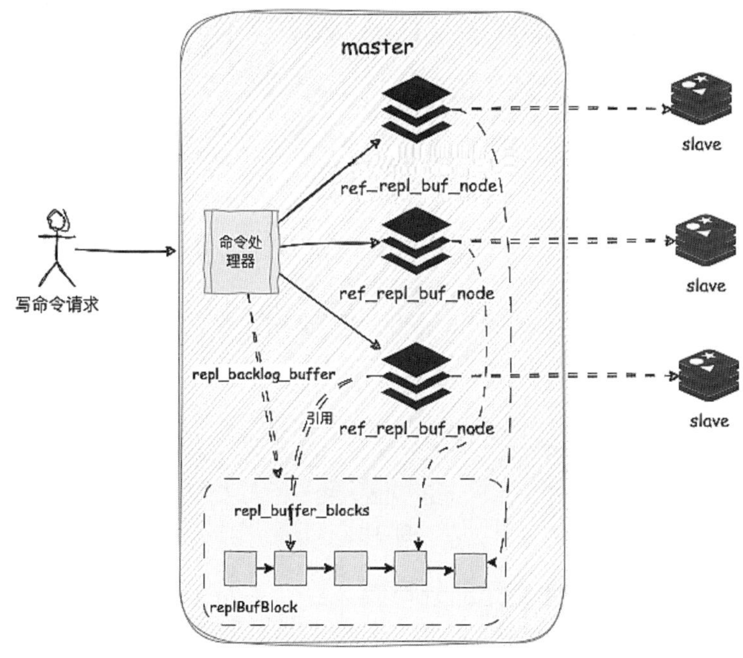

图 3-14

replBufBlock 的定义如下面的源码所示。

```
typedef struct replBufBlock {
    int refcount;
    long long id;
    long long repl_offset;
    size_t size, used;
    char buf[];
} replBufBlock;
```

◎ refcount：当前 replBufBlock 被引用的次数，当降为 0 时表示可以回收。

◎ id：block 的唯一标识，单调递增。

◎ repl_offset：记录 buf 第一字节对应的 offset，表示从该块的哪个位置开始向副本发送数据。

◎ size 和 used：描述缓冲块的总大小和已使用的空间。

◎ buf[]：缓冲块内部的实际数据存储，用于保存要发送到副本的复制数据。

master 向 slave 传播命令时，可以直接从 redisServer.repl_buffer_blocks 链表定位到需要传输给 slave 的 replBufBlock，接着让 slave 的 client->ref_repl_buf_node 指针指向这个 replBufBlock 实例，将这块命令传播给 slave，避免为每个 slave 创建一块缓冲区，存储重复的内容。

除此之外，repl_backlog 复用了 redisServer.repl_buffer_blocks 链表的数据，repl_backlog 中有一个 blocks_index 字段维护了一个 rax 树，它的 key 是 replBufBlock 的起始 repl_offset，value 指向相应的 replBufBlock 实例，如图 3-15 所示。

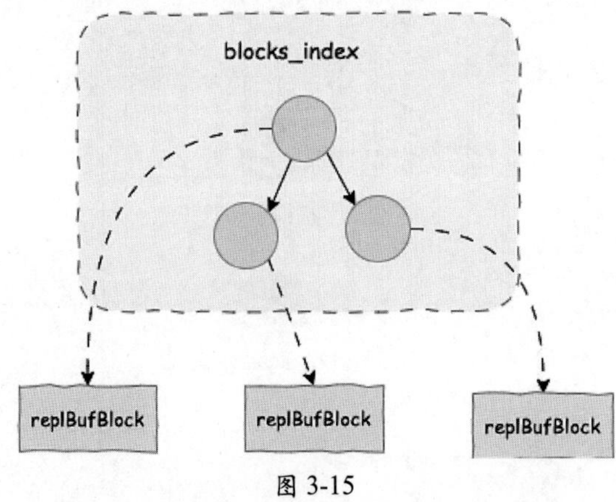

图 3-15

5. 如何确定执行全量同步还是部分同步

从 Redis 2.8 开始，slave 可以发送 psync 命令请求同步数据，此时根据 master 和 slave 当前状态的不同，同步方式可能是全量复制或部分复制，如图 3-16 所示。本例基于 Redis 2.8 及之后的版本。

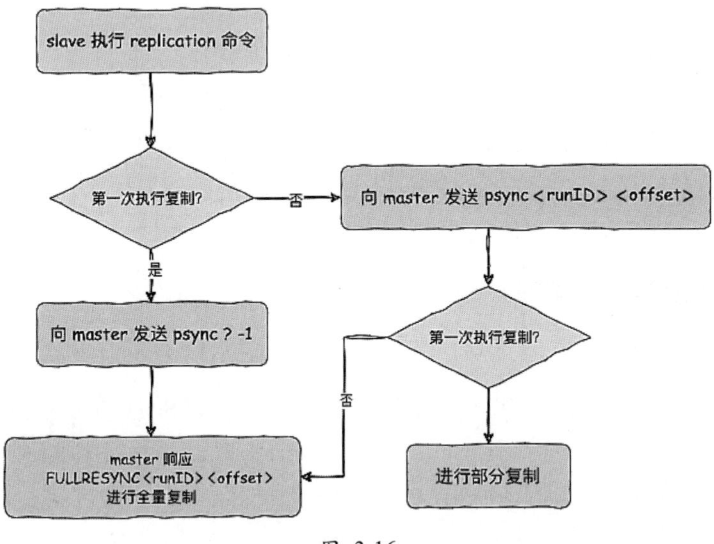

图 3-16

◎ slave 根据当前状态，发送 psync 命令给 master。

- 如果 slave 从未执行过 replicaof，则发送 psync ? -1，向 master 发送全量复制请求。
- 如果 slave 之前执行过 replicaof，则发送 psync <runID> <offset>，runID 是上次复制保存的 master runID，offset 是上次复制截止时 slave 保存的复制偏移量。

◎ master 根据接收到的 psync 命令和当前服务器状态，决定执行全量复制还是部分复制。

- 当 master runID 与 slave 发送的 runID 相同，且 slave 发送的 slave_repl_offset 之后的数据在 repl_backlog_buffer 缓冲区中都存在时，回复 CONTINUE，表示进行部分复制，slave 等待 master 发送其缺少的数据即可。
- 当 master runID 与 slave 发送的 runID 不同，或者 slave 发送的 slave_repl_offset 之后的数据已不在master的 repl_backlog_buffer缓冲区中（在队列中被挤出了）时，回复 slave FULLRESYNC <runID> <offset>，表示要进行全量复制，其中 runID 表示 master 当前的 runID，offset 表示 master 当前的 offset，slave 保存这两个值，以备使用。

当一个 slave 节点和 master 断连时间过长，导致 master repl_backlog 的 slave_repl_offset 位置上的数据被覆盖时，master 和 slave 将进行全量复制。

3.2.2 主从同步的缺点

1. 主从复制无限循环

replication buffer 由 client-output-buffer-limit slave 配置，如果这个值太小则会导致主从复制连接断开。

◎ 当 master-slave 复制连接断开时，master 会释放连接相关的数据，replication buffer 中的数据也就丢失了，此时主从之间重新开始复制过程。

◎ 还有一个更严重的问题，主从复制连接断开会导致主从重新执行 bgsave ，以及 RDB 文件重传操作无限循环的情况。

当 master 数据量较大，或者 master 和 slave 之间的网络延迟较大时，可能导致该缓冲区的大小超过限制，此时 master 会断开与 slave 之间的连接。

这种情况可能引起“全量复制→replication buffer 溢出导致连接中断→ 重连”的循环。

2. 内存过大

如果 Redis 单机内存达到 10GB，则单个 slave 的同步时间处于分钟级别，当 slave 较多时，恢复的速度会更慢。

当数据量过大，全量复制阶段 master fork 子进程和保存 RDB 文件耗时过大时，slave 长时间接收不到数据会触发超时，master 和 slave 的数据同步同样可能陷入“全量复制→ 超时导致复制中断→ 重连”的循环。

3. 主从不一致问题

Chaya：“主从模式下，slave 可以执行客户端写请求吗？”

我的建议是将 slave 配置为 read-only 模式，也就是只读，否则有可能导致主从数据不一致。

此外，通常还会给 slave 添加 eplica-ignore-maxmemory no 配置，不让 slave 执行内存淘汰的操作，而是由 master 来决定是否淘汰，field-value pairs 失效 master 会发送 DEL 命令给 slave。

3.3 哨兵集群

通过之前的学习，你已知道 Redis 主从复制是高可用的基石，某个 slave 宕机依然可以将请求发送给 master 或者其他 slave，但是如果 master 宕机，则只能响应读操作，写请求无法再执行。

所以主从复制架构面临一个严峻问题：master 宕机，无法执行写操作，无法自动选择将一个 slave 切换为 master，也就是无法实现自动故障切换。

Chaya：“还记得那晚我与男友约会，眼前是橡树的绿叶，白色的竹篱笆。好想告诉我的他，这里像幅画，一起手牵手么么哒（此处省略 10000 字）。

“Redis 忽然宕机，男友总不能把我推开，停止甜蜜，然后打开电脑手工进行主从切换，再通知其他程序员把地址改成新 master 的信息上线。”

如此一折腾，你心里的雨倾盆地下，万万使不得。所以必须有一个高可用的方案，为此，我提供一个高可用方案——哨兵（sentinel）。

吃瓜群众：“Redis 大佬，虽然我没有女朋友，但是未雨绸缪，我要掌握这个哨兵模式，防止当我与女朋友约会时被打扰，你快说说什么是哨兵以及哨兵的实现原理吧。”

先来看看哨兵是什么？搭建哨兵集群的方法我就不细说了，假设三个哨兵组成一个哨兵集群，三个数据节点构成一个一主两从的 Redis 主从架构，如图 3-17 所示。

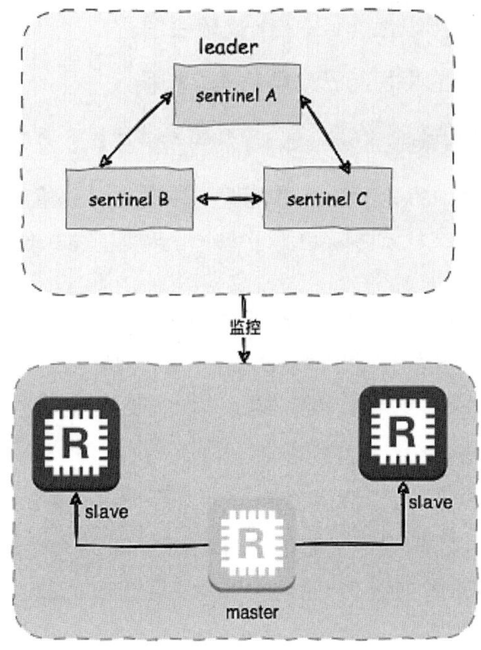

图 3-17

Redis 哨兵集群高可用架构有三种角色，分别是 master、slave 和 sentinel。

◎ sentinel 之间互相通信，组成一个集群实现哨兵高可用，选举出一个 leader 执行故障迁移操作。

◎ master 与 slave 之间通信，组成主从复制架构。

◎ sentinel 与 master/ slave 通信，是为了对该主从复制架构进行管理，包括监视（Monitoring）、通知（Notification）、自动故障切换（Automatic Failover）、配置提供者（Configuration Provider）。

```
# sentinel.conf
# sentinel monitor <master-name> <ip> <redis-port> <quorum>
sentinel monitor mymaster 127.0.0.1 6379 2
```

哨兵监控的 master 的名字叫作 mymaster，master 的 IP 地址是 127.0.0.1，端口是 6379。quorum 是关键参数，它的作用如下。

◎ 指定在标记 master 故障并尝试执行故障切换时需要一定数量达成一致意见的哨兵进程。大白话就是需要多少个哨兵进程认为 master 宕机，真正标记 master 宕机才能启动故障切换过程。

◎ 对于多个哨兵，需要选出一个 leader 来执行实际的故障自动转移操作，当某个哨兵的票数超过 quorum 时，就选举这个哨兵为 leader，负责自动故障切换。quorum 的值一般取哨兵个数的一半以上 (n/2 + 1) 比较合理。

哨兵只要配置 master 信息即可与三个角色建立联系。

Chaya："为什么哨兵只需要配置 master 信息就可以与三个角色建立联系？"

◎ 哨兵可以通过 master 获取 slave 的信息，并与 slave 建立连接。master 与 slave 是主从关系，通过 info 命令就可以通过 master 获取 slave 的 IP 地址 和 port、runid 等信息。

◎ 通过上面的步骤，哨兵与 master 和所有的 slave 建立连接，哨兵之间的互相感知则通过 Redis 的发布/订阅机制实现。每个哨兵通过发布/订阅 master 的 __sentinel__:hello 频道发布和接收信息，以此感知其他哨兵的存在并建立连接。

3.3.1 哨兵的任务

哨兵是 Redis 的一种运行模式，它专注于对 Redis 实例（master、slave）运行状态的监控，并能够在 master 发生故障时通过一系列的机制实现选主及主从切换，实现自动故障切换，确保整个 Redis 系统的可用性。

Chaya 可以安心地与爱人在欢乐港湾约会，尽情享受甜蜜，哪怕是吵架都那么醉人，不再需要担心 Redis 忽然宕机带来的烦恼。

我们先从全局看哨兵，简要地了解它的整个运作流程，接着针对每个任务详细分析，Redis 哨兵的主要职责如下。

◎ **监控（Monitoring）**：Redis 的哨兵不断检查 master 和 slave 实例是否按预期工作。它监视实例的健康状态，包括 master 和所有 slave。

◎ **自动故障切换（Automatic Failover）**：如果 master 出现故障或不按预期工作，Redis 的哨兵则启动自动故障切换流程。在此过程中，一个 slave 会被晋升为新的 master。

◎ **通知（Notification）**：让 slave 执行 replicaof 命令与新的 master 同步数据；并且通知客户端与新的 master 建立连接，如图 3-18 所示。

◎ **配置提供者（Configuration Provider）**：哨兵充当了客户端服务发现的权威来源。客户端连接到任何一个哨兵以获取新的 master 的地址，确保能够连接到正确的实例。

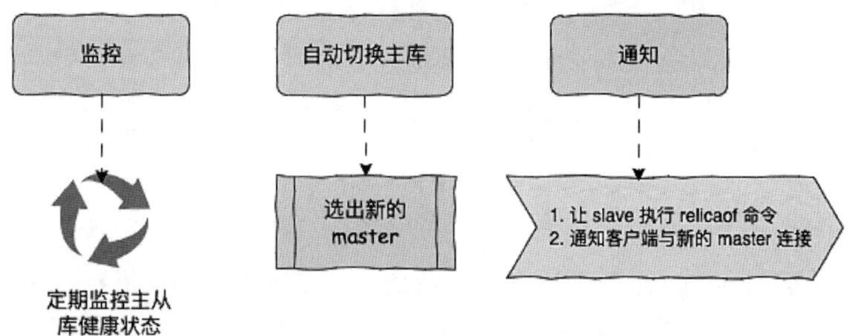

图 3-18

哨兵也是一个 Redis 进程，只是不对外提供读/写服务，哨兵通常被配置为单数，原因如下。

1. 监控

八卦一下，Chaya，你的恋人用什么方式来了解你每天的喜怒哀乐呢？

Chaya：“这很简单，他每天给我发微信消息、打电话或者打视频，若是哪天我不接电话，或者他发送微信消息时出现红色感叹号，就说明我把他拉黑了。”

哨兵与各个角色节点建立连接后，通过 PING、INFO、PUBLISH / SUBSCRIBE 命令来监控所有实例的健康状态，当然，它不会说情话。

哨兵默认会以每秒一次的频率向所有的 master、slave、哨兵发送 PING 命令，这个其实是一个心跳检测，用于探测实例是否存活。

◎ PING：所有节点之间通过发送 PING 命令确认对方是否在线，默认每秒发送一次。

◎ INFO：哨兵向 master、slave 发送该命令，用于获取 slave 的详细信息。

◎ PUBLISH / SUBSCRIBE：哨兵会订阅 master 和 slave 的 __sentinel__:hello 频道，并通过该频道发布自己的信息，这样其他哨兵之间就可以建立联系。

如果一个 master 实例距离最后一次有效回复 PING 命令的时间超过 down-after-milliseconds 选项所指定的值，这个 master 实例就会被哨兵标记为“主观下线”。

如果 slave 没有在指定时间内响应哨兵的 PING 命令，则直接被标记为“主观下线”。

只有当大于或等于法定个数（quorum）的哨兵节点认为该 master 主观下线时，才能将该 master 改为客观下线。接着才会开启自动故障切换流程。

PING 命令的回复有两种情况。

◎ 有效回复：返回 +PONG、-LOADING 和-MASTERDOWN 中的任何一种。

◎ 无效回复：有效回复之外的回复，或者不在指定时间内返回任何回复。

Chaya："主观下线和客观下线的作用是什么？"

主要是为了避免出现哨兵误判 master 运行的情况，一旦出现误判，就会出现 master 实际没有下线，可是哨兵误以为其已经下线的情况，接着就会启动主从故障切换流程，之后的选主和通知操作都会消耗大量资源。

误判一般会发生在集群网络压力较大、网络拥塞或者是 master 本身压力较大的情况下。

既然一个哨兵容易误判，那就使用多个哨兵进行投票判断。哨兵机制也是类似的，采用多实例组成的集群模式进行部署，就是哨兵集群。引入多个哨兵实例一起进行判断，就可以避免单个哨兵因为自身网络状况不好，而误判主库下线的情况。

同时，多个哨兵的网络同时不稳定的概率较小，由它们一起做决策，也能降低误判率。

主观下线

主观下线（Subjectively Down，SDOWN）指一个哨兵认为一个 Redis 实例已经不可用或者已经下线，这有可能是网络不通、心跳超时或连接失败等原因导致的。

例如对于 master 或者 slave，在 down-after-milliseconds 指定的毫秒数之内，如果没有向哨兵发送的 PING 命令回复，或者返回一个错误，那么哨兵会将这个服务器标记为主观下线。

需要注意的是，Redis 的哨兵的主要目标是确保 master 的高可用性，而不是 slave 的高可用性。因此，主观下线和客观下线的主要关注点通常是 master。slave 通常不会被单独标记为客观下线，因为它们不承担 master 的关键角色，它们的主要责任是复制数据。

客观下线

判断 master 是否下线不能只由一个哨兵说了算，只有过半的哨兵判断 master 主观下线，才能将 master 标记为客观下线，如图 3-19 所示。

之前提到过 sentinel monitor <master-name> <ip> <redis-port> <quorum> 的配置，参数 quorum 是判断客观下线的依据之一，意思是至少有 quorum 个哨兵判定这个 master 主观下线，才会将这个 master 标记为客观下线。

只有 master 被判定为客观下线，才会进一步触发哨兵执行主从切换流程。

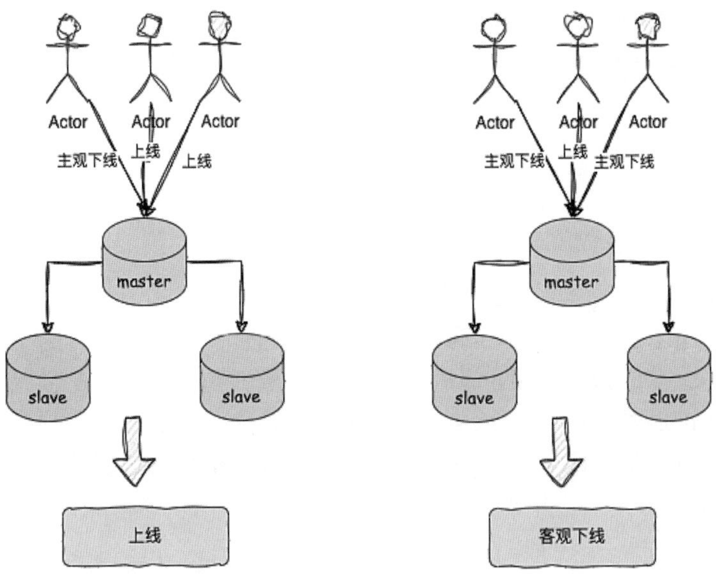

图 3-19

2. 自动故障切换

Chaya："一旦判断 master 客观下线，就在 slave 中选一个作为新的 master 吗？"

哨兵的第二个任务是选择一个 slave 作为新的 master，并对外提供服务。之后其他 slave 会与新的 master 进行主从复制，这个过程叫作自动故障切换，如图 3-20 所示。

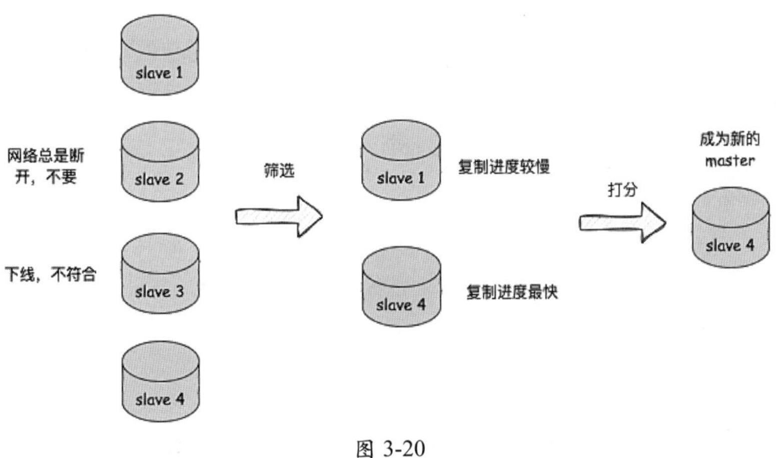

图 3-20

吃瓜群众："如何从众多 slave 中选出一个做 master 呢？"

Chaya："我觉得筛选过程就像找恋爱对象，每个人心中都有标尺，会通过直觉、习惯和自已的标准从所有的追求者中选择一个最适合自己的。”

类似地，Redis 有自己的筛选规则，按照一定的筛选条件和打分策略，选出一个“节点”担任 master。

筛选条件

Chaya：“有哪些筛选条件？”

◎ 下线或网络断连的 slave 直接丢弃。

◎ 网络无异常：slave 最后一次响应 PING 命令的时间不能超过 5 倍 PING 周期；slave INFO（每 10s 发送一次 INFO 命令）的信息更新时间不能超过 3 倍 INFO 刷新周期。

◎ 评估过往的网络状态：slave 与 master 断开连接，断连时间不能超过（现在–master 被标记为下线的时间）+（master 的 down-after- milliseconds 配置项的值乘以 10），单位是毫秒。

总之，下线或者网络经常断开的 slave 不能要。如果新的 master 很快出现网络故障，就又得重新选择新的 master，这不“闹着玩”吗，得排除掉！

打分

过滤掉不合适的 slave 之后，使用快速排序对 slave 列表进行打分，按照以下排序找出“王者”。

（1）slave 优先级：通过 replica-priority 100 配置项，给不同的 slave 配置不同优先级，默认是 100，值越低，优先级越高，配置为特殊值 0 表示不会晋升为 master。

（2）更大复制偏移量（processed replication offset）：已复制的数据量越多，slave_repl_offset 与 master_repl_offset 的差值就越小。

（3）slave runID：在优先级和复制进度都相同的情况下，runID 最小的 slave 得分最高，该 slave 会被选为新的 master。

哨兵向筛选出来的 slave 发送 slave no one 命令，使得该 slave 成为新的 master，哨兵并不关心命令返回的结果，它会发送 info 命令给 slave，并根据命令的回复内容确认 slave 是否成功转换为 master。

Chaya：“旧的 master 重新恢复正常时要怎么处理？”

新的不去，旧的不来，有些人一旦错过就不在，既然已经错过，相逢也只能是过客。原 master 恢复正常，重新连接哨兵，这时集群已经有新的 master，所以旧的 master 被哨兵降级为 slave。

3. 通知

新的 master 出现后，哨兵还有一件重要的事情要做——将新的 master 的连接信息通过 slave 命令发送给其他 slave，通知 slave 执行 replacaof 命令和新的 master 建立连接进行主从复制。

接着，哨兵会定时给 slave 发 INFO 命令，从 INFO 命令的回复内容来确认 slave 是否与新的 master 成功建立连接。检测到所有 slave 都与新的 master 建立连接，自动故障切换就完成了。

如果还有剩余 slave 没有连上新的 master，则哨兵还会再做一次努力，再次向这些 slave 发送 slave 命令，要求他们与新的 master 建立连接。

4. 配置提供者

Redis 客户端只需要跟哨兵打交道，就可以无感知地连接到新的 master，最重要的原因是哨兵提供了一些 API 来检查主从节点的运行状况。

3.3.2　哨兵集群原理

如果只有一个哨兵就会存在单点故障问题。Redis sentinel 是一个分布式系统，由多个哨兵协作组成集群实现高可用。

- ◎ 当多个哨兵达成一致认为某个 master 不可用时，才执行故障迁移，降低了误报的概率。
- ◎ 不需要所有哨兵都可用，哨兵集群依然可以正常工作。

Chaya：“哨兵是如何感知其他哨兵节点的呢？又如何知道 slave 节点的信息并监控呢？当 master 不可用时，到底由哪个哨兵来执行自动故障切换呢？”

1. 发布/订阅机制

哨兵互相发现

哨兵之间可以互相感知发现，这归功于 Redis 的发布/订阅机制。当哨兵与 master 建立连接后，使用发布/订阅机制在特殊的频道发布自己的信息，例如 IP 地址和端口，同时订阅该频道获取其他哨兵发布的消息。

master 有一个 __sentinel__:hello 的专用通道，用于哨兵之间发布和订阅消息。可以比喻为哨兵利用 master 建立的__sentinel__:hello 微信群发布自己的消息，同时关注其他哨兵发布的消息，如图 3-21 所示。

图 3-21

哨兵如何感知并监控 slave

哨兵之间建立连接形成集群还不够，哨兵还需要跟所有 slave 建立连接，否则无法监控它们。除此之外，如果发生了主从切换也需要通知 slave 重新与新的 master 建立连接进行数据同步。

哨兵向 master 发送 INFO 命令，master 接收到命令后，将 slave 列表告诉哨兵。哨兵根据 master 响应的 slave 名单信息与所有 salve 建立连接，并且根据这个连接持续监控 slave，剩下的哨兵也基于此实现监控，如图 3-22 示。

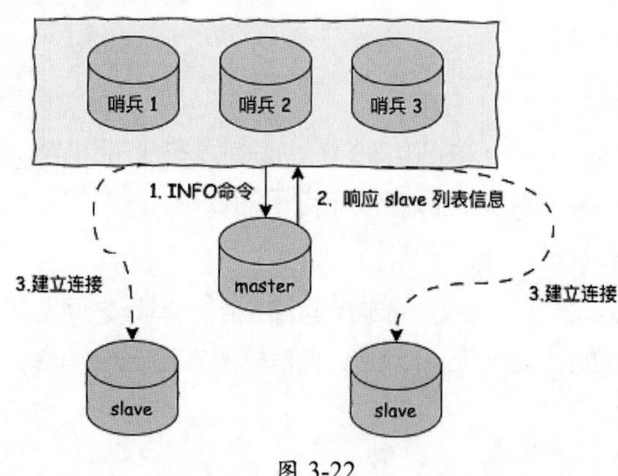

图 3-22

2. 选择哨兵执行主从切换

Chaya："master 不可用后，如何选择一个哨兵来执行自动故障切换呢？"

任何哨兵判断 master 主观下线后，都会向其他哨兵发送 is-master-down-by- addr 命令，其他哨兵收到命令后则根据自己与 master 之间的连接状况分别响应 Y 或者 N，Y 表示赞成，N 表示反对。

如果某个哨兵获得了大多数哨兵的赞成票，就标记 master 为客观下线。

例如，一共有 3 个哨兵组成集群，那么 quorum 就可以配置为 2，当一个哨兵获得了 2 张赞成票（包含自己的 1 票）时，就可以标记 master"客观下线"。

获得多数赞成票的哨兵向其他哨兵发送 SENTINEL is-master-down-by-addr <masterip> <masterport> <sentinel.current_epoch> * 命令，声明自己想要执行主从切换并开始拉票。其他哨兵则进行投票，投票过程叫作 leader 选举，选举的过程借鉴了分布式系统中的 Raft 协议。

简单地说，哨兵标记当前 master 客观下线后，通过投票的方式从哨兵集群中选举出一个哨兵作为 leader 角色执行故障切换。

Chaya："我发现判断 master 是否客观下线和哨兵拉票选举 leader 是同样的命令。"

没错，is-master-down-by-addr 命令有两个作用：一是询问其他哨兵是否认为某个 master 已经主观下线；二是开始进行自动故障切换时，当前哨兵向其他哨兵实例进行"拉票"，让其他哨兵选举自己为 leader。

哨兵想要成为 leader 没那么简单，得有两把"刷子"。需要满足以下条件。

◎ 获得其他哨兵过半的投票。
◎ 投票的数量**大于或等于** quorum 的值。

如果 sentine 集群有 2 个实例，此时，一个哨兵要想成为 leader，那么必须获得 2 票，而不是 1 票。所以，如果有一个哨兵宕机了，那么此时的集群是无法进行主从库切换的。因此，通常我们至少会配置 3 个哨兵实例。

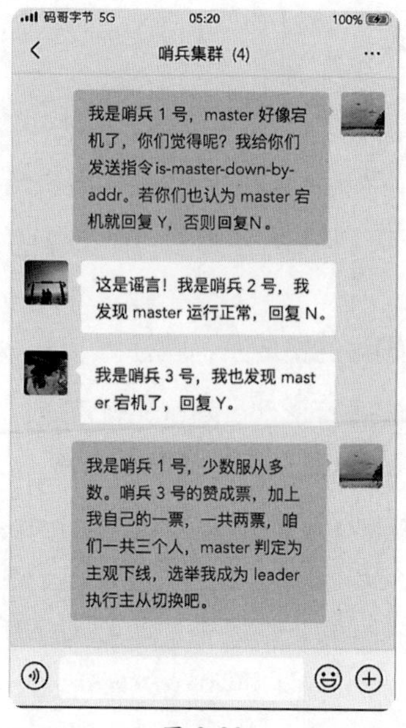

图 3-23

3. 发布/订阅机制

在 Redis 中，发布/订阅（Pub/Sub）机制发布不同事件，让客户端订阅消息。哨兵提供的消息订阅频道有很多，不同频道包含了主从库切换过程中的不同关键事件。

master 相关

与 master 相关的消息订阅频道。

- ◎ +sdown：节点处于主观下线状态。
- ◎ -sdown：节点不再处于主观下线状态。
- ◎ +odown：节点进入客观下线状态。
- ◎ -odown：节点退出客观下线状态。
- ◎ +switch-master：master 地址发生了变化。

slave 相关

与 slave 相关的消息订阅频道。

- ◎ +slave-reconf-sent：leader 哨兵发送 REPLICAOF 命令重新配置从库。
- ◎ +slave-reconf-inprog：slave 配置了新的 master，但是尚未同步。
- ◎ +slave-reconf-done：slave 配置了新的 master，并完成了数据同步。

Redis 的发布/订阅机制尤其重要，有了发布/订阅机制，哨兵和哨兵之间、哨兵和 slave 之间、哨兵和客户端之间就都能建立起连接了，各种事件的发布也是通过这个机制实现的。

3.4　Redis 集群

Chaya："感谢 Redis 大佬，自从用上了哨兵集群实现自动故障切换后，男朋友终于可以开心地跟我约会，不怕 Redis 忽然宕机了。

"可是他最近遇到一个糟心的问题：Redis 数据库需要保存 800 万个 field-value pairs，占用 20 GB 内存。于是他使用了一台 32GB 内存的主机部署，但是 Redis 响应有时候非常慢，使用 INFO 命令查看 latest_fork_usec 指标（最近一次 fork 耗时），发现特别高。"

latest_fork_usec 指标高是 RDB 持久化机制导致的，fork 子进程完成 RDB 文件持久化操作，其耗时与 Redis 数据量正相关。fork 子进程执行时会阻塞主线程，数据量过大会导致主线程阻塞时间过长，所以出现了 Redis 响应慢的现象。

Chaya："除此之外，随着数据量越来越大，**主从架构升级单个实例时很容易使硬件性能达到瓶颈**。在高并发情况下，虽然设置了读/写分离，但是写请求压力都集中在单个 master 上，快扛不住了。"

除了使用大内存主机，我们还可以使用切片集群。俗话说，"众人拾柴火焰高"，一台机器无法保存所有数据，那就多台分担。

Redis 集群主要解决大数据量存储导致的响应变慢问题，同时便于横向拓展。Redis 数据的两种扩展方案是垂直扩展（scale up）和水平扩展（scale out）。

◎ 垂直扩展：升级单个 Redis 的硬件配置，例如增加内存容量、磁盘容量和使用更强大的 CPU。
◎ 水平扩展：横向增加 Redis 的实例个数，每个节点负责一部分数据。

例如，当需要 24 GB 内存、150 GB 磁盘的服务器资源时，两种实现方案如图 3-24 所示。

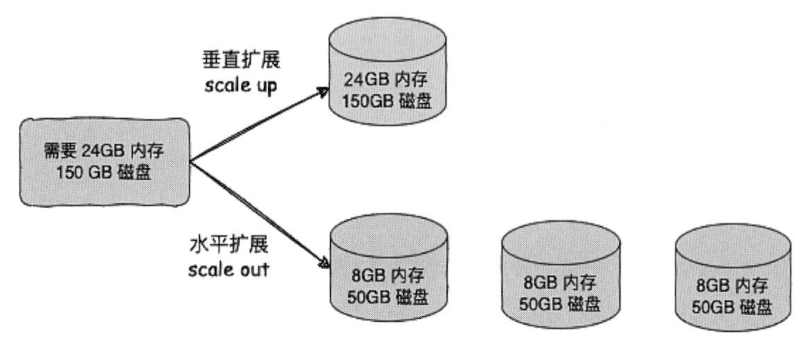

图 3-24

在面向百万、千万级别规模的用户时，横向扩展 Redis 集群会是一个非常好的选择。

Chaya："这两种方案有什么优缺点呢？"

◎ 垂直扩展部署简单，但是当数据量大时，使用 RDB 快照文件实现持久化会造成阻塞导致响应变慢。另外受限于硬件和成本，扩展内存的成本太大。

◎ 水平扩展较为便捷，不需要担心单个实例的硬件和成本的限制。但是，Redis 集群会涉及多个实例的分布式管理问题，**需要解决如何将数据合理分配到不同实例的问题，同时要让客户端能正确访问到实例上的数据。**

3.4.1 Redis 集群是什么

Redis 3.0 开始提供 Redis 集群，Redis 集群是一种分布式数据库方案，通过分片（sharding）进行数据管理（分治思想的一种实践），并提供复制和自动故障切换功能。

Redis 集群并没有使用一致性哈希算法，而是将数据划分为 16384 个 slot，每个节点（Node）负责一部分 slot，slot 的信息存储在节点中。

Redis 集群是去中心化的架构，如图 3-25 所示，该集群由 3 个 Redis 的 master 组成（省略每个 master 对应的 slave），每个节点负责整个集群的一部分数据，每个节点负责的数据量可以不一样。

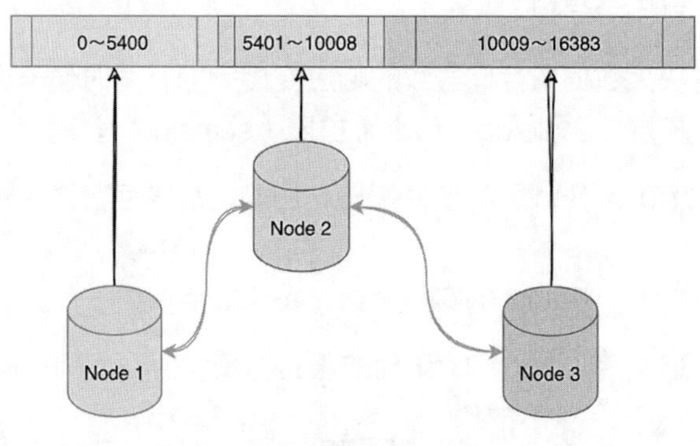

图 3-25

3 个节点相互连接组成一个对等的集群，它们之间通过 Gossip 协议交互集群信息，最后每个节点都保存着其他节点的 slots 分配情况。

1. Redis 集群的目标

Redis 集群是 Redis 的分布式实现，在设计时具有以下目标（按重要性排序）。

（1）高性能和水平可伸缩性：为实现高性能，去掉客户端代理，主从之间使用异步复制，并避免在值上执行合并操作。此外，最多可水平扩展至 1000 个节点。

（2）写入安全性：系统尝试保留（采用 best-effort 方式）所有连接到 master 节点的、由

client 发起的写操作。

（3）高可用性：在大多数 master 可用的情况下依然对外提供服务，每个 master 至少有一个 slave。此外，通过 replicas migration 技术，将拥有多个 slave 的 master 的冗余 slave 分配给没有 slave 的 master 以确保可用性。

2. 组件 Redis 集群

一个 Redis 集群通常由多个节点组成，在开始时，每个节点都是独立的，要组建一个真正可工作的 Redis 集群，我们必须将各个独立的节点连接起来，构成一个包含多个节点的集群。

连接各个节点的工作可以通过 CLUSTER MEET 命令完成：CLUSTER MEET <ip> <port>。

向 node 节点发送 CLUSTER MEET 命令，可以让其与 IP 地址和端口所指定的节点进行握手（handshake），当握手成功时，node 节点就会将 IP 地址和端口所指定的节点添加到 node 节点所在的集群中。大致流程如图 3-26 所示。

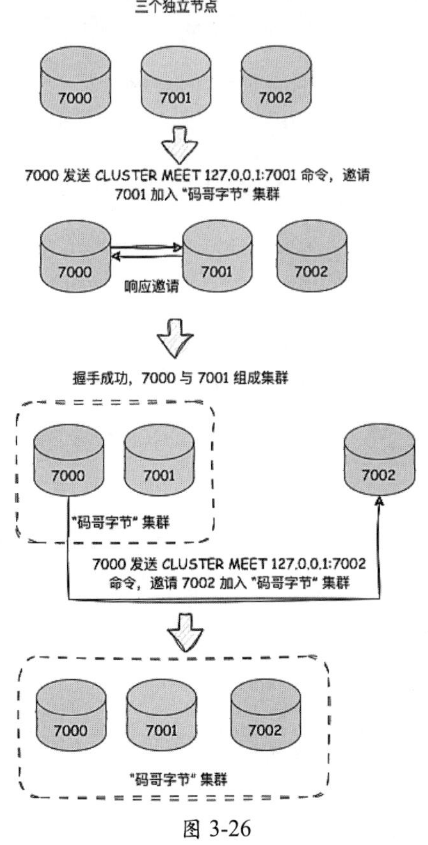

图 3-26

3.4.2 Redis 集群的原理

Chaya："Redis 集群这么强大，到底是如何实现的？"

Redis 集群没有使用一致性哈希（Hash），而是引入了哈希槽（HASH_SLOT）的概念，一共有 16384 个 slot（槽），集群 master 的数量上限是 16384 个（官方建议最大节点数为 1000），每个 key 都会映射到 1 个 slot 中，每个节点可以处理 1～16384 个 slot。

将键映射到 slot 的基本算法是 HASH_SLOT = CRC16(key) mod 16384。key 与哈希槽的映射过程可以分为两个步骤。

（1）对 field-value pairs 的 key 使用 CRC16 算法，计算出一个 16 bit 的哈希值。

（2）将 16 bit 的哈希值对 16384 取模，得到 0～16383 之间的值表示 key 对应的 slot。

（3）集群的每个节点负责处理一部分 slot，根据第二步得到的 slot，定位到处理该 key 的节点。

Redis 集群还允许用户强制某个 key 挂在特定的 slot 上，只需将特定的 key 放置在大括号（{}）内，确保它们被哈希到相同的 slot，这种方式叫作 hash tag。

例如，"{user1000}.following"和"{user1000}.followers"两个 key 将被哈希到相同的 slot，因为只有"user1000"子字符串会被用来计算 slot。

Chaya："hash tag 强行把多个 key 分配到相同的 slot 上，有什么用呀？"

问得好，这是 Redis 集群中实现 multi-key 操作的基础，例如在执行复杂的多键操作的命令（如集合并集和交集）时，涉及操作的 key 可能被分配到不同节点，通过 hash tag 可以将它们映射到相同的 slot，从而实现 multi-key。

Redis 集群仅支持一个数据库，即数据库 0，因此不允许使用 SELECT 命令切换数据库。

在 Redis 集群中，有 4 个非常核心的数据结构：clusterNode、clusterState clusterSlotToKeyMapping 和 clusterLink。

clusterNode

Redis 集群使用 clusterNode 来抽象一个节点，有如下几个重要的字段。

```
typedef struct clusterNode {

  // 省略部分代码
    char name[CLUSTER_NAMELEN];
    unsigned char slots[CLUSTER_SLOTS/8];
    int numslots;
    int numslaves;
    struct clusterNode **slaves;
```

```
    struct clusterNode *slaveof;
  // 省略部分代码
} clusterNode;
```

◎ name：长度为 40 的字符串，存储该节点的名称。

◎ slots、numslots：如果节点是 master，那么 slots 是一个 char 类型数组，记录该节点维护的 slot 信息，使用 Bitmap 的方式表示。Redis 集群会把数据映射到 16384 个 slot 存储，因此，这个数组的长度为 16384 / 8 = 2048；numslots 记录当前节点维护的 slot 个数。

◎ **slaves、numslaves：当前节点是 master，slaves 是一个 clusterNode 二级指针，指向一个 clusterNode 数组，数组的每个 clusterNode 指针指向一个 slave。numslaves 表示当前 master 的 slave 个数。

◎ slaveof：如果当前节点是 slave，则指向 master 的 clusterNode 实例。

clusterState

谢霸戈："clusterNode 抽象了每个节点的信息，那么节点运行状态由什么来表示呢？"

Redis 集群中的每个节点维护一个 clusterState 实例，表示节点状态。

在 Redis 源码的 server.h 文件中，redisServer 结构体包含一个名为 cluster 的字段，它是一个指向 clusterState 类型的指针。

该指针用于感知 Redis 集群中每个节点的状态。通过 cluster 指针，Redis 服务器可以管理和监视整个 Redis 集群，以便进行故障检测、状态管理和集群维护等操作。这是 Redis 集群的关键组件之一，用于实现集群功能。

```
struct redisServer {
  // 省略其他字段
    struct clusterState *cluster;
};
```

这里展开分析 clusterState 结构体的核心字段。

```
typedef struct clusterState {
    clusterNode *myself;
    uint64_t currentEpoch;
    int state;
    int size;
    dict *nodes;
    clusterNode *slots[CLUSTER_SLOTS];

  // 省略部分源码
} clusterState;
```

◎ myself：指向当前节点的指针。

- ◎ currentEpoch 字段：记录了当前节点看到的最新集群纪元，可以认为这是一个时钟逻辑，主要用于故障自动转移过程中的选举投票环节。
- ◎ state：当前 Redis 集群的状态，CLUSTER_OK 表示集群在线，CLUSTER_FAIL 表示集群下线。
- ◎ size：当前 Redis 集群中有效的 master 个数。master 负责至少一个 slot 时，才会有读/写请求发送到该 master，它才是一个有效的 master。
- ◎ nodes：dict 指针，key 是节点名称，value 是表示每个节点的 clusterNode 实例。
- ◎ slots：clusterNode 数组，长度为 16384，用于记录每个 slot 被哪些节点负责。

clusterSlotToKeyMapping

在 server.h 文件的 redisDb 结构体中有一个 clusterSlotToKeyMapping *slots_to_keys 指针，指向一个长度为 16384 的 slotToKeys 类型数组。数组下标是 slot 编号，数组每个元素的 slotToKeys 是一个结构体，slotToKeys 把位于这个 slot 的 field-value pairs 串联成一个双端链表。这里并没有复制一份 field-value pairs 数据，而是指向 redisDb 的 dictEntry 实例。

server.h 的 redisDb 结构体省略部分源码，每个字段的类型在之前的篇章已经详细说过，这里不再赘述。

```
typedef struct redisDb {
    // 省略部分源码
    dict *dict;
    dict *expires;
    clusterSlotToKeyMapping *slots_to_keys;
} redisDb;
```

cluster.h 中的 clusterSlotToKeyMapping 与 slotToKeys 结构体。

```
typedef struct slotToKeys {
    // 该 slot 中的 field-value pairs 个数
    uint64_t count;
    // 指向 dictEntry 链表头节点
    dictEntry *head;
} slotToKeys;

struct clusterSlotToKeyMapping {
    // 长度为 16384 的 slotToKeys 类型数组
    slotToKeys by_slot[CLUSTER_SLOTS];
};
```

由此可知，通过 clusterSlotToKeyMapping 可定位每个 slot 负责的 key 集合。

clusterLink

Chaya："Redis 集群节点的通信连接信息，包括连接的创建时间、连接对象、发送和接收缓冲区等用什么表示呢？"

定义在源码 cluster.h 的 clusterLink 结构体，用于抽象节点间的通信信息。

```
typedef struct clusterLink {
    mstime_t ctime;
    connection *conn;
    sds sndbuf;
    char *rcvbuf;
    size_t rcvbuf_len;
    size_t rcvbuf_alloc;
    struct clusterNode *node;
    int inbound;
} clusterLink;
```

◎ ctime：连接创建时间。

◎ conn：两个节点的网络连接对象。

◎ sndbuf：用于发送数据包的缓冲区。

◎ rcvbuf：用于接收数据包的缓冲区。

◎ node：clusterNode 指针，指向的 clusterNode 实例表示连接的对端节点。

clusterMsg

Chaya："集群中每个节点的信息、状态，以及每个节点负责的 slot 主从复制进度等是如何传播的？"

定义在源码 cluster.h 的 clusterMsg 结构体，用于抽象集群中传播信息的载体。

```
typedef struct {
    char sig[4]; //消息签名
    uint32_t totlen; //消息长度
    uint16_t ver;    // 版本号
    uint16_t port;       /* 当前节点 port */
    uint16_t type;       // 消息类型
    uint16_t count;      /* 携带的节点信息条数 */
    uint64_t currentEpoch;  /* 当前纪元. */
    uint64_t configEpoch;   /* 配置纪元 */
    uint64_t offset;    /* 主从复制 offset 进度*/
    char sender[CLUSTER_NAMELEN]; /* 发送消息的节点名称 */
    unsigned char myslots[CLUSTER_SLOTS/8]; // 当前节点负责的 slots
    char slaveof[CLUSTER_NAMELEN]; // 当前节点的 master 节点名称
    char myip[NET_IP_STR_LEN];    /* 发送消息的节点 IP 地址*/
    uint16_t extensions; /*拓展字段*/
    char notused1[30];    /* 预留的 30 字节，未来使用 */
    uint16_t pport;       /*当基本端口是 TLS 时，发送方 TCP 明文端口 */
    uint16_t cport;       /* Sender TCP cluster bus port */
    uint16_t flags;       /* 当前节点状态 */
    unsigned char state; /* Cluster state from the POV of the sender */
    unsigned char mflags[3]; /* Message flags: CLUSTERMSG_FLAG[012]_... */
    union clusterMsgData data; // 具体消息内容
```

```
} clusterMsg;
```

重点关注 data 字段，它是一个 union 联合体，同一时刻只能使用其中一种成员的值，data 字段能存储的联合体类型可以是 ping、fail、publish、update、module 结构体的任意一个，其中 PING、MEET 和 PONG 消息共用 ping 结构体。

```
union clusterMsgData {

    struct {
       /* clusterMsgDataGossip 数组，每个元素都包含一个节点的信息 */
       clusterMsgDataGossip gossip[1];
    } ping;

    /* FAIL */
    struct {
       clusterMsgDataFail about;
    } fail;

    /* PUBLISH */
    struct {
       clusterMsgDataPublish msg;
    } publish;

    /* UPDATE */
    struct {
       clusterMsgDataUpdate nodecfg;
    } update;

    /* MODULE */
    struct {
       clusterMsgModule msg;
    } module;
};
```

哈希槽与 Redis 实例映射

Chaya：“hash slot 与 Redis 实例之间是如何映射关联的？”

你可以使用 cluster create 命令创建 Redis 集群，Redis 会自动将 16384 个 slot 平均分布在集群 master 实例上，对于 N 个节点，每个节点上的哈希槽数为 16384 / N 个。

除此之外，你还可以使用 CLUSTER MEET 命令将 7000、7001、7002 三个节点连入一个 Redis 集群，但是 Redis 集群目前依然处于下线状态，因为三个实例都没有处理任何 slot。可以使用 cluster addslots 命令指定每个实例负责的 slot 范围。

Chaya：“为什么要手动指定呢？”

能者多劳嘛，加入 Redis 集群的 Redis 实例配置不一样，如果承担一样的压力，对于性能不好的机器来说就太难了，让厉害的机器多承担一点儿压力。

三个 master 实例的 Redis 集群通过下面的命令为每个实例分配 slot：实例 1 负责第 0 ~ 5460 个 slot，实例 2 负责第 5461~10922 个 slot，实例 3 负责第 10923~16383 个 slot。

```
redis-cli -h 172.16.19.1 -p 6379 cluster addslots 0,5460
redis-cli -h 172.16.19.2 -p 6379 cluster addslots 5461,10922
redis-cli -h 172.16.19.3 -p 6379 cluster addslots 10923,16383
```

假设 field-value pairs、slot 和 Redis 实例之间的映射关系如图 3-27 所示。

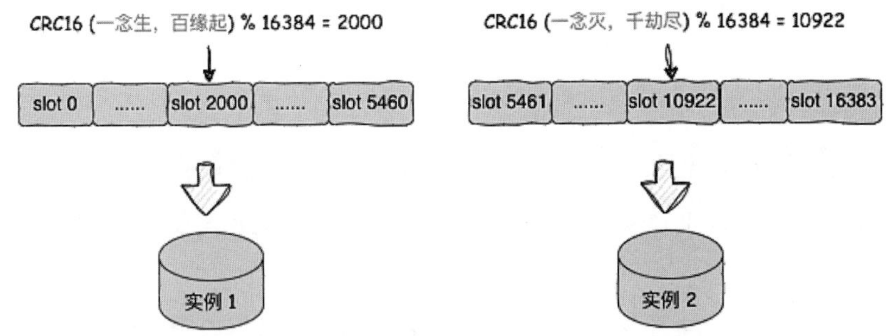

图 3-27

field-value pairs 的 key“一念生，百缘起”、“一念灭，千劫尽”，经过 CRC16 计算后再对 slot 总个数 16384 取模，模数结果分别为 2000 和 10922，分别映射到实例 1 与实例 2。

切记，当 16384 个 slot 都被分配后，Redis 集群才能正常工作。

复制与自动故障切换

Chaya：“Redis 集群如何实现高可用呢？”

每个 master 都会处理自己负责的 slots 读/写请求，必须至少有一个 slave 通过主从复制架构同步 master 的数据，当 master 发生故障时，slave 晋升为新的 master 继续处理请求；当下线的旧的 master 重新上线时，则作为 slave 角色与新的 master 建立主从关系。

Redis 集群主从之间并没有读/写分离，slave 只用作 master 宕机的高可用备份。我还提供了参数 cluster-require-full-coverage，它的默认值是 yes。当部分 key 对应的 slot 映射的实例出现故障时，Redis 集群将停止执行写请求。如果配置为 no，那么集群依然继续响应读请求。

例如 7000 主节点宕机，作为 slave 的 7003 将成为新的 master 节点继续提供服务。当下线的节点 7000 重新上线时，它将成为 70003 的从节点。

Chaya：“Redis 集群如何实现自动故障切换呢？”

简单地说，Redis 集群会经历以下三个步骤实现自动故障切换高可用。

（1）**故障检测**：集群中每个节点都会定期通过 Gossip 协议向其他节点发送 PING 消息，检测各个节点的状态（**在线状态、疑似下线状态 PFAIL、已下线状态 FAIL**），并通过 Gossip 协议来广播自己的状态以及自己对整个集群认知的改变。

（2）**master 选举**：从当前故障 master 的所有 slave 中选举一个提升为新的 master。

（3）**故障切换**：取消与旧 master 的主从复制关系，将旧 master 负责的 slot 信息指派到新的 master，更新集群状态并写入数据文件，通过 Gossip 协议向集群广播发送 CLUSTERMSG_TYPE_pong 消息，把最新的信息传播给其他节点，其他节点收到该消息后更新自身的状态信息或与新的 master 建立主从复制关系。

故障检测

Chaya：“什么是 Gossip 协议，它在 Redis 集群中的作用是什么？”

Gossip 协议是一种去中心化的分布式协议，用于节点之间的信息传递、状态同步和故障检测。

Gossip 算法又被称为反熵（Anti-Entropy），源自物理学中的熵的概念，熵代表了一种无序和混乱的状态，反熵则是在混乱无序中寻求一致性的过程。

这个名称充分体现了 Gossip 算法的核心特点：在一个有界网络中，每个节点都随机地与其他节点进行通信。经过一系列随机、无序的信息传递后，最终所有节点的状态趋于一致。

Chaya：“说人话！”

Gossip 算法就像病毒传播的过程，人群中不戴口罩的人会互相传染，一传十，十传百。

Redis 集群中的节点之间的状态同步靠的就是 Gossip 协议。

通过 Gossip 协议进行通信，节点之间不断交换信息，这些信息包括节点出现故障、新节点加入、主从节点变更和 slot 信息变更等。常用的 Gossip 消息包括 MEET、PING、PONG 和 FAIL 4 种。

- ◎ MEET 消息：通知新节点加入。消息发送者通知接受者加入当前集群。
- ◎ PING 消息：每个节点按照每秒一次的频率向其他节点发送 PING 消息，用于检测节点是否在线并交换节点状态信息。
- ◎ PONG 消息：节点接收到 PING 消息后，向发送方回复消息确认正常。pong 消息还包含了自身的状态数据，向集群广播 PONG 消息来通知集群自身状态进行更新。
- ◎ FAIL 消息：A 节点发送 PING 消息给其他节点，若得不到接受 PING 消息节点的 PONG 消息响应，就向集群所有节点广播该节点宕机的消息。

基于 Gossip 协议的故障检测

Redis 集群中的节点会按照每秒一次的频率随机向其他节点发送 PING 数据包，对端节点收到 PING 消息后会回复 PONG 数据包。Redis 集群节点通过某个节点能否及时回复 PONG 数据包来判断该节点是否下线并交换节点信息。

下线状态分两种：疑似下线（PFAIL）和下线（FAIL），类似于哨兵中的主观下线和客观下线，目的还是为了防止误判。

例如节点 A 没有在 server.cluster_node_timeout 时间内收到节点 B 对 PING 数据包的回复，就会将节点 B 标记为 PFAIL。

一个节点被认为下线，并不代表它真的下线，只有当大多数负责处理 slot 的节点都判定它为 PFAIL 时，它才会被标记为 FAIL 状态。

一旦 slave 标记某个节点为 FAIL 状态，就会通过 Gossip 协议向整个集群广播 fail 消息，进入选主流程，接着执行故障迁移。

slave 选举与晋升流程

肖菜姬："新的 master 是如何选举出来的？"

纪元

集群的配置纪元（epoch）是一个自增计数器，初始值为 0，每次执行故障迁移都会 +1。它的作用在于当集群的状态发生改变，某个节点为了执行一些动作需要寻求其他节点的同意时，就会增加 epoch 的值，进行增量版本控制。

在节点交换信息出现冲突时，纪元用来确定哪个状态是最新的，帮助解决冲突。

广播拉票消息

隶属于 master A 的 slave A 检测到 master A FAIL，slave A 利用 Gossip 协议广播 CLUSTERMSG_TYPE_FAILOVER_AUTH_REQUEST 消息，要求所有收到这条消息并且具有投票权的 master 进行投票。也就是只有负责 slot 的节点才有资格投票。

如果收到这条消息的 master 没有投票给其他 slave，那么该 master 将对 slave A 返回一条 CLUSTERMSG_TYPE_FAILOVER_AUTH_ACK 消息，表示支持 slave A 成为新的主节点。

投票判决

参与选举的 slave 都会接收 CLUSTERMSG_TYPE_FAILOVER_AUTH_ACK 消息，如果 slave 收到的支持票数 $\geq N/2+1$，那么这个 slave 就被选举为新的 master。

如果一个纪元里没有 slave 能收集到足够多的支持票，那么集群会进入一个新的纪元，并再次进行选举，直到选出新的 master 为止。

与哨兵类似，leader 选举也是基于 Raft 算法实现的，流程如图 3-28 所示。

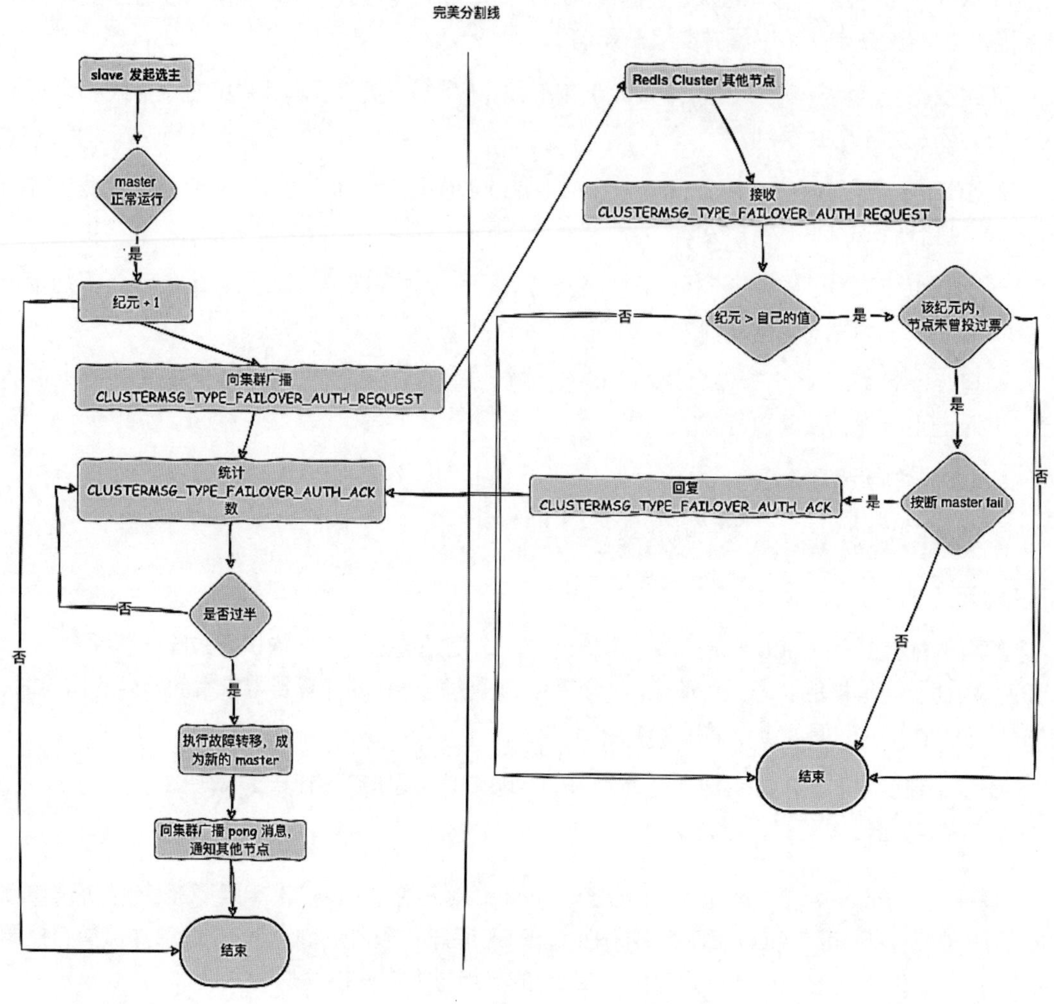

图 3-28

故障迁移

投票选举出新的 master 之后，就开始对下线的 master 执行故障切换。

（1）新的 master 会撤销已下线的 master 负责的 slot 指派，并由自己负责这些 slot 指派，断开之前的主从复制连接。

（2）新的 master 向集群中广播一条 PONG 消息，通知集群中的其他节点自己已经从 slave 晋升为 master，并且接管了已经下线的 master 负责的 slot。

（3）新的 master 开始接收处理 slot 有关的命令请求，故障转移完成。

客户端如何定位数据

Chaya："Redis 集群并没有采用一致性哈希算法把 key 和 value 分配到不同节点上，而是分为 16384 个 slot，集群中每个节点负责一部分 slot。对 key 使用 CRC16 算法，计算出一个 16 bit 的值。将 16 bit 的值对 16384 取模，得到 0 ~ 16383 的数表示 key 对应的 slot，从而定位到节点。

"如果用一个散列表把 field-value pairs 与节点的映射关系记录下来，那么不需要使用 CRC16 算法，直接查散列表就可以，Redis 为什么不这么做呢？"

如果使用一个散列表记录，那么当 field-value pairs 和节点之间的关系改变（重新分片、节点增减）时，就需要修改散列表。如果是单线程操作，那么所有操作都要串行处理，性能太差了，唯快不破的 Redis 是不会答应的。

如果使用多线程，就涉及加锁。另外，如果 field-value pairs 数据量非常大，那么保存 field-value pairs 与节点关系的表数据所需要的存储空间也会很大。

哈希槽计算虽然也要记录 slot 与实例之间的关系，但是 slot 的数量少得多，只有 16384 个，开销很小。

Chaya："Redis 客户端如何知道请求的数据分布在哪个节点呢？"

还记得前面说的 clusterMsg 结构体吗？Redis 会构建一条 clusterMsg 消息，该消息就包含了 slot 信息，并通过 Gossip 协议发送给集群其他节点，实现了 slot 分配信息的扩散。

如此一来，Redis 集群中每个节点都知道了所有 slot 与节点之间的映射关系。所以无论客户端连接到哪个 Redis 实例，节点都会把 slot 与节点映射信息发送给客户端缓存在本地。

当客户端发起请求时，会先对 key 执行 CRC16 计算得到对应的 slot，再去本地缓存查找 slot 映射的 Redis 节点，将请求发送到目标节点，如图 3-29 所示。

请求重定向

Chaya："新增节点或者重新分配 slot 导致 slot 与节点之间的映射关系改变了，客户端如何知道把请求发到哪里？"

这个问题问得好，集群中的实例通过 Gossip 协议互相传递消息，以此获取每个节点的 slot 分配信息。可是，客户端无法知道集群的变更结果。

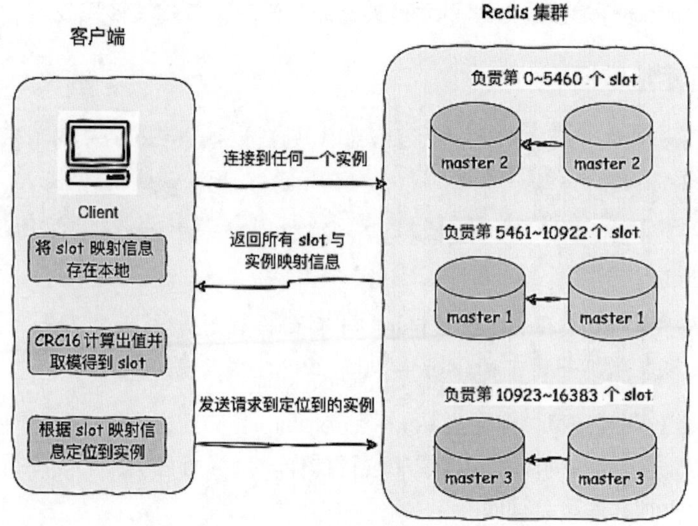

图 3-29

于是，Redis 集群提供了请求重定向机制：客户端将请求发送到某个节点上，这个节点没有相应的数据，该 Redis 节点会告诉客户端将请求发送到其他的节点。

在集群模式下，从客户端发起请求到命令处理会经历如下过程。

（1）客户端通过 CRC16（key）/ 16384 计算出 slot，通过本地缓存的 slot 与节点之间的映射得到负责该请求的节点，并把请求发送到节点上。

（2）节点判断该请求是否由自己负责，若 key 在 slot 中，则向客户端返回 key 对应的结果。

（3）若 key 的 slot 不由该节点负责，则向客户端返回 MOVED 错误，告知客户端重定向到目标节点。

（4）若 key 对应的 slot 正在迁移（还未把 slot 全部的 key 迁移完成），则向客户端返回 ASK 错误重定向到迁移的目标节点上。

MOVED 重定向

当 slot 重新分配实现负载均衡或者 slot 的数据已经迁移到其他节点时，如果客户端将一个 field-value pairs 的操作请求发送到某个节点，而 key 对应的 slot 并非由该节点负责，那么该节点会响应一个 MOVED 错误指引客户端重定向负责该 slot 的节点。

```
GET 公众号:码哥字节
-MOVED 16330 172.17.18.2:6379
```

该响应的含义是客户端请求的 field-value pairs 所在的 slot 16330 已经迁移到了 IP 地址为 172.17.18.2 的节点上，端口是 6379。

同时，客户端会更新本地缓存，更新该 slot 与 Redis 实例的对应关系，如图 3-30 所示。

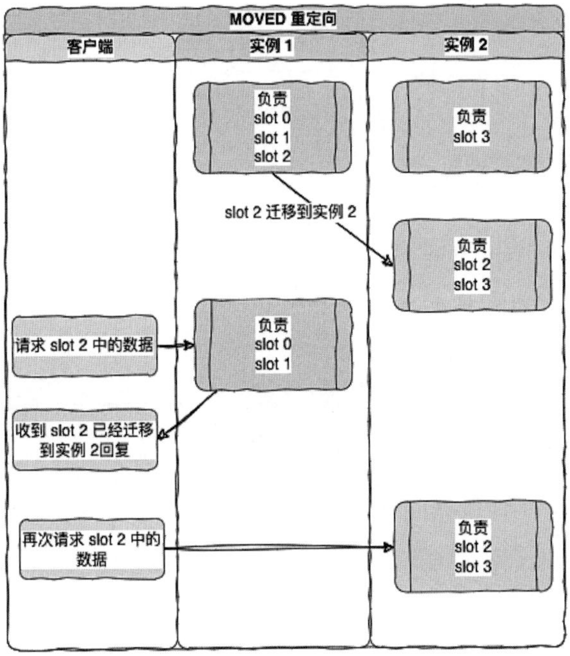

图 3-30

ASK 重定向

程许媛："如果某个 slot 的数据比较多，一部分迁移到新实例，还有一部分没迁移过去怎么办？"

这时不能直接使用 MOVED 重定向，因为 MOVED 表示 slot 已经由另一个节点提供服务，而此刻 slot 可能还在当前节点，也可能迁移过去了。

节点收到客户端请求后，根据 key→ slot→ node 的映射关系定位到处理该请求的节点，如果发现负责该 slot 的节点存在这个 key，则直接执行命令，否则向客户端响应 ASK 错误。

例如需要访问的 key 所在的 slot 正在从节点 1 迁移到节点 2，那么节点 1 会返回客户端一条 ASK 报错信息，表示客户端请求的 key 所在的 slot 正在迁移到节点 2 上，需要先向实例 2 发送一个 ASKING 命令，询问节点 2 是否可以处理，接着向节点 2 发送操作命令。

例如客户端请求定位到 key = "你用泥巴捏一座城" 的 slot 是 16330，由节点 A 负责，如果节点 A 找得到该 key 则直接执行命令，否则响应 ASK 错误信息，指引客户端转向正在迁移的目标节点 B，其 IP 地址是 172.17.18.2，端口是 6379，如图 3-31 所示。

```
GET 你用泥巴捏一座城
-ASK 16330 172.17.18.2:6379
```

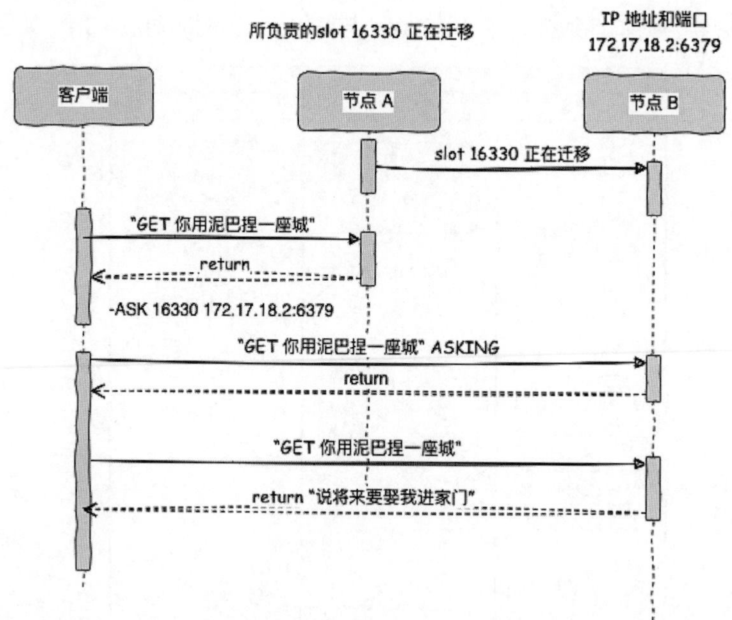

图 3-31

注意：ASK 错误命令并不会更新客户端缓存的 slot 分配信息。所以当客户端再次请求 slot 16330 的数据时，还是会先向节点 A 发送请求，只不过节点会响应 ASK 命令让客户端向新节点发送一次请求。MOVED 命令则更新客户端本地缓存，让后续命令都发往新实例。

Redis 集群大小受限原因

Chaya："有了 Redis 集群，再也不怕大数据量了，我可以无限水平扩展吗？"

答案是否定的，Redis 官方给出的 Redis 集群的规模上限是 1000 个实例。

到底是什么限制了 Redis 集群的规模呢？

◎ **协调和通信开销**：随着节点数量的增加，集群需要进行更多的协调和通信。每个节点都要与其他节点保持连接，共享集群状态和信息。当节点规模增加时，这种通信和协调开销也随之增加，可能导致网络和性能方面的负担。

◎ **集群状态复杂性**：Redis 集群需要维护关于 slot 分配、节点状态等的集群状态信息。随着节点数量的增加，这种状态的复杂性也会增加。更多的节点可能使集群管理变得更加复杂，增加维护和监控的难度。

◎ **故障转移和数据恢复**：在节点出现故障时，Redis 集群需要进行故障转移和数据恢复，增加节点数量会增加故障转移和数据恢复的开销。在较大的集群中，数据恢复可能需要更长的时间，并可能对集群的整体性能产生影响。

◎ **一致性和可用性**：随着节点数量的增加，维护一致性和提高可用性可能变得更加复杂。更多的节点可能导致更复杂的网络拓扑，增加了一致性和可用性的管理难度。

限制 Redis 集群规模的关键在于节点间的通信开销，Redis 集群中的每个实例都保存所有 slot 与实例的对应关系信息（slot 映射到节点的列表），以及自身的状态信息。

Redis 集群中的节点通过 Gossip 协议传播节点的数据，Gossip 协议的工作原理大致如下。

（1）从 Redis 集群中随机选择一些节点按照一定的频率发送 PING 消息，用于检测实例状态并交换信息。PING 消息中封装了发送者自身的状态信息、部分其他实例的状态信息和 slot 与节点映射表信息。

（2）节点接收到 PING 消息后，响应 PONG 消息，PONG 消息包含的信息跟 PING 消息一样。

通过 Gossip 协议，在一段时间后，Redis 集群中的每个实例都能获取其他所有实例的状态信息。

所以，在一个 Redis 集群中有新节点加入、节点出现故障、slot 映射变更时，每个节点都可以通过 PING 消息和 PONG 消息同步和获取每个实例的信息。

Gossip 消息

PING、MEET 和 PONG 三种消息，都是由 clusterMsgDataGossip 结构体来抽象的。

```
typedef struct {
    char nodename[CLUSTER_NAMELEN];// 字符数组，节点名称，40 字节
    uint32_t ping_sent;// 4 字节，发送 ping 消息次数
    uint32_t pong_received; //4 字节，接收到的 PONG 消息次数
    char ip[NET_IP_STR_LEN]; // 46 字节
    uint16_t port; // 2 字节
    uint16_t cport; // 2 字节
    uint16_t flags; // 2 字节
    uint16_t pport; //  使用 TLS 才会使用，2 字节
    uint16_t notused1;// 2 字节
} clusterMsgDataGossip;
```

节点发送一个 Gossip 消息需要发送 104 字节，如果集群有 1000 个节点，那么会占用大约 10KB 内存。

除此之外，在节点传播 slot 映射表时，每个消息还包含一个长度为 16384 bit 的 Bitmap。其中每一位对应一个 slot，如果值为 1，则表示该 slot 属于当前节点，对应的 Bitmap 占用 2KB，所以一个 PING 消息大约占用 12KB。PONG 消息与 PING 消息共占用 24 KB。

随着集群规模的增加，心跳消息越来越多，会占据集群的网络通信带宽，降低集群吞吐量。

3.4.3 集群配置注意事项

对于 Redis 集群的部分配置，你必须知晓和重视。别嘴上原理说得头头是道，真正实现高可用时却一头雾水。

降低节点间的通信开销

Redis 集群的实例每 100 ms 就会扫描一次本地实例列表，当发现有实例最近一次收到 PONG 消息的时间大于(cluster-node-timeout) / 2 时，就立刻向这个实例发送 PING 消息，更新这个实例的状态信息。

集群规模变大会导致实例间网络通信延迟增加，可能引起频繁发送 PING 消息。

◎ 每个实例每秒发送一条 PING 消息，降低这个频率可能导致集群中实例的状态信息无法及时传播。

◎ 每 100 ms 检测实例接收 PONG 消息的时间是否超过 (cluster-node-timeout) / 2，这是 Redis 实例默认的周期性检测任务频率，我们不会轻易修改。

只能修改 cluster-node-timeout 的值，这是 Redis 集群中判断实例是否故障的心跳时间，默认为 15s。

所以，为了避免过多的心跳消息占用 Redis 集群宽带，可以将 cluster-node-timeout 配置为 20s 或者 30s，这样 PONG 消息接收超时的情况就会缓解。

但是，也不能将这个值配置得太大，否则当实例发生故障时需要等待过长时间，影响集群正常服务。

cluster-migration-barrier

没有 slave 的 master 被称为孤儿 master，这个配置用于防止出现孤儿 master。

当某个 master 的 slave 宕机后，集群会从其他 master 中选出一个冗余的 slave 迁移过来，确保每个 master 至少有一个 slave，以免孤儿 master 宕机时，没有 slave 可以升为 master 导致集群不可用。

默认配置为 cluster-migration-barrier 1，这是一个迁移临界值。

第 4 章 结丹飞升——高级技能进阶

4.1 Redis 事务修炼手册

吴颜组面试官："数据库事务的 ACID 了解吗？"

程许媛内心独白："小意思，不就是 ACID 嘛！不过……我面试的可是技术专家，不会这么简单吧？"

程许媛（极其自信且从容淡定地说了一通）："balabala……"

吴颜组面试官："Redis 的事务机制了解吗？它的事务满足 ACID 吗？"

程许媛（挠头）："这个……我知道 Lua 脚本可以实现事务，Redis 可以保证脚本内的命令一次性、按顺序执行，但是不提供事务运行错误的回滚。在执行过程中部分命令运行错误，剩下的命令还是会继续运行完。"

吴颜组面试官："好的，回去等通知吧。"

程许媛："Redis 大佬，我学了你的《Redis 高手心法》，斩获了许多 offer，没想到今天败在了 Redis 如何实现事务这个问题上，心有不甘呀！"

别着急，我们一步步分析，把 Redis 事务修炼到位。

（1）什么是事务的 ACID？

（2）Redis 如何实现事务？

（3）Redis 事务满足 ACID 吗？

4.1.1 什么是事务的 ACID

事务（Transaction）是由一系列对系统中数据进行访问或更新的操作组成的程序执行逻辑

单元（Unit）。这些操作要么都执行，要么都不执行。

例如，李老师发工资了，要上交给 Chaya。这个过程涉及银行转账工作：从李老师的源账户扣款，给 Chaya 的目标账户增款，这两个操作要么都执行，要么都不执行，否则会出现该笔金额消失或多出的情况。

为了保持数据库的一致性，在事务处理之前和之后，都应遵循某些规则，也就是大家耳熟能详的 ACID。

◎ **原子性（Atomicity）**：一个事务的多个操作必须都完成，或者都不完成。事务执行过程中如果发生错误，就回滚到事务开始前的状态，好像没有执行过一样。

◎ **一致性（Consistency）**：事务执行结束后，数据库的完整性约束没有被破坏。数据库的完整性约束包括但不限于以下内容。

- 实体完整性（如行的主键存在且唯一）。
- 列完整性（如字段的类型、大小、长度要符合要求）。
- 外键约束。
- 用户自定义完整性（如转账前后，两个账户余额的和应该不变）。

还是上面的例子，如果李老师和 Chaya 两个账户的金额一共是 999 元，那么不管他们两人之间如何转账，事务结束后两个账户的金额相加必须还是 999 元。

你会发现在转账过程中，如果未保证原子性，那么结果数据的完整性约束也无法得到保障，不满足一致性。也就是说事务的一致性和原子性是密切相关的。一致性既是事务的属性，也是事务的目的。

◎ **隔离性（Isolation）**：事务内部的操作与其他事务是隔离的，并发执行的各个事务之间不能互相干扰。

◎ **持久性（Durability）**：事务一旦提交，所有的修改就永久保存在数据库中，即使系统崩溃重启，数据也不会丢失。

4.1.2 Redis 如何实现事务

程许媛：“我已经明白了事务的 ACID，那么 Redis 如何实现事务呢？”

总的来说，MULTI、EXEC、DISCARD 和 WATCH 命令是 Redis 实现事务的基础。Redis 事务的执行过程包含以下步骤。

（1）使用 MULTI 命令开启一个事务。

（2）将命令逐个加入等待执行的事务队列里，命令并不会马上执行。

（3）使用 EXEC 执行事务中的所有命令或使用 DISCARD 丢弃第二步的命令。

（4）在执行 EXEC 命令时，可以使用 WATCH 监控 key 的变化，如果发生变化则自动放弃执行事务。

程许媛："Talk is cheap, show me the code."

开启事务

客户端使用 MULTI 命令开启一个事务，进入事务态。

```
> MULTI
OK
```

命令入队

当客户端处于非事务状态时，它发送的命令会被立即执行。MULTI 命令可以将执行该命令的客户端从非事务状态切换至事务状态。

客户端进入状态，server.h 中的 multiState 结构体用于表示整个事务的状态，包括事务队列、命令数量和命令标志等信息。

```
typedef struct multiState {
    multiCmd *commands;     /* 存储事务中所有命令的队列*/
    int count;              /* 事务中包含的命令个数*/
    int cmd_flags;
    int cmd_inv_flags;
    size_t argv_len_sums;    /* 所有命令参数使用的内存总量 */
    int alloc_count;         /* 记录分配的命令结构体 multiCmd 的数量*/
} multiState;
```

进入事务状态后，只需要把一些需要执行的命令暂存到队列中，它们并不会立刻执行，除非发送的命令为 EXEC、DISCARD、WATCH 或 MULTI 中的一个。

```
> SET "姓名" "Chaya"
QUEUED
> SET "身高" "158"
QUEUED
> SET "性格画像" "情商高，凶巴巴，有时候很气人，但很体贴"
QUEUED
```

可以看到，每个命令的返回结果都是 QUEUED，表示操作都被暂存到了命令队列，但没有实际执行。multiCmd 结构体用于表示一个事务中的单个命令。

```
typedef struct multiCmd {
    robj **argv; //指向 Redis 对象的指针数组，表示事务命令的参数
    int argv_len;  // 参数数组 argv 的长度
    int argc; // 事务命令的参数个数
    struct redisCommand *cmd;//指向 Redis 命令结构体的指针，表示要执行的命令
} multiCmd;
```

执行事务或丢弃命令

（1）执行事务。

执行 EXEC 命令，表示提交事务，进而执行第二步中发送的具体命令。

```
> EXEC
OK
OK
OK
```

可以看到，EXEC 返回一个应答数组，每个元素都是事务中单个命令的应答，执行 GET 命令验证命令，获得一个“情商高，凶巴巴，有时候很气人，但很体贴”的“小姐姐”。

```
> GET "姓名"
Chaya
> GET "身高"
158
> GET "性格画像"
情商高，凶巴巴，有时候很气人，但很体贴
```

（2）丢弃命令

通过 DISCARD 丢弃第二步中保存在队列中的命令。

```
# 初始化订单数
> SET "order:mobile" 100
OK
# 开启事务
> MULTI
OK
# 订单数-1
> DECR "order:mobile"
QUEUED
# 丢弃队列命令
> DISCARD
OK
# 数据没有被修改
> GET "order:mobile"
"100"
```

4.1.3 Redis 事务满足 ACID 吗

Redis 事务做了三个重要保证。

◎ 事务支持一次执行多个命令，所有命令都会被序列化并按照顺序串行执行。

◎ 执行 EXEC 命令，进入事务执行过程，其他客户端发送的请求不会被插入该事务执行命令序列中。

◎ EXEC 命令会触发事务中所有命令的执行，如果在调用 EXEC 命令之前，客户端与服务器失去连接，则不会执行任何操作。如果在执行过程中，任意命令执行失败，则其余命令依然会执行。

先说结论，Redis 事务在一些场景下具备原子性，不支持回滚。可以具备一致性并通过 WATCH 机制保证隔离性，但是无法保证持久性。

1. 原子性

程许媛："Redis 老哥，事务执行过程中出错，能保证原子性吗？"

在 Redis 事务执行期间，可能遇到以下三种错误。

◎ 语法错误：在执行 EXEC 命令前，入队的命令语法是错误的（参数数量错误、命令名称错误等），或者内存不足（Redis 实例使用 maxmemory1GB 命令配置最大内存）。

◎ 命令报错：执行 EXEC 命令后，某些命令可能出错。例如，命令和操作的数据类型不匹配（对字符串类型的 key 执行 List 操作）。

◎ Redis 忽然宕机：在执行 EXEC 命令后，忽然断电宕机，只有部分事务操作被记录到 AOF 日志。

接下来分别分析事务在这三种场景中是否保证原子性。

语法错误（EXEC 命令执行前）

从 Redis 2.6.5 开始，Redis 会在命令入队时检测命令语法错误，你可以继续将命令提交到队列。但是在执行 EXEC 命令后，Redis 将拒绝执行所有的命令，并向客户端返回一个事务失败的信息，保证原子性。

```
#开启事务
> MULTI
OK
#提交事务中的第一个命令，但是 Redis 不支持该命令，返回报错信息
127.0.0.1:6379> PUT order 6
(error) ERR unknown command `PUT`, with args beginning with: `order`, `6`,
#提交事务中的第二个命令，这个命令是正确的，Redis 将该命令入队
> SET "码哥字节" "拥抱技术和对象，面向人民币编程"
QUEUED
#实际执行事务，命令有错误，Redis 拒绝执行
> EXEC
(error) EXECABORT Transaction discarded because of previous errors.
```

注意，在 Redis 2.6.5 之前，客户端需要自己检查命令入队的返回值来选择丢弃还是继续。如果命令回复 queued 则表示语法正确，否则返回错误。如果命令入队错误，那么客户端需要手动执行 DISCARD 丢弃事务，否则将执行队列中的所有命令。

命令报错（EXEC 命令执行后）

命令和操作的数据类型不匹配，Redis 实例没有检查出错误，可以正常入队，在 EXEC 命令之后运行命令报错，但是队列中其他正确的命令会被执行。

如下，我使用 Lists 的相关命令来操作字符串类型的数据，命令能正常入队，但运行时报错。

```
> MULTI
OK
> SET Chaya 爱上李老师，开心又快乐
QUEUED
> LPUSH Chaya 跪着唱《征服》
QUEUED
> EXEC
1) OK
2) (error) WRONGTYPE Operation against a key holding the wrong kind of value
> GET Chaya
爱上李老师，开心又快乐
```

Chaya 爱上李老师，开心又快乐，但是没有跪着唱《征服》，想让 Chaya 跪着唱《征服》，现实中不存在。Redis 都报错了（(error) WRONGTYPE Operation against a key holding the wrong kind of value）。

敲黑板：Redis 虽然会对错误命令报错，但是事务依然会把正确的命令执行完，错误的命令本身没有意义，我们可以将其理解为保证原子性。

程许媛："Redis 支持回滚吗？"

Redis 在事务失败时不进行回滚，而是继续执行余下的正确命令。因为支持回滚会对 Redis 的简单性和性能产生重大影响。

Redis 的事务在运行 EXEC 命令后报错是因为将错误的语法或者命令用在了错误类型的 key 上面，也就是说事务中失败的命令是由编程错误造成的，这些错误应该在开发过程中就被发现，而不应该出现在生产中。

Redis 忽然宕机

宕机后，开启 AOF，只有部分事务的命令被记录到 AOF 中，我们可以使用 redis-check-aof 工具检查 AOF 日志文件，这个工具可以把未完成的事务操作从 AOF 文件中去除，相当于事务不会被执行，从而保证了原子性。

简单总结

◎ EXEC 执行前，命令语法错误，入队时就报错，Redis 将拒绝执行所有的命令，并返回一个事务失败消息给客户端，保证原子性。

◎ EXEC 执行后，命令和操作类型不匹配，实际执行时报错，不会因为失败命令终止事务，正确命令会被继续执行，不能保证原子性。
◎ EXEC 命令执行时实例出现故障，开启了 AOF 日志，可以保证原子性。

综上诉述，Redis 事务在特定的条件下才具备原子性。

2. 一致性

分三种异常场景来讨论。

◎ 入队错误：执行 EXEC 命令之前，客户端发送的操作命令错误，事务终止执行，可以保证一致性。
◎ 执行错误：EXEC 命令执行之后，命令和操作的数据类型不匹配，错误的命令会报错，正确的命令会继续执行，从这个角度看，可以保证一致性。
◎ 服务宕机：在执行事务过程中，Redis 服务宕机，要根据持久化的模式来分别讨论。
- 无持久化的内存模式：没有开启 RDB 快照或者 AOF 持久化。实例故障重启，Redis 没有保存任何数据，可以保证一致性。
- 开启 RDB 快照：可以根据 RDB 文件恢复数据，如果找不到 RDB 文件，则 Redis 中没有数据，保证一致性。
- 开启 AOF 持久化：事务的操作还没有被记录到 AOF 中就宕机，重启时使用 AOF 日志加载数据以保存一致性；如果只有部分操作被记录到 AOF 中，则可以使用 redis-check-aof 清除事务中已经完成的操作，数据库恢复后也能保证一致性。

综上所述，Redis 事务可以保证一致性。

3. 隔离性

需要明确一点：Redis 事务没有事务隔离级别的概念。Redis 的隔离性指在并发场景中，事务之间可以做到互不干扰。

可以将事务的执行分为 EXEC 命令执行前和 EXEC 命令执行后两个阶段讨论，先说结论。

◎ 并发操作在 EXEC 命令执行前执行，隔离性通过 WATCH 机制保证。
◎ 并发操作在 EXEC 命令执行后执行，隔离性可以保证。

EXEC 命令执行前

在 EXEC 命令执行前，事务的所有命令暂存在队列中。此刻，如果出现并发操作，则其他客户端的命令对事务中同样的 key 做修改，是否满足隔离性需要根据事务是否使用 WATCH 机制来判断。

使用 WATCH 机制

WATCH 机制的作用是：在事务执行前，监控一个或多个 value 的变化情况，当调用 EXEC

命令时，WATCH 机制会先检查监控的 key 是否被其他客户端修改。如果被修改，就自动放弃执行事务，避免事务的隔离性被破坏。

对于客户端 A，初始化 key = order:books 的值为 100，接着使用 WATCH 机制监听该 key 的变化。

```
> SET order:books 100
OK
> WATCH order:books
OK
> MULTI
OK
(TX)> DECR order:books
QUEUED
(TX)> EXEC
(nil)
```

在客户端 A 执行 EXEC 命令之前，客户端 B 执行如下命令修改数据。

```
> DECR order:books
(integer) 99
```

客户端 A 执行 EXEC 命令，发现事务中的命令并没有被执行，事务取消，保证隔离性。

```
(TX)> EXEC
(nil)
> GET order:books
"99"
```

综上所述，如果存在竞争条件，并且在调用 WATCH 和调用 EXEC 命令之间有另一个客户端修改 order:books 的结果，则终止事务执行，如图 4-1 所示。

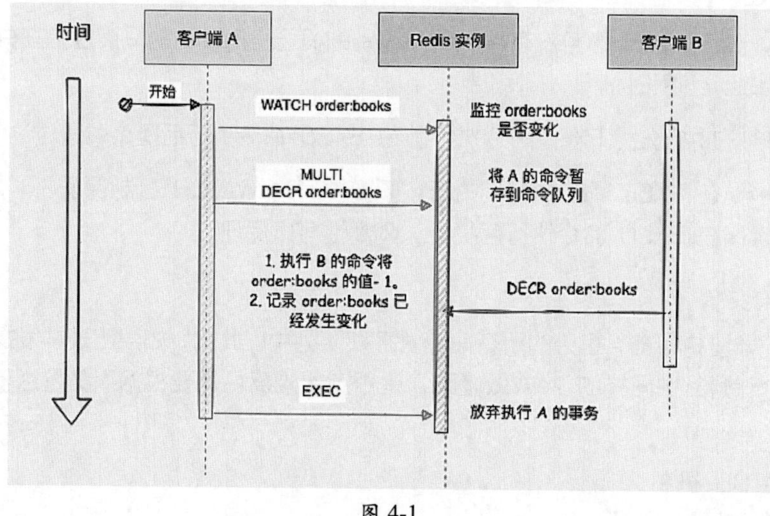

图 4-1

未使用 WATCH 机制

如果没有 WATCH 机制，则在 EXEC 命令执行前存在并发操作对同样的 key 做写操作，Redis 事务不能保证隔离性，如图 4-2 所示。这里不再演示代码，你只需要把上文的 WATCH 代码去掉即可。

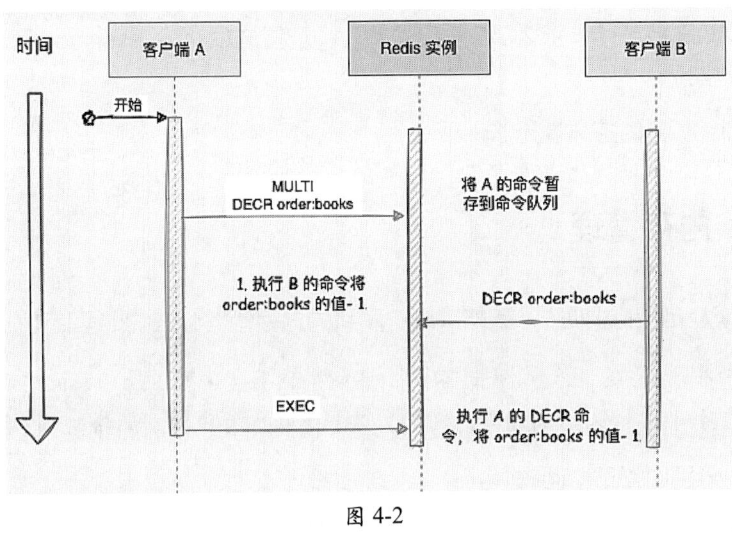

图 4-2

EXEC 命令执行后

因为 Redis 是用单线程执行命令，在 EXEC 命令执行后，Redis 会保证先把事务队列中的所有命令执行完再执行其他命令。这样就可以保证事务的隔离性，如图 4-3 所示。

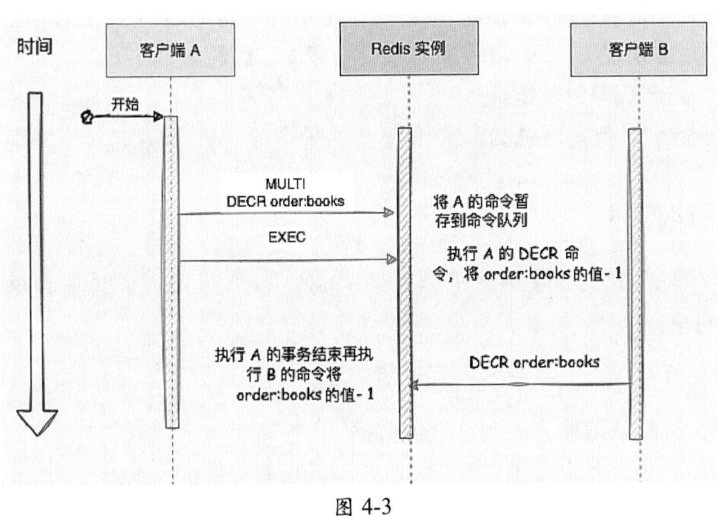

图 4-3

4. 持久性

如果 Redis 没有开启 RDB 快照或 AOF 持久化，那么事务肯定不能保证持久性。

如果开启 RDB 快照，那么在一个事务执行完成后，下一个 RDB 文件还未执行前，突然发生宕机，数据就会丢失，无法保证持久性。

如果开启 AOF 持久化，那么 AOF 模式的三种配置选项 no、everysec 和 always 都可能存在丢失数据的情况。

综上，Redis 事务的持久性无法保证。

4.2 Redis 内存管理

通过内存淘汰策略和过期删除策略来聊一聊我的内存管理心法。此等武功在手，天下我有。

谢霸戈："可以通过一些配置项限制 Redis 占用的内存资源吗？当 Redis 内存不足时会发生什么？配置过期时间的 key 达到过期时间时，是如何从内存中将它删除的呢？"

先说结论，分别回答三个问题。

◎ 可以通过 redis.conf 配置 maxmemory 4gb 限制我的最大内存使用量。需要注意的是，如果 maxmemory 为 0，则在 64 位操作系统上没有限制，而在 32 位操作系统上有 3GB 的隐式限制。

◎ 当 Redis 主库内存超过限制时，命令处理会触发数据淘汰机制淘汰数据，该机制由 maxmemory-policy 配置的策略来控制，直到内存使用量小于限制阈值或者拒绝服务。

◎ 并不会马上删除，Redis 有两种删除过期数据的策略。

- 定时任务选取部分数据删除。
- 惰性删除：当有客户端请求该 key 时，检查该 key 是否过期，如果过期，则删除。

4.2.1 淘汰策略概述

淘汰的目标数据可分为数据库中有 key-value 的数据和数据库中配置了过期时间的 key-value 数据两种。

针对这两种目标数据，一共有 8 种淘汰策略。

◎ noeviction：默认策略，不淘汰任何数据。

◎ allkeys-lru：使用近似 LRU 算法淘汰长时间没有使用的 key。

◎ allkeys-lfu：使用近似 LFU 算法，保留常用的键，淘汰数据库中最不常用的键。

◎ volatile-lru：使用近似 LRU 算法淘汰配置了过期时间，最近最少使用的 key。

◎ volatile-lfu：使用近似 LFU 算法淘汰配置了过期时间，使用频率最低的 key。
◎ allkeys-random：对所有 key 随机淘汰，为添加的新数据腾出空间。
◎ volatile-random：随机淘汰配置了过期时间的 key。
◎ volatile-ttl：淘汰最接近过期时间的 key，越早过期的越先被淘汰。

需要注意的是，LRU、LFU 和 volatile-ttl 都是使用近似随机算法来采样数据并进行淘汰的。

谢霸戈："这么多内存淘汰策略，我怎么记得住呀？"

莫慌，我们可以用两个维度、四个算法来考虑。

两个维度。

◎ 对 key 配置了过期时间。
◎ 对所有 key。

四个算法。

◎ LRU：最近最少使用。
◎ LFU：使用频率最低。
◎ Random：随机。
◎ Ttl：最接近过期时间。

1. 淘汰策略如何选择

allkeys-random 的使用场景

如果数据没有明显的冷热分别，所有的数据分布查询比较均衡，都会被随机查询，就使用 allkeys-random 策略，让其随机淘汰数据。

volatile-lru 和 allkeys-lru 的使用场景

使用 volatile-lru 策略时，业务场景中有一些数据不能淘汰，例如置顶新闻和视频。这时，只要我们不为这些数据配置过期时间，数据就不会被淘汰，该策略会根据 LRU 算法淘汰那些配置了过期时间且最近最少被访问的数据。

allkeys-lru 策略的使用场景是所有的数据都可以淘汰，不管数据是否配置了过期时间，都会按照最近最少被访问的原则淘汰。

对于需要确保数据不能淘汰和全部数据都可以淘汰的业务系统，分别使用不同的 Redis 集群是更好的方案。

volatile-lfu 和 allkeys-lfu 的使用场景

volatile-lfu 和 allkeys-lfu 适用于业务场景访问频率差异明显，且可以淘汰低频数据的场景。

2. 数据淘汰过程概述

淘汰数据的过程如图 4-4 所示。

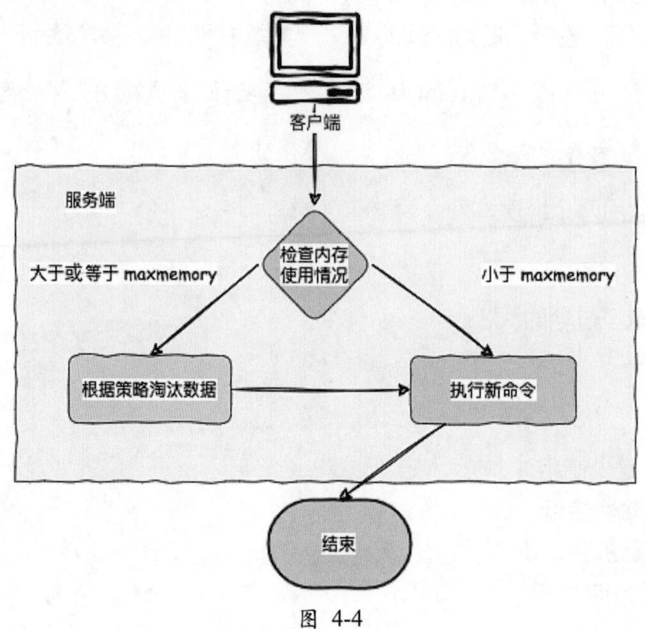

图 4-4

（1）客户端将新命令发送到服务端。

（2）服务端收到客户端命令，Redis 检查内存使用量，如果大于或等于 maxmemory 限制，则根据 maxmemory-policy 配置的策略来淘汰数据。

（3）如果内存使用量小于 maxmemory 限制，则执行新命令。

Redis 处理新命令并执行淘汰策略的源码位于 server.c 的 processCommand 方法中。重点关注 int out_of_memory = (performEvictions() == EVICT_FAIL); 该方法源码位于 evict.c 中，主要功能是检查内存使用量是否超过 maxmemory 的限制，如果超过则尝试通过淘汰策略释放内存。

如果淘汰了一部分数据后内存使用量依然超过限制，就会启动 aeTimeProc 定时任务继续调用 performEvictions()淘汰数据，直到内存使用量小于限制或无法淘汰。截取部分基于 Redis 7.0 的源码如下。

```
int processCommand(client *c) {
    // 省略部分代码

    if (server.maxmemory && !isInsideYieldingLongCommand()) {
       // 内存使用量超过限制，调用 performEvictions() 检测内存使用量，根据策略淘汰数据
        int out_of_memory = (performEvictions() == EVICT_FAIL);
```

```
            trackingHandlePendingKeyInvalidations();

            if (server.current_client == NULL) return C_ERR;
            int reject_cmd_on_oom = is_denyoom_command;
            /* 如果客户端处于 MULTI/EXEC 上下文，那么入队操作可能消耗无限制的内存，因此我们希
望阻止这种情况发生。然而，我们绝不希望拒绝 DISCARD 操作，毕竟这会取消事务执行，减少内存占用*/
            if (c->flags & CLIENT_MULTI &&
                c->cmd->proc != execCommand &&
                c->cmd->proc != discardCommand &&
                c->cmd->proc != quitCommand &&
                c->cmd->proc != resetCommand) {
                reject_cmd_on_oom = 1;
            }

          // 内存溢出，调用 rejectCommand 拒绝命令执行
            if (out_of_memory && reject_cmd_on_oom) {
                rejectCommand(c, shared.oomerr);
                return C_OK;
            }
            server.pre_command_oom_state = out_of_memory;
        }
    }
```

3. 淘汰策略原理

下面从简单到复杂，分别介绍每种淘汰策略的实现原理。淘汰策略源码位于 evict.c 的 performEvictions 方法中。

不淘汰策略

Noeviction，默认策略，不淘汰任何数据。当内存达到配置的最大值时，所有需要申请内存的操作都会返回 oomerr 错误，服务支持读操作，少数写命令可以执行，例如 DEL 和 unlink 可以降低内存使用量的写命令。

◎ 32 位操作系统没有配置 maxmemory，系统默认最大值是 3GB。

◎ 64 位操作系统没有配置 maxmemory，没有限制。Linux 操作系统通过虚拟内存管理物理内存，进程可以使用超过物理内存大小的值，只不过这时物理内存与磁盘会频繁地进行 swap 操作，严重影响性能。

对于 32 位操作系统，配置默认淘汰策略和最大内存限制的源码位于 server.c 的 initServer 方法中。

```
    void initServer(void) {
        // 省略其他源码
        if (server.arch_bits == 32 && server.maxmemory == 0) {
            serverLog(LL_WARNING,"Warning: 32 bit instance detected but no memory
limit set. Setting 3 GB maxmemory limit with 'noeviction' policy now.");
```

```
        // 限制最大内存
          server.maxmemory = 3072LL*(1024*1024); /* 3 GB */
        // 配置淘汰策略为 noeviction
          server.maxmemory_policy = MAXMEMORY_NO_EVICTION;
        // 省略其他源码
    }
}
```

随机淘汰策略

allkeys-random 和 volatile-random 都属于随机淘汰策略，使用 next_db 变量逐步访问所有数据库，每个数据库都有机会进行淘汰，而不是只在一个数据库中淘汰数据。随机选择一个名称为 bestkey 的 key 和数据库索引 bestdbid，退出本次循环，之后删除选出来的 key。

```
int performEvictions(void) {
         // 省略其他代码
  while (mem_freed < (long long)mem_tofree) {
    // 省略其他代码

        else if (server.maxmemory_policy == MAXMEMORY_ALLKEYS_RANDOM ||
                server.maxmemory_policy == MAXMEMORY_VOLATILE_RANDOM)
        {

            for (i = 0; i < server.dbnum; i++) {
                j = (++next_db) % server.dbnum;
                db = server.db+j;
                dict = (server.maxmemory_policy == MAXMEMORY_ALLKEYS_RANDOM) ?
                        db->dict : db->expires;
                if (dictSize(dict) != 0) {
                  // 随机选择一个 key
                    de = dictGetRandomKey(dict);
                   // key 名称
                    bestkey = dictGetKey(de);
                  // 数据库索引
                    bestdbid = j;
                    break;
                }
            }
        }
    // 省略其他代码
  }
         // 省略其他代码
}
```

采样淘汰

对于 volatile-ttl、volatile-lru、volatile-lfu、allkeys-lru 和 allkeys-lfu 淘汰策略，可以根据到期时间、LRU 和 LFU 淘汰数据，严格意义上来说，它们需要维护一些数据结构才能准确地筛选出目标数据。而 Redis 通过采样的方法实现近似的数据淘汰策略，并非严格意义上的 LRU 或者 LFU 算法。

例如，我们把所有的数据用一个链表维护。

◎ MRU：表示链表的表头，代表最近最常使用的数据。
◎ LRU：表示链表的表尾，代表最近最少使用的数据。

假设链表最大容量为 4 个格子，每个格子最多可以放 4 个字符，图 4-5 分别演示了数据“不能隔夜”“越存越香”被访问，以及插入数据“茫茫人海”触发数据淘汰的过程。

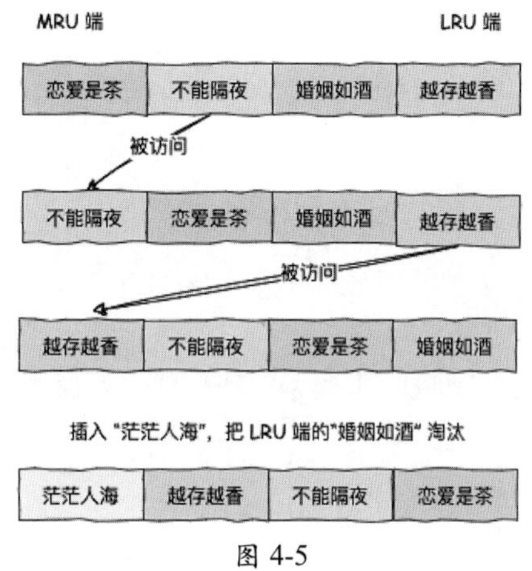

图 4-5

可以发现，LRU 更新和插入数据都发生在链表首，删除数据都发生在链表尾，被访问的数据会被移动到 MRU 端。

如果 Redis 使用该 LRU 算法管理所有的缓存数据，就会造成大量额外的空间消耗。除此之外，大量的节点被访问会带来频繁的链表节点移动操作，从而降低 Redis 的性能。

Redis 的 LRU 算法并不是真正的 LRU 算法，而是一种近似的 LRU 算法，该算法通过对少量的 key 采样避免全量采样导致内存消耗过大。主要通过以下步骤来淘汰 key。

（1）根据 maxmemory-samples 配置的值初始化一个样本池，默认配置是 5，也就是样本池大小为 5。

（2）遍历 Redis 内存数据，随机采集 5 个样本，按照 idle 值从小到大的顺序放入样本池（对 key 计算出一个 idle 值，用于确定插入样本池的位置）。

（3）遍历样本池，从里面选择优先级最高的 key 淘汰。

（4）当成功选择了要淘汰的 key 后，从样本池中移除该 key。

（5）通过 bestkey 变量返回选定的 key，执行淘汰逻辑。

很明显，样本越大，越接近于真实的 LRU 算法。根据实践经验，maxmemory_samples 的默认值 5 已经比较高效，当 maxmemory_samples 为 10 时，会非常接近 LRU 算法的效果。

扫描数据库，调用 evictionPoolPopulate 方法随机采样多个数据放入样本池，从样本池中取出 bestkey 进行淘汰，部分源码如下。

```
int performEvictions(void) {
    ...

    while (mem_freed < (long long)mem_tofree) {
      if (server.maxmemory_policy & (MAXMEMORY_FLAG_LRU|MAXMEMORY_FLAG_LFU) ||
          server.maxmemory_policy == MAXMEMORY_VOLATILE_TTL)
        {
          struct evictionPoolEntry *pool = EvictionPoolLRU;

          while (bestkey == NULL) {
              unsigned long total_keys = 0, keys;

              /*遍历所有数据库*/
              for (i = 0; i < server.dbnum; i++) {
                  db = server.db+i;
                // 从配置过期时间的 key 中扫描，或者扫描所有 key
                  dict = (server.maxmemory_policy & MAXMEMORY_FLAG_ALLKEYS) ?
                          db->dict : db->expires;

                  if ((keys = dictSize(dict)) != 0) {
                    // 随机采样多个数据并放入样本池
                      evictionPoolPopulate(i, dict, db->dict, pool);
                      total_keys += keys;
                  }
              }
              if (!total_keys) break; /* No keys to evict. */

              /* 从右到左遍历样本池，查找需要淘汰的 key */
              for (k = EVPOOL_SIZE-1; k >= 0; k--) {
                  if (pool[k].key == NULL) continue;
                  bestdbid = pool[k].dbid;

                  if (server.maxmemory_policy & MAXMEMORY_FLAG_ALLKEYS) {
                      de = dictFind(server.db[bestdbid].dict,
                          pool[k].key);
                  } else {
                      de = dictFind(server.db[bestdbid].expires,
                          pool[k].key);
                  }

                  /* 从样本池中移除选中的 key */
                  if (pool[k].key != pool[k].cached)
                      sdsfree(pool[k].key);
                  pool[k].key = NULL;
```

```
                pool[k].idle = 0;

                /* key 存在，跳出循环 */
                if (de) {
                    bestkey = dictGetKey(de);
                    break;
                } else {
                    /* Ghost... Iterate again. */
                }
            }
        }
    }
}

}
```

采样核心流程：遍历 Redis 内存数据，每个数据库随机采集 maxmemory_samples 个样本放入样本池，通过计算 idle 值来确定样本插入的位置，样本池的 key 会按照 idle 值从小到大排序（数组从左到右存储）。

经过多次循环采样，样本池中一定存储着 idle 最大的、优先级最高的待淘汰的 key。采样流程和源码如图 4-6 所示。

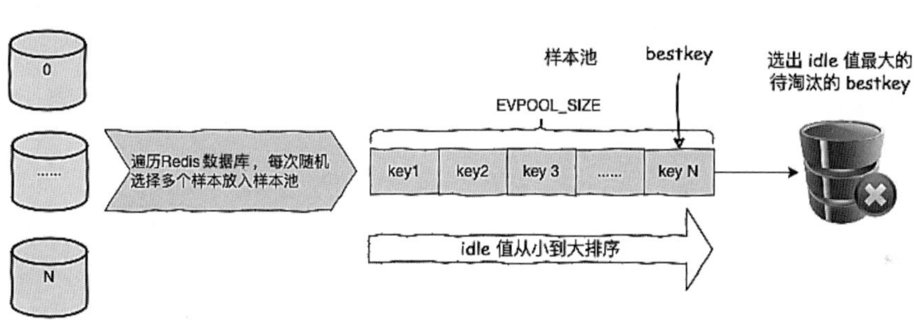

图 4-6

随机采样并计算 idle 值，确定样本插入位置的核心源码如下。

```
    void evictionPoolPopulate(int dbid, dict *sampledict, dict *keydict, struct
evictionPoolEntry *pool) {
        int j, k, count;
        dictEntry *samples[server.maxmemory_samples];
            // 随机采样多个 key
        count = dictGetSomeKeys(sampledict,samples,server.maxmemory_samples);
        // 分别计算每个 key 的 idle 值，用于确定样本插入的位置
        for (j = 0; j < count; j++) {
          ...

           /* 计算评分 idle，表示淘汰优先级，分值越高意味着越先淘汰*/
```

```
        if (server.maxmemory_policy & MAXMEMORY_FLAG_LRU) {
          // 近似 LRU 算法，淘汰最长时间没有使用的数据
            idle = estimateObjectIdleTime(o);
        } else if (server.maxmemory_policy & MAXMEMORY_FLAG_LFU) {
            /* 淘汰使用频率低的数据*/
            idle = 255-LFUDecrAndReturn(o);
        } else if (server.maxmemory_policy == MAXMEMORY_VOLATILE_TTL) {
            /* 淘汰最接近过期时间的数据 */
            idle = ULLONG_MAX - (long)dictGetVal(de);
        } else {
            serverPanic("Unknown eviction policy in evictionPoolPopulate()");
        }

        /* 将采集的 key 放入 pool 数组,在其中需要找到合适的位置,满足 pool[k].key == NULL
或者 idle < pool[k].idle */
        k = 0;
        while (k < EVPOOL_SIZE &&
               pool[k].key &&
               pool[k].idle < idle) k++;
        if (k == 0 && pool[EVPOOL_SIZE-1].key != NULL) {
            /* pool 满了，本次采样找不到合适的位置插入 */
            continue;
        } else if (k < EVPOOL_SIZE && pool[k].key == NULL) {
            /* 找到合适的位置插入，不需要移动数组其他元素 */
        } else {
            /* 还有闲置空间，但是需要将数据插入指定位置  */
            if (pool[EVPOOL_SIZE-1].key == NULL) {

                sds cached = pool[EVPOOL_SIZE-1].cached;
                memmove(pool+k+1,pool+k,
                    sizeof(pool[0])*(EVPOOL_SIZE-k-1));
                pool[k].cached = cached;
            } else {
                // pool 数组没有空间，删除 idle 最小的元素，因为 idle 值越大淘汰优先级越高
                k--;

                sds cached = pool[0].cached;
                if (pool[0].key != pool[0].cached) sdsfree(pool[0].key);
                memmove(pool,pool+1,sizeof(pool[0])*k);
                pool[k].cached = cached;
            }
        }

        /* 尝试重复使用淘汰池中预分配的内存空间，因为内存的分配和销毁开销大*/
        int klen = sdslen(key);
        if (klen > EVPOOL_CACHED_SDS_SIZE) {
            pool[k].key = sdsdup(key);
        } else {
            memcpy(pool[k].cached,key,klen+1);
```

```
            sdssetlen(pool[k].cached,klen);
            pool[k].key = pool[k].cached;
        }
        pool[k].idle = idle;
        pool[k].dbid = dbid;
    }
}
```

4.2.2　过期删除策略

使用 EXPIRE key seconds [NX | XX | GT | LT] 命令可以为 key 配置过期时间，如果没有配置过期时间，那么 key 将一直存在，除非我们明确将其删除，例如执行 DEL 命令。

从 Redis 7.0.0 开始，EXPIRE 添加了 NX、XX、GT 和 LT 选项。

◎ NX：当 key 未过期时就配置过期时间。
◎ XX：当 key 过期时才配置过期时间。
◎ GT：当新配置的过期时间大于当前过期时间时才配置。
◎ LT：当新配置的过期时间小于当前过期时间时才配置。

Chaya："前面介绍的是在 Redis 内存占满的情况下淘汰数据的策略。在内存未被占满时，你如何把过期的 key-value 数据删除以优化内存占用量呢？"

我不会立即删除过期的 key，为了保证系统的高性能，会同时根据以下两种策略删除。

◎ 惰性删除：当 key 被访问时，检查 key 的过期时间，若已过期则删除。
◎ 定期删除：每隔一段时间随机检查配置了过期时间的 key，删除已过期的数据。

1. 惰性删除

惰性删除很简单，就是当有客户端的请求查询该 key 时，检查 key 是否过期，如果过期，则删除该 key。

例如，Redis 收到客户端的"GET 人生若只如初见"请求，会先检查" key = 人生若只如初见"是否已经过期，如果过期就删除。删除过期数据的主动权交给了每次访问请求。

该过程是通过 expireIfNeeded 函数实现的，源码路径为 src/db.c。

```
int expireIfNeeded(redisDb *db, robj *key, int flags) {
  // 检查 key 是否过期，未过期则返回 0
    if (!keyIsExpired(db,key)) return 0;

   // 如果是 slave，则不执行主动删除，由 master 给 slave 发送 DEL 命令删除过期的 key
    if (server.masterhost != NULL) {
        if (server.current_client == server.master) return 0;
        if (!(flags & EXPIRE_FORCE_DELETE_EXPIRED)) return 1;
    }
```

```
    if (flags & EXPIRE_AVOID_DELETE_EXPIRED)
        return 1;


    if (checkClientPauseTimeoutAndReturnIfPaused()) return 1;

    // 删除 key，并在节点广播删除过期 key 事件
    deleteExpiredKeyAndPropagate(db,key);
    return 1;
}
```

2. 定期删除

Chaya："如果某个 key 一直没有被访问，岂不是一直保存在内存中？"

这个问题问得好。仅靠客户端访问来判断 key 是否过期并执行删除操作肯定不够，因为有的 key 虽然过期了，但是一直没被访问，不能让这些数据"占据资源不干事"。

这时就要用到定期删除了，也就是 Redis 默认每秒执行 10 次（每 100 ms 执行一次），每次随机抽取 20 个配置了过期时间的 key，检查它们是否过期，如果过期就直接删除。具体步骤如图 4-7 所示。

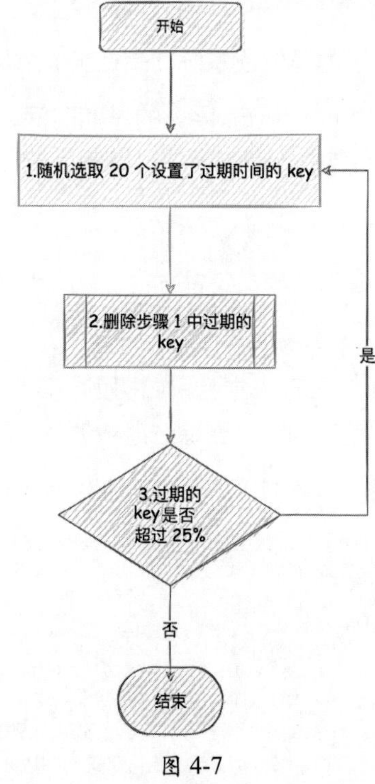

图 4-7

Chaya："为什么不检查所有配置了过期时间的 key？"

你想呀，假设 Redis 里存放了一百万个 key，它们都配置了过期时间，如果每隔 100 ms 就全部检查一次，CPU 就全浪费在检查过期 key 上了，我也就废了。

注意：不管是定时删除，还是惰性删除，当数据被删除后，master 都会生成删除的命令并记录到 AOF 和 slave 上。

Chaya："如果过期的数据太多，通过定时删除难以保证效果（每次删除完，过期的 key 占比还是超过 25%），那么会怎样？会不会导致你的内存耗尽？怎么破？"

这个问题问得好，答案是使用 Redis 配置的淘汰策略删除数据，具体原理在 4.2.1 节介绍。

3. 过期与 RDB 持久化

key 的过期信息是用 UNIX 绝对时间戳表示的。为了让过期操作正常执行，机器之间的时间必须保证稳定同步，否则会出现过期时间不准的情况。

例如，两台时钟严重不同步的机器进行 RDB 传输，slave 的时间比实际提前 2000 s，假设 master 的一个 key 配置的生存时间是 1000s，当 slave 加载 RDB 时就会认为该 key 超时（因为 slave 的时间配置比实际提前 2000s），但实际上它并未超时，如图 4-8 所示。

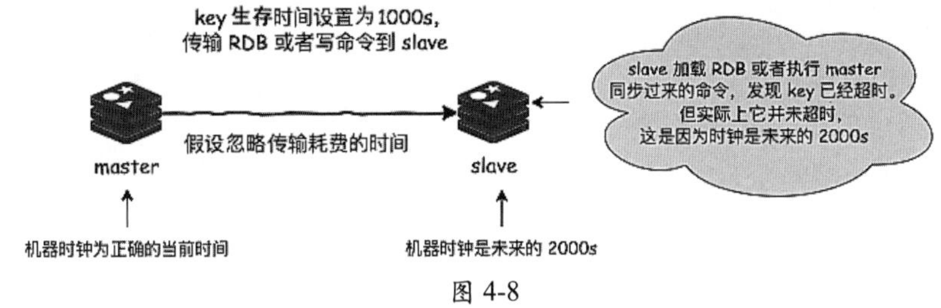

图 4-8

4. AOF 和 RDB 是否存储已过期的 key

当 Redis 中的 key 已过期但是未被删除时，Redis 并不会把过期的 key 持久化到 RDB 文件或 AOF 文件中。

为了确保一致性，在 AOF 文件中，当 key 过期时，会生成一个 DEL 命令存储。slave 不会主动删除过期的 key，除非晋升为 master 或者收到 master 发送过来的 DEL 命令。

4.3 Redis 事件驱动：文件和时间的协奏曲

Redis 服务器是一个事件驱动程序，需要处理两类事件：文件事件（file event）和时间事件（time event），也就是关注网络 I/O 和周期定时任务。

4.3.1 Redis server 启动入口

Redis 使用 C 语言开发，软件启动通常放在 main 函数中。main 函数源码定义在 server.c 中，这里省略一些代码，只保留关键步骤，看起来清爽多了。如果想研究全部细节 debug，就请回到第 1 章搭建一个源码调试环境。

```
int main(int argc, char **argv) {

  // 省略部分代码

   /* 阶段一：初始化服务器，例如 Redis 的配置、时区*/

   setlocale(LC_COLLATE,"");
   init_genrand64(((long long) tv.tv_sec * 1000000 + tv.tv_usec) ^ getpid());
   crc64_init();
   umask(server.umask = umask(0777));
   ACLInit();
   moduleInitModulesSystem();
   tlsInit();

    // 省略部分初始化代码

   // 如果是哨兵模式则加载哨兵配置并初始化哨兵
   if (server.sentinel_mode) {
      initSentinelConfig();
      initSentinel();
   }

   /*阶段二：加载配置文件*/
   // 检查是否在运行 redis-check-rdb 或 redis-check-aof，如果是就执行对应的检查逻辑
   if (strstr(exec_name,"redis-check-rdb") != NULL)
      redis_check_rdb_main(argc,argv,NULL);
   else if (strstr(exec_name,"redis-check-aof") != NULL)
      redis_check_aof_main(argc,argv);
      // 省略部分代码
      while(j < argc) {

        // 省略部分代码

      // 加载所有配置文件：来自磁盘、命令输入等
      loadServerConfig(server.configfile, config_from_stdin, options);
      if (server.sentinel_mode) loadSentinelConfigFromQueue();
      sdsfree(options);
   }

   /* 阶段三：初始化服务器，初始化处理模块、加载 AOF 文件、加载 RDB 文件等*/
   initServer();

...
```

```
    moduleInitModulesSystemLast();
    moduleLoadFromQueue();

    aofLoadManifestFromDisk();
    loadDataFromDisk();
    ...

     /* 阶段四：事件驱动框架，重点*/
    aeMain(server.el);
    aeDeleteEventLoop(server.el);
    return 0;
}
```

（1）阶段一：初始化服务器。配置一些初始变量，例如内存分配错误处理函数，初始化随机种子、时钟、CRC64 计算。

（2）阶段二：加载配置文件。检查是否在运行 redis-check-rdb 或 redis-check-aof，如果是就执行对应的检查逻辑。

（3）阶段三：初始化服务器。完成解析和各种初始化配置后，调用 initServer 运行时的各种资源进行初始化。此外，还会初始化模块、加载 AOF 文件、从磁盘加载 RDB 文件等。

（4）阶段四：事件驱动框架，也就是事件驱动的主角，它能够处理高并发客户端请求。该框架启动后，只要“地球没爆炸”，就一直循环，每次循环都会处理一批网络连接、读/写事件和定时任务。

事件驱动框架 aeMain

事件驱动框架处理以下两类事件。

◎ 文件事件：处理 Redis 服务器与客户端之间的网络 I/O（客户端连接请求、读取客户端内容、将命令执行后的结果写回客户端）。

◎ 时间事件：定期删除过期 key、AOF 定时刷写到磁盘；周期性的后台任务，例如 AOF 文件重写，定时生成 RDB 文件等。

aeMain 函数定义在 ae.c 源码中。

```
void aeMain(aeEventLoop *eventLoop) {
    eventLoop->stop = 0;
    while (!eventLoop->stop) {
        aeProcessEvents(eventLoop, AE_ALL_EVENTS|
                                   AE_CALL_BEFORE_SLEEP|
                                   AE_CALL_AFTER_SLEEP);
    }
}
```

好家伙，映入眼帘的是一个以 while 主循环开头的持续监听 aeEventLoop。aeEventLoop

里面包含了需要处理的文件事件或时间事件相关数据，结构体定义在 ae.h 源码文件中。

```
typedef struct aeEventLoop {
    int maxfd;// 注册的文件描述符最大值
    int setsize; /* 监听的文件描述符数量*/
    long long timeEventNextId;// 下一个时间事件的唯一标识符
                              // 每次创建时间事件时，此标识符都会递增
    aeFileEvent *events; /* 已注册的文件事件数组。每个元素都是一个 aeFileEvent 结构体，
表示一个文件事件*/
    aeFiredEvent *fired; /* 触发的事件数组 */
    aeTimeEvent *timeEventHead; // 时间事件链表的表头
    int stop;
    void *apidata;
    aeBeforeSleepProc *beforesleep; // 在事件循环进入休眠之前调用的回调函数
    aeBeforeSleepProc *aftersleep;// 在事件循环唤醒之后调用的回调函数
    int flags;
} aeEventLoop;
```

循环体里面只有一个 aeProcessEvents 函数，用来处理文件事件或者时间事件。为了防止陷入细节，我省略了部分代码，只保留主干，让你能愉快地在知识的海洋里徜徉。我们进入 aeProcessEvents 函数，看看它做了哪些事。

```
int aeProcessEvents(aeEventLoop *eventLoop, int flags)
{
    int processed = 0, numevents;

    /* 1. 检查是否有时间事件和文件事件需要处理，如果没有则直接返回*/
    if (!(flags & AE_TIME_EVENTS) && !(flags & AE_FILE_EVENTS)) return 0;

        //省略部分代码

        /* 2. I/O 多路复用，从内核取出就绪的 I/O 事件（可读事件、可写事件） */
        numevents = aeApiPoll(eventLoop, tvp);

       //省略部分代码

    // 文件事件和时间事件至少有一种需要处理，进入分支
    if (eventLoop->maxfd != -1 ||
        ((flags & AE_TIME_EVENTS) && !(flags & AE_DONT_WAIT))) {

       //省略部分代码
        /* 3. 遍历就绪的 I/O 事件，依次处理*/
        for (j = 0; j < numevents; j++) {
            int fd = eventLoop->fired[j].fd;
            aeFileEvent *fe = &eventLoop->events[fd];
            int mask = eventLoop->fired[j].mask;
            int fired = 0;
            int invert = fe->mask & AE_BARRIER;
```

```
            // 3.1 将可读事件分派给 rfileProc 处理
            if (!invert && fe->mask & mask & AE_READABLE) {
                fe->rfileProc(eventLoop,fd,fe->clientData,mask);
                fired++;
                fe = &eventLoop->events[fd]; */
            }

            // 3.2 将可写事件分派给 wfileProc 处理
            if (fe->mask & mask & AE_WRITABLE) {
                if (!fired || fe->wfileProc != fe->rfileProc) {
                    fe->wfileProc(eventLoop,fd,fe->clientData,mask);
                    fired++;
                }
            }

            /* 3.3 通常先执行可读事件，再执行可写事件，如果配置了 invert 标志则反转顺序，
先写后读*/
            if (invert) {
                fe = &eventLoop->events[fd];
                if ((fe->mask & mask & AE_READABLE) &&
                    (!fired || fe->wfileProc != fe->rfileProc))
                {
                    fe->rfileProc(eventLoop,fd,fe->clientData,mask);
                    fired++;
                }
            }

            processed++;
        }
    }
    /* 4. 检查是否需要处理时间事件，调用 processTimeEvents 函数处理 */
    if (flags & AE_TIME_EVENTS)
        processed += processTimeEvents(eventLoop);

   // 返回处理的事件数量
    return processed;
}
```

aeMain 函数一直循环调用 aeProcessEvents 函数来进行文件事件和时间事件的分发和执行，aeEventLoop 用于保存事件的相关信息。

进入 aeProcessEvents 函数调用 aeApiPoll I/O 多路复用，检查是否有就绪的 I/O 事件（连接事件、读事件、写事件），将可读事件分派给 rfileProc 处理，将可写事件分派给 wfileProc 处理。

检查是否需要处理时间事件，如果需要则调用 processTimeEvents 函数处理。整个过程如图 4-9 所示。

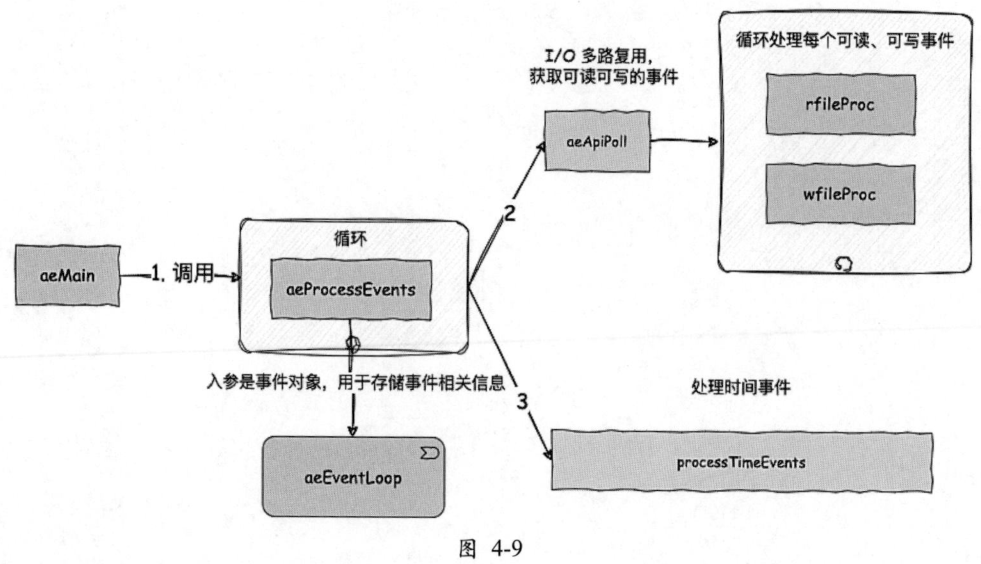

图 4-9

4.3.2 文件事件

Redis 基于 Reactor 模式开发了一个 I/O 事件处理器，也就是文件事件处理器。该处理器基于操作系统提供的 I/O 多路复用技术实现了一个非常简便且高性能的时间驱动处理器，主要由 socket 套接字、I/O 多路复用程序、文件事件分配器和事件处理器 4 部分组成，如图 4-10 所示。

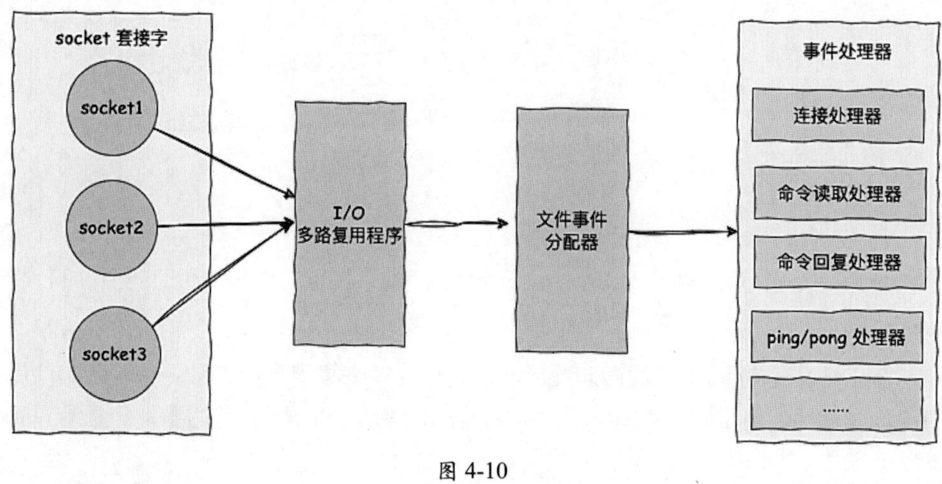

图 4-10

文件事件用于抽象 socket，当 socket 达到就绪状态时（accept、read、write 和 close 等），就会创建对应的文件事件。

I/O 多路复用会监听多个 socket，并把生成的文件事件传递给文件事件分配器，事件分配器就会调用每个事件关联的处理器来处理事件。

4.3.3　时间事件

Redis 时间事件分为定时事件和周期性事件，时间事件由源码 ae.h 的 aeTimeEvent 结构体抽象。

```
typedef struct aeTimeEvent {
    long long id; // 全局唯一 ID
    // 精确到秒的 UNIX 时间戳，记录时间事件到达的时间
    monotime when;
   // 时间事件触发时调用的处理函数（回调函数）
    aeTimeProc *timeProc;
    aeEventFinalizerProc *finalizerProc;
   // 传递给时间事件处理函数的数据
    void *clientData;
    // 时间事件形成一个双向链表，它的两个指针分别用于连接链表中的前一个和后一个事件
    struct aeTimeEvent *prev;
    struct aeTimeEvent *next;
    int refcount;
} aeTimeEvent;
```

ae.c 中的 processTimeEvents 函数是处理时间事件的入口，会把所有的时间事件放在一个无序双向链表中，每当事件执行器运行时就遍历整个链表，找到时间到达的事件并调用事件关联的 aeTimeProc 回调函数。

```
static int processTimeEvents(aeEventLoop *eventLoop) {

    // 省略部分代码
    // 遍历时间事件链表
    while(te) {
        long long id;

        /* 移除已标记为删除的时间事件 */
        if (te->id == AE_DELETED_EVENT_ID) {
            aeTimeEvent *next = te->next;
            /* 如果存在对该定时器事件的引用，则不释放该 aeTimeEvent */
            if (te->refcount) {
                te = next;
                continue;
            }
            if (te->prev)
                te->prev->next = te->next;
            else
                eventLoop->timeEventHead = te->next;
            if (te->next)
                te->next->prev = te->prev;
```

```
            if (te->finalizerProc) {
                te->finalizerProc(eventLoop, te->clientData);
                now = getMonotonicUs();
            }
            // 释放被删除的时间事件占用的内存
            zfree(te);
            te = next;
            continue;
        }

        /* 确保不处理在这次迭代中由时间事件创建的时间事件 */
        if (te->id > maxId) {
            te = te->next;
            continue;
        }

        // 处理已到期的时间事件
        if (te->when <= now) {
            int retval;

            id = te->id;
            te->refcount++;
            retval = te->timeProc(eventLoop, id, te->clientData);
            te->refcount--;
            processed++;
            now = getMonotonicUs();
           // 如果时间事件的处理函数返回值不是 AE_NOMORE
           // 则更新下一次到期时间并重新加入时间事件链表
            if (retval != AE_NOMORE) {
              // 更新下一次到期时间的时间间隔，retval 是时间回调函数的返回值
                te->when = now + retval * 1000;
            } else {
               // 否则标记为删除
                te->id = AE_DELETED_EVENT_ID;
            }
        }
        te = te->next;
    }
    return processed;
}
```

这个函数的作用是处理 Redis 事件循环中的时间事件，其中包括删除过期的事件、调用事件处理函数等，具体步骤如下。

（1）遍历时间事件链表。

（2）如果发现时间事件被标记为删除，则将其从链表中移除，并调用相应的函数。

（3）如果时间事件的处理函数返回值不是 AE_NOMORE 而是 -1，则修改下一次到期时间

的时间间隔重新将其加入链表，从而实现时钟定期执行的效果。

（4）返回处理的时间事件数量。

Chaya：“服务器的第一个时间事件是如何创建出来的？”

这个问题问得好。在 Redis server 启动过程中 initServer 方法初始化服务器资源时，会调用 aeCreateTimeEvent 方法创建时间事件。

```
void initServer(void) {
    // 省略部分代码
    if (aeCreateTimeEvent(server.el, 1, serverCron, NULL, NULL) == AE_ERR) {
        serverPanic("Can't create event loop timers.");
        exit(1);
    }
    // 省略部分代码
}
```

重点关注该时间事件配置的处理函数 serverCron，定时器核心逻辑都在里面，例如生成 AOF、bgsave 生成 RDB 文件、AOF Rewrite、异步回收关闭的连接、对配置了过期时间的 key-value 进行删除等。

该函数的返回值 retval = 1000/server.hz，只要该值不等于 -1，就把它作为下一次事件到期时间的时间间隔，重新将事件加入链表，这样无限循环下去，实现时钟定期执行的效果，如图 4-11 所示。该函数定义在 server.c 中，这里不再展示代码。

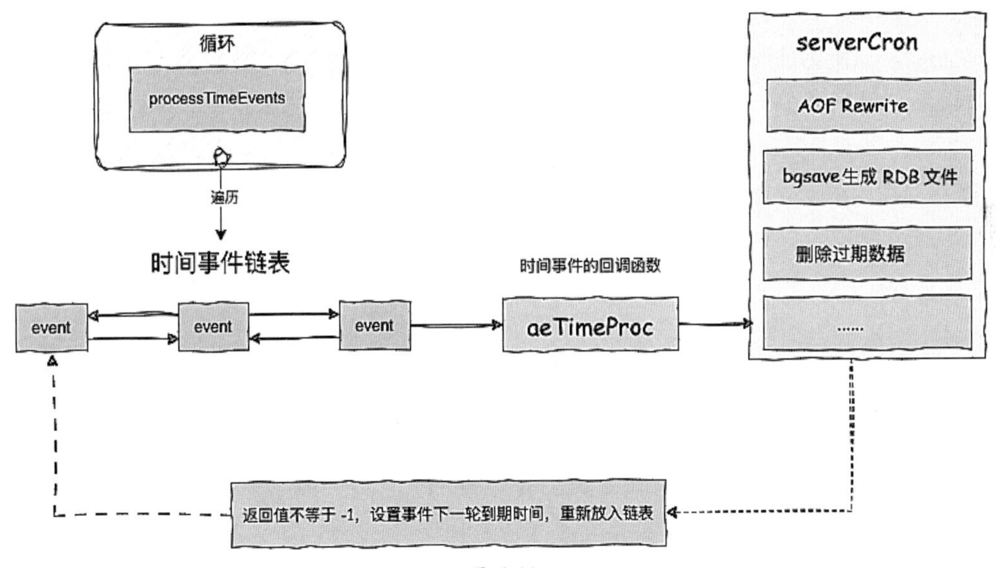

图 4-11

4.4 Redis 发布/订阅机制深度解析

吃瓜群众："漂亮小姐姐 Chaya 做了你的女朋友，你会通过什么方式将这个消息告诉你身边的好友？"

Chaya 的男朋友："当然是拍女朋友的美照加亲密照弄一个九宫格图文消息在朋友圈大肆宣传，暴击单身者。"

我们可以把 Chaya 的男朋友通过朋友圈发布消息，他的好友收到通知的场景叫作发布/订阅（Pus/Sub）机制。我通过 SUBSCRIBE、UNSUBSCRIBE 和 PUBLISH 实现发布/订阅机制。并提供了两种模式实现该机制，分别是"发布/订阅到频道"和"发布/订阅到模式"。

4.4.1 发布/订阅机制简介

Redis 的发布/订阅机制是一种消息通信模式：发布者通过 PUBLISH 发布消息，订阅者通过 SUBSCRIBE 订阅或通过 UNSUBSCRIBE 取消订阅。

发布/订阅到频道主要包含以下三部分。

◎ 发布者（Publisher）：发送消息到频道中，每次只能向一个频道发送一条消息。

◎ 订阅者（Subscriber）：可以同时订阅多个频道。

◎ 频道（Channel）：将发布者发布的消息转发给当前订阅此频道的订阅者。

发布者和订阅者属于客户端，频道属于 Redis 服务端，发布者将消息发布到频道，订阅这个频道的订阅者则收到消息。

如图 4-12 所示，三个码哥的粉丝作为"订阅者"订阅"ChannelA"频道，用于获取码哥在该频道发布的技术文章。

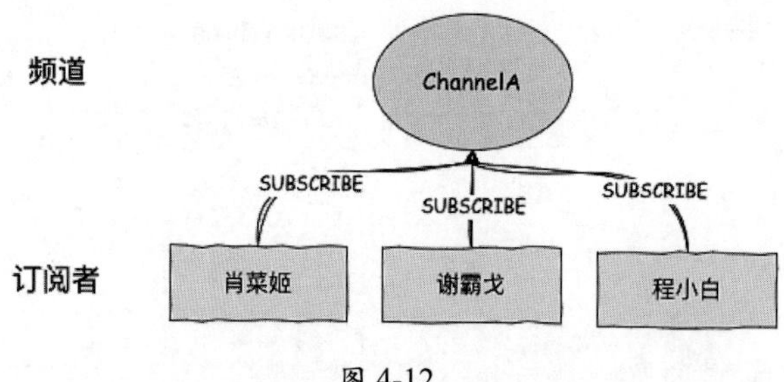

图 4-12

码哥将写好的技术文章通过"ChannelA"发布，消息的订阅者就会收到"关注码哥字节，提升技术"的消息，如图 4-13 所示。

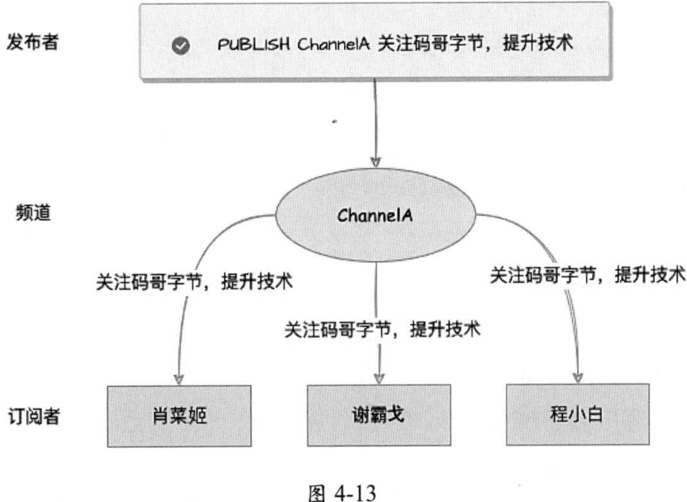

图 4-13

4.4.2 发布/订阅机制实战

废话不多说，学习一项技术，知道基本概念以后，第一步是用起来，接着才是探索原理，从而达到“知其然，知其所以然”的境界。

◎ 通过发布/订阅到频道（Channel）实现发布/订阅机制。

◎ 通过发布/订阅到模式（Pattern）实现发布/订阅机制。

需要注意的是，发布/订阅机制与 db 空间无关，例如在 db 10 发布，db 0 的订阅者也会收到消息。

1. 通过频道实现

通过频道实现发布/订阅机制包括以下步骤。

（1）订阅者订阅感兴趣的频道。

（2）发布者向特定频道发布消息。

（3）所有订阅该频道的订阅者收到消息。

订阅者订阅频道

使用 SUBSCRIBE channel [channel ...]命令订阅一个或者多个频道，$O(n)$ 时间复杂度，n = 订阅的频道数量。

```
SUBSCRIBE develop
Reading messages... (press Ctrl-C to quit)
1) "subscribe" // 消息类型
2) "develop" // 频道
```

```
3) (integer) 1 // 消息内容
```

执行该命令后，客户端就会进入订阅状态，进入该状态的客户端只能使用 SUBSCRIBE、UNSUBSCRIBE、PSUBSCRIBE 和 PUNSUBSCRIBE 这四个属于“发布/订阅”的命令。

客户端“肖菜姬”订阅了 develop 频道接收消息，进入订阅状态的客户端可能收到三种类型的回复，每种消息类型响应体中都包含三个值。

第一个值是消息类型，需要注意的是，消息类型不同，对应的第二个与第三个值表示的含义也不同。

- ◎ subscribe：订阅成功的反馈消息。第二个值是订阅成功的频道名称，第三个值是当前客户端订阅的频道数量。
- ◎ message：客户端接收到消息。第二个值是产生消息的频道名称，第三个值是消息的内容。
- ◎ unsubscribe：表示成功取消订阅某个频道。第二个值是对应的频道名称，第三个值是当前客户端订阅的频道数量，当此值为 0 时客户端会退出订阅状态，之后就可以执行其他非发布/订阅机制的命令了。

发布者发布消息

发布者使用 PUBLISH channel message 命令向指定的 develop 频道发布消息，命令的响应体“3”表示监听该频道的客户端数量。

```
PUBLISH develop 'do job'
(integer) 3
```

需要注意的是，发布的消息并不会被持久化，消息被 Redis 服务器发布后，如果订阅者无法处理消息（错误或者网络断开），则消息会永远丢失。消息发布之后，如果有新的订阅者订阅该频道，则只能接收后续发布到该频道的消息。好一个“不问过往，只争当下”。

订阅者接收消息

当有消息需要发布给订阅者时，Redis 服务端会调用 publishMessage 函数遍历订阅者集合，将消息发送给订阅了 develop 频道的订阅者。

```
// 订阅 develop 频道
SUBSCRIBE develop
Reading messages... (press Ctrl-C to quit)
1) "subscribe" // 订阅频道成功
2) "develop" // 频道
3) (integer) 1
// 当发布者发布消息时，订阅者读取到的消息如下
1) "message" // 接收到消息
2) "develop" // 频道名称
3) "do job" // 消息内容
```

退订频道

订阅的反向操作，客户端使用 UNSUBSCRIBE 命令可以退订指定的频道。

```
> UNSUBSCRIBE mychannel
1) "unsubscribe"
2) "develop"
3) (integer) 0
```

2. 通过模式实现

接下来看另一种实现发布/订阅机制的方式，如果客户端的“匹配模式”与这个频道匹配，那么当发布者向频道发布消息时，该消息还会被发布到通过“模式”与这个频道匹配的客户端上。

例如，Tina 和 Maggi 两位“小姐姐”分别在 smile.girls.Tina 和 smile.girls.maggi 两个频道播音发布动态，她们微笑时好美，声音甜美又治愈。她们有许多粉丝，粉丝们只需要使用 SUBSCRIBE 订阅指定频道即可听到她们甜美的声音。

这时候，还有许多单身者想关注所有“微笑时好美”的“小姐姐”，那么可以使用 smile.girl.* 来匹配，也叫作模式匹配，如图 4-14 所示。

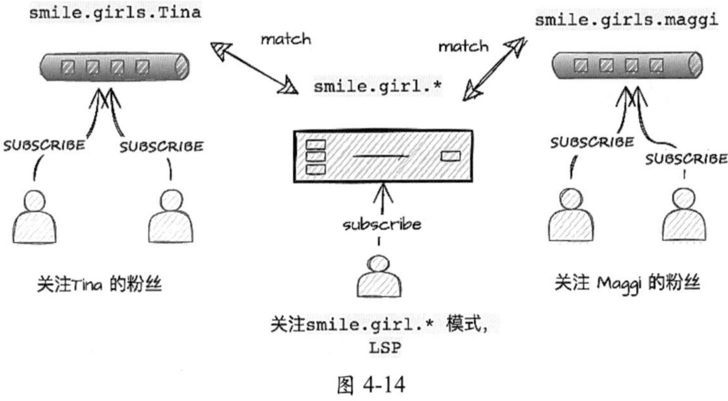

图 4-14

现在 Tina 通过 smile.girls.Tina 频道发布动态，除了订阅了 smile.girls.Tina 这个频道的粉丝，这个消息还会被发送到匹配 smile.girl.* 模式的频道，如图 4-15 所示。

这些粉丝比较贪心，所有“微笑时好美”的“小姐姐”都关注了，码哥可不是这样的人。

订阅模式

订阅模式的命令是 PSUBSCRIBE，肖菜姬使用该命令订阅 smile.girl.*模式。

```
PSUBSCRIBE smile.girls.*
Reading messages... (press Ctrl-C to quit)
1) "psubscribe" // 消息类型
2) "smile.girls.*"// 模式
3) (integer) 1 // 订阅数
```

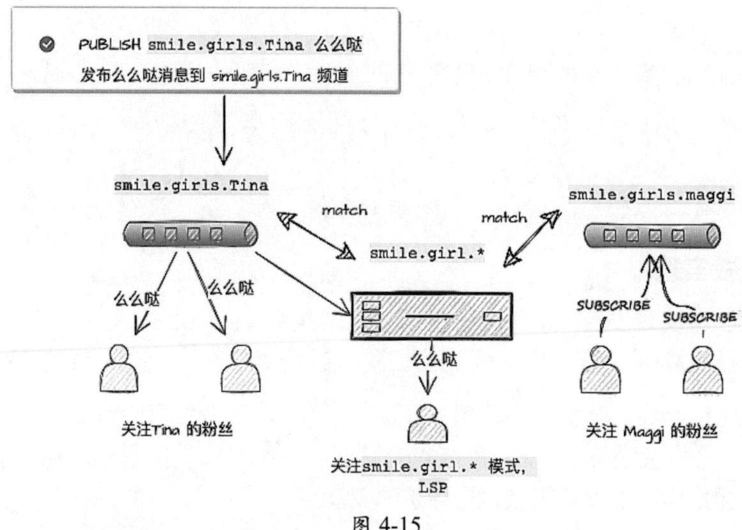

图 4-15

取消订阅模式的命令是 PUNSUBSCRIBE smile.girl.* 。

喜欢 Tina 的粉丝使用 SUBSCRIBE 订阅 smile.girls.Tina 频道。

```
SUBSCRIBE smile.girls.Tina
Reading messages... (press Ctrl-C to quit)
1) "subscribe"
2) "smile.girls.Tina"
3) (integer) 1
```

喜欢 Maggi 的粉丝使用 SUBSCRIBE 订阅 smile.girls.maggi 频道。

```
SUBSCRIBE smile.girls.maggi
Reading messages... (press Ctrl-C to quit)
1) "subscribe"
2) "smile.girls.maggi"
3) (integer) 1
```

发布消息

Tina 使用 PUBLISH smile.girls.Tina "love u"命令发布消息，关注 smile.girls.Tina 频道的粉丝和与该频道匹配的 smile.girls.*模式的肖菜姬都会收到消息。

接收消息

以下是匹配 smile.girls.*模式的肖菜姬收到的消息。

```
> PSUBSCRIBE smile.girls.*
Reading messages... (press Ctrl-C to quit)
1) "psubscribe"
2) "smile.girls.*"
3) (integer) 1
```

```
// 进入订阅状态，收到消息
1) "pmessage" 消息类型
2) "smile.girls.*"
3) "smile.girls.Tina"
4) "love u" // 消息内容
```

而订阅 smile.girls.Tina 频道的粉丝收到的消息如下。

```
> SUBSCRIBE smile.girls.Tina
Reading messages... (press Ctrl-C to quit)
// 订阅成功
1) "subscribe"
2) "smile.girls.Tina"
3) (integer) 1
// 接收消息
1) "message"
2) "smile.girls.Tina"
3) "love u"
```

需要注意的是，如果一个客户端订阅了频道并通过模式匹配到同样的频道，那么客户端会收到多次消息。

例如，65 哥订阅了 smile.girls.Tina 频道和 smile.girls.*模式，那么当 Tina 发布消息到 smile.girls.Tina 频道时，65 哥会收到两条消息，一条消息的类型是 message，另一条消息的类型是 pmessage，消息内容是一样的。

4.4.3 原理分析

我们已经知道了什么是发布/订阅机制、实现发布/订阅机制的两种模式。

接下来，我们要深入理解 Redis 如何实现发布/订阅机制，做到“知其然，知其所以然”。

1. 通过频道实现的原理

肖菜姬：“你会使用什么数据结构来实现基于频道名称查找所有客户端？”

我使用 dict 数据结构来实现，dict 的 key 对应被订阅的频道，而 dict 的 value 可以使用一个列表存储，列表里面保存着订阅这个频道的所有客户端。

数据结构

Redis 使用 redis.h 中的 redisServer 结构体维护每个服务器的进程，并表示服务器状态，pubsub_channels 的属性是 dict，用于保存订阅频道的信息。

```
struct redisServer {
  ...
   dict *pubsub_channels;
  ...
```

```
}
```

pubsub_channels 是指向 dict 类型的指针变量，key 是频道名称，value 是保存着订阅该频道客户端的单项链表结构。

```
typedef struct list {
    listNode *head;
    listNode *tail;
    void *(*dup)(void *ptr);
    void (*free)(void *ptr);
    int (*match)(void *ptr, void *key);
    unsigned long len;
} list;
```

如图 4-16 所示，码哥、谢霸戈订阅了 redis-channel 频道；宅男和 LSP 订阅了单身派对频道；Chaya 和李老师订阅了三国杀频道。

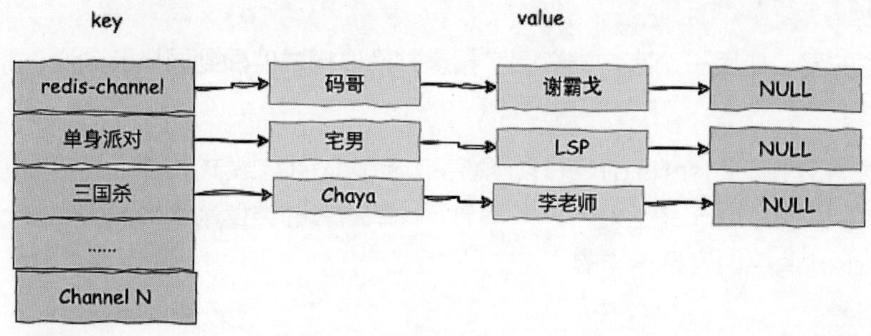

图 4-16

发送消息到频道

生产者调用 PUBLISH channel messsage 命令发送消息，Redis 会调用 pubsub.c 的 pubsubPublishMessageInternal 函数，具体步骤如下。

（1）函数接收三个参数：channel 表示要发布消息的频道，message 表示要发布消息的内容，type 表示发布类型。

（2）首先根据 channel 从 pubsub_channels 定位到字典 dictEntry。

（3）调用 dictGetVal 获取一个列表，里面保存监听该频道的所有客户端。

（4）调用 listNext 遍历该列表，通过 addReplyPubsubMessage 函数把消息发送给客户端。

部分核心源码如下。

```
/*
 * Publish a message to all the subscribers.
 */
int pubsubPublishMessageInternal(robj *channel, robj *message, pubsubtype type)
{
```

```
    int receivers = 0;
    dictEntry *de;
    dictIterator *di;
    listNode *ln;
    listIter li;

    /* 通过 dictFind 函数查找字典 dictEntry，里面保存着指定频道的订阅者列表*/
    de = dictFind(*type.serverPubSubChannels, channel);
    if (de) {
        // 找到 value 的列表，里面保存着客户端
        list *list = dictGetVal(de);
        listNode *ln;
        listIter li;
     // 循环遍历列表中存储的每个订阅者，调用 addReplyPubsubMessage 把消息发送给客户端
        listRewind(list,&li);
        while ((ln = listNext(&li)) != NULL) {
            client *c = ln->value;
            // 把消息发送给客户端
            addReplyPubsubMessage(c,channel,message,*type.messageBulk);
            // 更新客户端的内存使用情况和桶计数
            updateClientMemUsageAndBucket(c);
            receivers++;
        }
    }

    // 省略部分源码，主要是关于基于模式实现的发布/订阅机制
    return receivers;
}
```

退订频道

UNSUBSCRIBE 命令可以退订指定的频道。对于字典操作，可以根据 key 找到字典 value 指向的列表。遍历列表，删除对应的客户端，消息就不会发送给该客户端了。

2. 通过模式实现的原理

接下来，我们讲解通过模式实现的发布/订阅机制的原理。

当使用 PUBLISH 发布消息到某个频道时，不仅订阅这个频道的所有客户端会收到消息，与这个模式匹配的客户端也会收到消息。

Redis 使用 server.h 文件中的 redisServer.pubsub_patterns 属性来保存模式匹配相关信息。

```
struct redisServer {
  ...

    dict *pubsub_patterns;
  ...
```

```
}
```

这是 dict 类型，key 对应 pattern 模式，value 同样是一个链表类型的结构，存储着匹配这个模式的所有客户端。

订阅模式

Redis 中实现订阅模式的函数是 pubsubSubscribePattern，函数的入参和主要流程如下。

◎ 方法参数分别表示匹配该模式的客户端和客户端想要关注的模式（pattern）。

◎ listSearchKey(c->pubsub_patterns,pattern)：根据 pattern 从 redisServer.pubsub_patterns 中查找客户端是否已经匹配该模式，如果是则调用 addReplyPubsubPatSubscribed 通知客户端已经订阅，否则进入 if 分支的逻辑。

◎ dictFind(server.pubsub_patterns,pattern)：根据 pattern 从字典 server.pubsub_patterns 中找到 dictEntry，如果为空就调用 listCreate 创建客户端列表 list *clients 并存储到 dictEntry 中，key 为 pattern，value 为订阅该模式的列表。如果不为空，就把当前客户端 client *c 添加到 list *clients 列表尾节点。

```
int pubsubSubscribePattern(client *c, robj *pattern) {
    dictEntry *de;
    list *clients;
    int retval = 0;
    // 根据 pattern 从 redisServer.pubsub_patterns 中查找 dictEntry
    if (listSearchKey(c->pubsub_patterns,pattern) == NULL) {
        retval = 1;
        listAddNodeTail(c->pubsub_patterns,pattern);
        incrRefCount(pattern);
        /* 将匹配模式的客户端存到存储到 dictEntry 中，key 是 pattern，value 是列表结构
*/
        de = dictFind(server.pubsub_patterns,pattern);
        if (de == NULL) {
            clients = listCreate();
            dictAdd(server.pubsub_patterns,pattern,clients);
            incrRefCount(pattern);
        } else {
            clients = dictGetVal(de);
        }
        listAddNodeTail(clients,c);
    }
    /* 通知客户端已经订阅 */
    addReplyPubsubPatSubscribed(c,pattern);
    return retval;
}
```

所以通过模式实现的发布/订阅机制也是基于字典来保存模式与客户端的关系的，如图 4-17 所示。

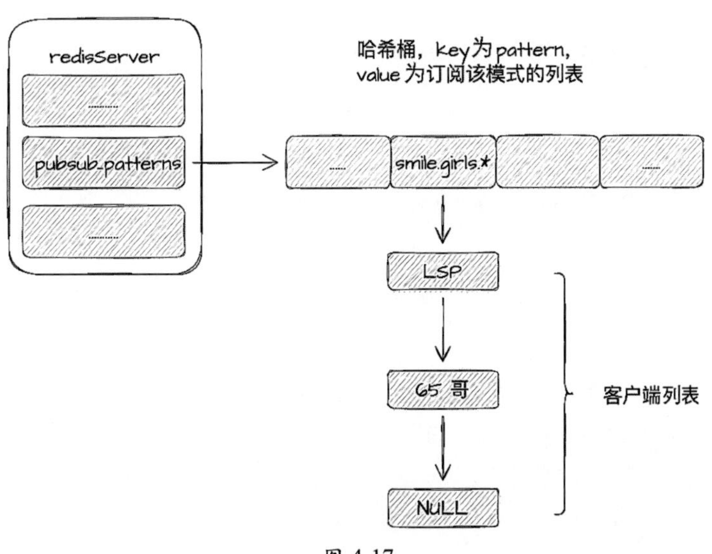

图 4-17

发布消息

通过模式实现的发布订阅，pattern 是 "smile.girls.*"，* 表示任意字符，除了能与模式匹配，还能匹配到订阅 smile.girls.tina 频道的客户端。

不管是通过模式还是频道方式实现的发布/订阅机制，底层都是使用 pubsubPublishMessageInternal 函数实现的，这里把与频道模式相关的代码删除，方便读者查看。

- ◎ dictGetIterator：遍历存储模式订阅信息的字典 server.pubsub_patterns，查找到模式 pattern 及模式对应的客户端列表。
- ◎ 调用 stringmatchlen 函数进行模式匹配，判断当前 channel 是否与模式匹配。
- ◎ 如果匹配，则调用 listRewind、listNext 循环遍历该模式对应的订阅者列表，并针对每个客户端调用 addReplyPubsubPatMessage 函数将模式、频道和消息回复给客户端。

```
    /*
     * Publish a message to all the subscribers.
     */
    int pubsubPublishMessageInternal(robj *channel, robj *message, pubsubtype type)
{
        int receivers = 0;
        dictEntry *de;
        dictIterator *di;
        listNode *ln;
        listIter li;

       // 省略频道模式的代码
```

```
    /* 遍历存储模式订阅信息的字典 server.pubsub_patterns */
    di = dictGetIterator(server.pubsub_patterns);
    if (di) {
        channel = getDecodedObject(channel);
        while((de = dictNext(di)) != NULL) {
          // 查找到模式 pattern 以及模式对应的客户端列表
            robj *pattern = dictGetKey(de);
            list *clients = dictGetVal(de);
            // 调用 stringmatchlen 函数进行模式匹配，判断当前频道是否与模式匹配
            if (!stringmatchlen((char*)pattern->ptr,
                                sdslen(pattern->ptr),
                                (char*)channel->ptr,
                                sdslen(channel->ptr),0)) continue;
                  // 如果匹配，则循环遍历该模式对应的订阅者列表
            listRewind(clients,&li);
            while ((ln = listNext(&li)) != NULL) {
                client *c = listNodeValue(ln);
                // 调用 addReplyPubsubPatMessage 函数将模式、频道和消息回复给客户端
                addReplyPubsubPatMessage(c,pattern,channel,message);
                updateClientMemUsageAndBucket(c);
                receivers++;
            }
        }
        decrRefCount(channel);
        dictReleaseIterator(di);
    }
    return receivers;
}
```

4.4.4 使用场景

Chaya：“说了这么多，Redis 发布/订阅机制能在哪些场景中发挥作用呢？”

哨兵间通信

在哨兵集群中，每个哨兵节点利用发布/订阅机制实现哨兵之间的相互发现并找到 slave。

哨兵与 master 建立通信后，利用 master 提供发布/订阅机制在__sentinel__:hello 发布自己的信息，例如 IP 地址、端口，同时订阅这个频道来获取其他哨兵的信息，以此实现哨兵间通信。

消息队列

之前我跟大家分享过如何利用列表与 Stream 实现消息队列。你也可以利用 Redis 发布/订阅机制实现轻量级简单的 MQ 功能，实现上下游解耦。需要注意，Redis 发布/订阅的消息不会被持久化，所以新订阅的客户端将收不到历史消息。

同时，Redis 发布/订阅不支持 ACK 机制，如果当前业务不能容忍这些缺点，那么需要使用专业的消息队列。

4.5 性能必杀技之客户端缓存

客户端缓存（Client Side Caching）是一种通过 Redis 服务端协助客户端实现的客户端缓存技术（Redis Server-assisted Client Side Caching），官方文档对其描述如下。

客户端缓存是创建极致性能服务的必杀技，在此技术下，应用程序把数据库的数据缓存在应用程序端的内存中，当应用程序访问数据时，可直接从本地内存读取，无须从数据库端查询数据，减少了网络 I/O 和数据库的压力，提升了应用程序的响应速度。

看到这里，你会不会以为客户端缓存和本地缓存 Guava、Caffeine 一样，差别只是不需要引入 jar？

Redis 的客户端缓存可没这么简单，客户端缓存最核心的作用就是在 Redis 中的数据变更或者失效后，能够保证 Redis 和客户端数据的一致性。

4.5.1 为什么需要客户端缓存

很多公司使用 Redis 做缓存系统，存储热点数据，提高数据访问的性能，以此应对“吃瓜事件”。

无客户端缓存

在使用 Redis 存储热点数据时，应用程序先查询 Redis，如果 Redis 没有命中缓存，则从源数据库端查询，并把数据写入 Redis，如图 4-18 所示；否则直接从 Redis 端查询数据。这种方式可以高效应对读取数据的业务场景。

Redis 虽然提升了访问性能，但仍然存在一些问题。Redis 缓存服务是一个独立的服务，通过 Redis 获取数据库要经历以下几个步骤。

（1）通过网络 I/O 连接 Redis。

（2）Redis 监听连接、读取 socket、执行命令。

（3）通过网络将数据序列化结果传输给客户端，客户端反序列化数据。

这些操作对性能是有影响的，随着互联网的发展，流量不断增加，很容易达到 Redis 的性能上限。于是乎，客户端缓存诞生了。

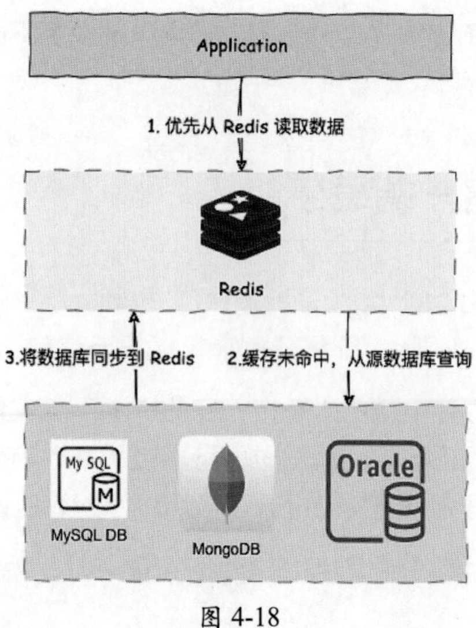

图 4-18

有客户端缓存

应用端先查询本地缓存是否命中，若命中则直接把数据返回给应用程序。若没有命中则访问 Redis，没有命中 Redis 缓存才查询源数据库，并把数据同步到本地缓存和 Redis 中，如图 4-19 所示。

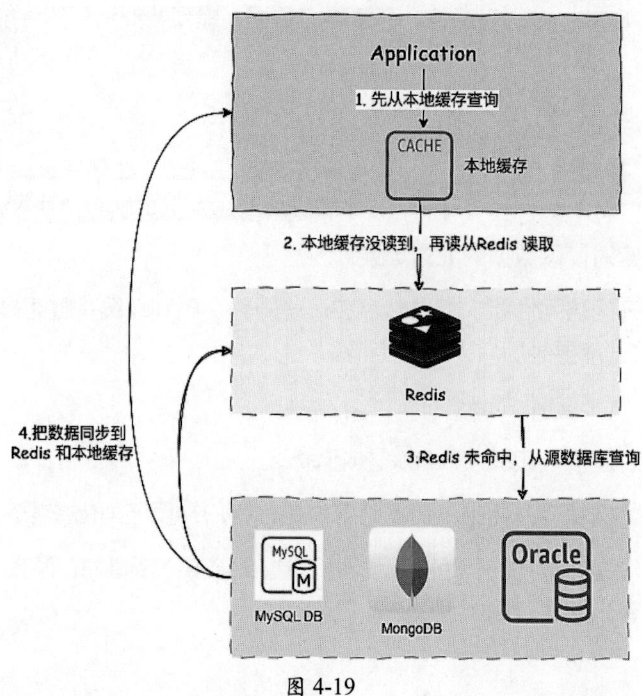

图 4-19

我们通常使用 Memcachced、Guava Cache 和 Caffeine 等进行一级缓存（本地缓存），使用 Redis 进行二级缓存（缓存服务），本地内存避免了网络连接、查询、网络传输和序列化等操作，性能比 Redis 服务好很多，这种模式大大降低了数据延迟。

客户端缓存适用场景

客户端缓存技术适用于数据访问量大、读多写少的场景。反之，访问量少且不断被 INCR 修改的全局计数器，不应使用缓存。

4.5.2　客户端缓存实现原理

Chaya："Redis 中的数据变更或者失效后，你如何有效地通知各个应用程序进程内的缓存，以保证数据的一致性？"

Redis 客户端缓存被称为 Tracking，可以使用以下命令来开启。

```
CLIENT TRACKING ON|OFF [REDIRECT client-id] [PREFIX prefix] [BCAST] [OPTIN]
[OPTOUT] [NOLOOP]
```

Redis 6.0 实现的 Tracking 功能提供了两种模式解决这个问题，分别是在客户端使用 RESP3 的普通模式和广播模式，以及使用 RESP2 的转发模式。

1. 普通模式

默认模式，当 Tracking 开启时，Redis 会记录每个客户端访问过哪些 key，当 key 的 value 发生变化时，服务端可以通过 RESP3 发送失效信息（invalidation message）给客户端。这种方式会消耗服务端的内存。

◎ Redis 服务端将客户端访问的 key 以及该 key 对应的客户端 ID 列表存储在一个全局唯一的表——TrackingTable 中。如果 TrackingTable 满了，就移除最老的记录，同时向这个客户端发送已过期的消息，通知进程更新本地缓存。

◎ 每个 Redis 客户端都有唯一的数字 ID 标识，TrackingTable 存储所有客户端 ID，当连接断开后，清除该 ID 对应的记录。

◎ TrackingTable 中记录的 key 信息不考虑对应哪个 database，当访问 db 1 的 key 时，如果修改 db 2 的同名 key，那么客户端也会收到过期提示，这样做的目的是减少系统的复杂性和表的数据存储量。

Chaya："可以说下这个 TrackingTable 的原理吗？"

Redis 服务端使用 TrackingTable 存储普通模式下的客户端 ID 和 key 的指针，它使用的数据结构是 Radix Tree（前缀树）。

Radix Tree 是针对稀疏的整型数据进行查找的多叉搜索树，速度快且节省空间，关于 Radix

Tree 的原理可查看 2.6 节的内容。

Redis 使用 Radix Tree 存储 key 的指针和客户端 ID 的映射关系，如图 4-20。

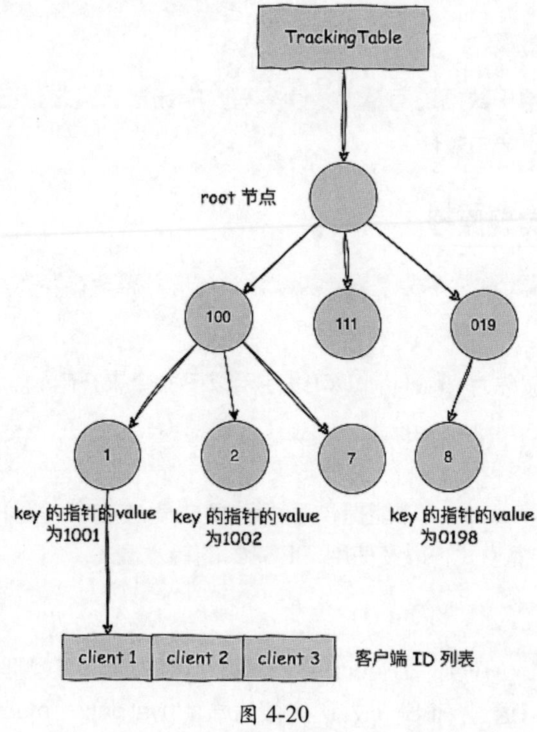

图 4-20

key 的指针是内存地址，也就是一个长整型数据。客户端缓存的变更操作就是对该数据结构的增删改查。

◎ 当 Redis 获取一个 key-value 时，Radix Tree 会调用 enableTracking 函数将 key 和客户端 ID 的映射关系记录到 TrackingTable 中。

◎ 当 Redis 删除或者修改一个 key-value 时：

- Radix Tree 根据 key 调用 trackingInvalidateKey 方法查找对应的客户端 ID。
- 调用 sendTrackingMessage 方法把失效的 key 信息（invalidate 消息）发送给这些客户端。
- 发送完成之后从 TrackingTable 中删除映射关系。

◎ 客户端关闭 Tracking 功能后，当遇到大量删除操作时，通常进行懒删除，只将 CLIENT_TRACKING 标志位删除。

注意：对于客户端缓存记录的 key，服务端只会触发一次 invalidate 消息，也就是说，服务端在某个 key 关联的客户端发送过一次 invalidate 消息后，如果 key 的 value 再被修改，则不会再次向客户端发送 invalidate 消息。只有当客户端再次执行只读命令被 track 时，才会再次发送。

Redis 客户端默认不开启 Tracking 功能，客户端连接到 Redis 服务后，需要先通过命令开启 Tracking 功能，否则无法收到 key 失效类型的消息。

```
> CLIENT TRACKING ON
OK
```

2. 广播模式

当广播模式（broadcasting）开启时，服务器不会记住给定客户端访问了哪些 key，因此这种模式在服务器端不会消耗过多内存，而是发送更多的失效消息给客户端，即使变更的 key 没有被该客户端缓存。

在这个模式下，服务端会向客户端广播所有 key 的失效情况，如果 key 被频繁修改，服务端就会发送大量的失效广播消息，消耗大量的网络带宽资源。

所以，在实际应用中，我们配置让客户端注册只跟踪指定前缀的 key，当注册跟踪的 key 的前缀匹配被修改时，服务端就会把失效消息广播给关注这个 key 的前缀的客户端。

```
> CLIENT TRACKING ON BCAST prefix myprefix
```

在实际应用时，我们会为同一业务下的 key 配置相同的业务名前缀，所以可以非常方便地使用广播模式。

与普通模式获取一次 key 的规则不同，在广播模式下，只要 key 被修改或删除，符合规则的客户端就都会获取到失效消息，而且可以多次获取。

与普通模式类似，在广播模式下，Redis 也使用 Radix Tree PrefixTable 保存客户端订阅的 key 的前缀字符串与客户端 ID 的映射关系，每个前缀字符串映射一些客户端 ID。如图 4-21 所示。

如果不指定前缀，客户端就会默认接收所有 key 的失效消息。

3. 重定向模式

在普通模式与广播模式下，客户端都需要使用 RESP3，这是 Redis 6.0 新启用的协议。

对于使用 RESP2 的客户端来说，需要使用重定向模式（redirect）实现客户端缓存。

Redis 服务端无法对使用 RESP2 的客户端直接发布失效消息，所以需要另一个支持 RESP3 的客户端告诉服务端将失效消息通过发布/订阅机制发布给使用 RESP2 的客户端。

在重定向模式下，客户端若想获得失效消息通知，需要执行 SUBSCRIBE 命令订阅用于发送失效消息的频道 _redis_:invalidate。

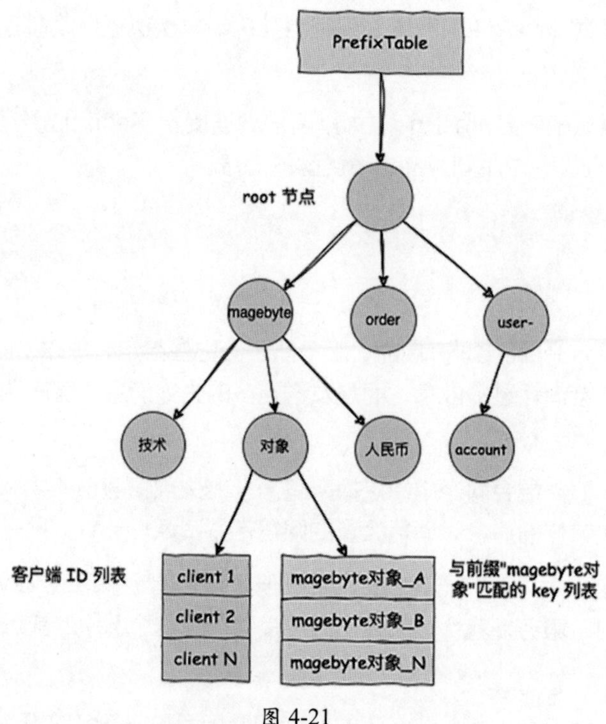

图 4-21

同时，使用另外一个支持 RESP3 的客户端，执行 CLIENT TRACKING ON BCAST REDIRECT {clientID}命令，配置服务端将失效消息转发给只支持使用 RESP2 的客户端，如图 4-22 所示。

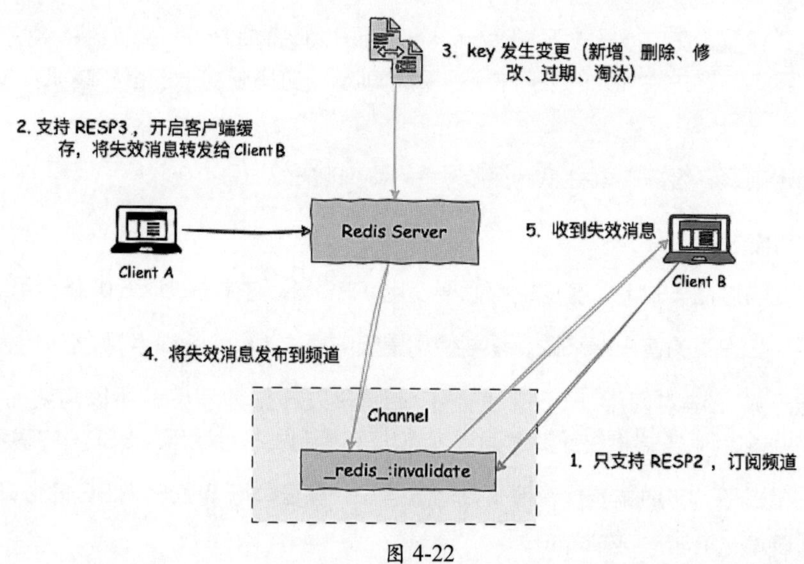

图 4-22

例如只支持 RESP2 的客户端 B 想要获取失效消息，就需要支持 RESP3 的客户端 A 告诉服务端将失效消息通过 _redis_:invalidate 频道转发给客户端 A。我们可以分别在客户端 B 和 A 执行以下命令。

```
//客户端B执行，客户端 B 的 ID 是 606
SUBSCRIBE _redis_:invalidate

//客户端 A 执行
CLIENT TRACKING ON BCAST REDIRECT 606
```

这样，客户端 B 就可以通过 _redis_:invalidate 频道获取失效消息来更新本地缓存数据了。

转发模式使用发布/订阅机制，在转发模式下，key 的作废消息只能被转发到一个客户端上。看到这里你会不会感觉这个转发模式有点儿“鸡肋”，实际业务场景中很可能存在多个客户端，只转发一个有点儿“坑”，大家赶紧拥抱 RESP3 吧。

4.5.3　源码解析

在 tracking.c 源码文件中，重点关注 trackingInvalidateKey 函数和 sendTrackingMessage 函数。

trackingInvalidateKey 函数的源码如下。

```
void trackingInvalidateKey(client *c, robj *keyobj, int bcast) {
    // 1. 客户端是否执行 CLIENT TRACKING on 开启缓存，如果没有则直接返回
    if (TrackingTable == NULL) return;

    unsigned char *key = (unsigned char*)keyobj->ptr;
    size_t keylen = sdslen(keyobj->ptr);

    // 2. 如果广播模式的基数不为空，则记录要广播的 key
    if (bcast && raxSize(PrefixTable) > 0)
        trackingRememberKeyToBroadcast(c,(char *)key,keylen);
          // 3. 根据 key 去 TrackingTable 中查找元素
    rax *ids = raxFind(TrackingTable,key,keylen);
    if (ids == raxNotFound) return;

    // 4. 迭代器遍历 Radix Tree
    raxIterator ri;
    raxStart(&ri,ids);
    raxSeek(&ri,"^",NULL,0);
    while(raxNext(&ri)) {
        uint64_t id;
        memcpy(&id,ri.key,sizeof(id));
        // 4.1 根据 客户端 ID 查找客户端实例
        client *target = lookupClientByID(id);
```

```
        /* 4.2 如果客户端未开启 Tracking 功能或者广播模式，则跳过 */
        if (target == NULL ||
            !(target->flags & CLIENT_TRACKING)||
            target->flags & CLIENT_TRACKING_BCAST)
        {
            continue;
        }

        // 省略部分代码

        /* 5. 如果目标客户端是当前客户端，并且正在执行命令，则执行 key 失效逻辑，而非发送*/
        if (target == server.current_client && server.fixed_time_expire) {
            incrRefCount(keyobj);
            listAddNodeTail(server.tracking_pending_keys, keyobj);
        } else {
            // 6. 发送失效消息
            sendTrackingMessage(target,(char
*)keyobj->ptr,sdslen(keyobj->ptr),0);
        }
    }
    raxStop(&ri);

    /* 7. 更新 TrackingTable 中的总项目数，释放客户端 ID 集合 (ids)，并从 TrackingTable
中删除 key */
    TrackingTableTotalItems -= raxSize(ids);
    raxFree(ids);
    raxRemove(TrackingTable,(unsigned char*)key,keylen,NULL);
}
sendTrackingMessage
```

继续看发送失效消息的 sendTrackingMessage 函数都做了什么。

```
void sendTrackingMessage(client *c, char *keyname, size_t keylen, int proto) {
    uint64_t old_flags = c->flags;
    c->flags |= CLIENT_PUSHING;

    int using_redirection = 0;
    // 1. 开启重定向模式
    if (c->client_tracking_redirection) {
        // 1.1 查找并切换到重定向的客户端
        client *redir = lookupClientByID(c->client_tracking_redirection);
        // 省略部分源码
    }


    if (c->resp > 2) {
       // 2. 如果是 RESP3，就发布 invalidate 消息给客户端
        addReplyPushLen(c,2);
        addReplyBulkCBuffer(c,"invalidate",10);
    } else if (using_redirection && c->flags & CLIENT_PUBSUB) {
```

```
        /* 3. 如果是转发模式，则使用发布/订阅机制在 TrackingChannelName channel 中发送
消息 */
        addReplyPubsubMessage(c,TrackingChannelName,NULL,shared.messagebulk);
    } else {
        /* 4. 客户端既没有使用 RESP3，也没有重定向到另一个客户端，直接返回结果 */
        if (!(old_flags & CLIENT_PUSHING)) c->flags &= ~CLIENT_PUSHING;
        return;
    }

    /* Send the "value" part, which is the array of keys */
    if (proto) {
        addReplyProto(c,keyname,keylen);
    } else {
        addReplyArrayLen(c,1);
        addReplyBulkCBuffer(c,keyname,keylen);
    }
    // 4. 更新客户端的内存使用情况
    updateClientMemUsageAndBucket(c);
    if (!(old_flags & CLIENT_PUSHING)) c->flags &= ~CLIENT_PUSHING;
}
```

4.6　性能必杀技之 Redis I/O 多线程模型

通过 2.11 节，我们已经知道，Redis 使用全局 dict + 内存数据库 + 丰富高效的数据结构 + 单线程模型 + I/O 多路复用事件驱动框架“快到飞起”。

Redis 的网络 I/O 及 key-value 命令读/写是由单个线程来执行的，避免了不必要的线程上下文切换和资源竞争，对于提升性能有很大帮助。

然而，Redis 官方在 2020 年 5 月正式推出 6.0 版本，引入了 I/O 多线程模型。

谢霸戈：“为什么之前是单线程模型？为什么 Redis 6.0 引入了 I/O 多线程模型？主要解决了什么问题？”

现在，咱们就详细地聊一下 I/O 多线程模型带来的效果到底是“林黛玉骑鬼火，该强强，该弱弱”；还是“光明顶身怀绝技的张无忌，招招都是必杀技”。

4.6.1　单线程模型真的只有一个线程吗

谢霸戈：“Redis 大神，Redis 6.0 之前的单线程模型指的是 Redis 只有一个线程干活吗？”

非也，我们通常说的单线程模型指的是 Redis 在处理客户端的请求时，包括获取（socket 读）、解析、执行、内容返回（socket 写）等都由一个顺序串行的主线程处理；而清理过期 key-value 数据、释放无用连接、执行内存淘汰策略、bgsave 生成 RDB 文件、AOF Rewrite 等都由其他

线程处理。

在命令执行阶段，命令并不会被立刻执行，而是进入一个个 socket 队列，一旦 socket 事件就绪，事件分发器就将它们分发到对应的事件处理器，单线程模型的命令处理过程如图 4-23 所示。

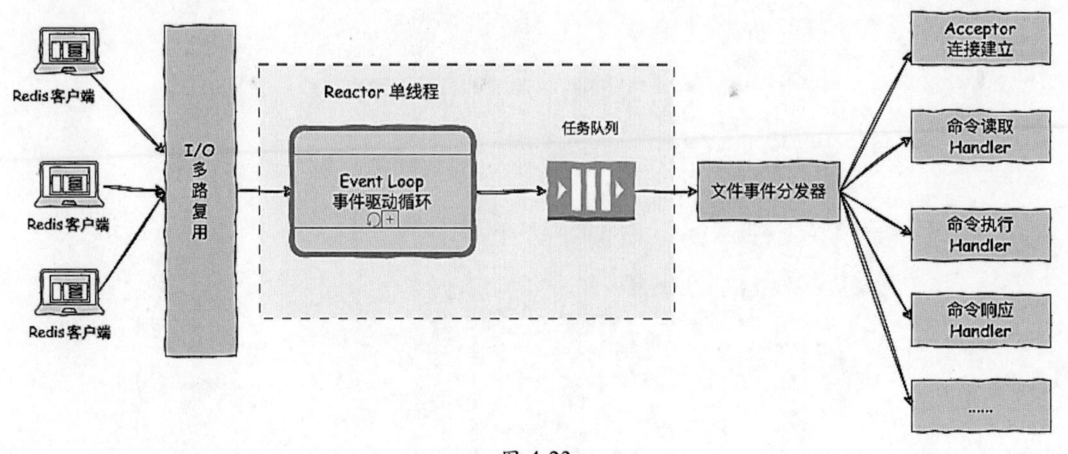

图 4-23

4.6.2 线程模型的演化

谢霸戈："为什么 Redis 6.0 之前是单线程模型？"

以下是 Redis 官方的回答。

◎ Redis 的性能瓶颈主要在于内存和网络 I/O，而非 CPU。

◎ 通过 pipelining，Redis 每秒可以处理一百万个请求，应用程序所使用的大多数命令的时间复杂度是 $O(N)$ 或 $O(\lg N)$，不会占用太多 CPU。

◎ 单线程模型的代码可维护性高。多线程模型虽然在某些方面表现优异，但是它引入了程序执行顺序的不确定性，带来了并发读/写的一系列问题，增加了系统复杂度，同时可能存在线程切换、加锁解锁、死锁造成的性能损耗。

Redis 通过基于 I/O 多路复用实现的 AE 事件驱动框架将 I/O 事件和时间事件融合在一起，实现高性能网络处理能力，再加上基于内存进行数据处理，没有引入多线程的必要。

单线程机制让 Redis 内部实现的复杂度大大降低，Hash 的惰性 Rehash、Lpush 等线程不安全的命令都可以无锁进行。

谢霸戈："既然单线程这么好，为什么 Redis 6.0 要引入多线程模型？"

因为随着底层网络硬件性能的提升，Redis 的性能瓶颈逐渐体现在网络 I/O 的读/写上，单个线程处理网络读/写的速度跟不上底层网络硬件执行的速度。读/写网络的读/写系统调用占用了 Redis 执行期间大部分 CPU 时间，所以 Redis 采用多个 I/O 线程来处理网络请求，提高网络请求处理的并行度。

需要注意的是，Redis 多 I/O 线程模型只用来处理网络读/写请求，对于 Redis 的读/写命令，依然由单线程处理。

这是因为，网络 I/O 的读/写是瓶颈，可通过多线程并行处理得到改善。而继续使用单线程执行读/写命令，不需要为了保证 Lua 脚本、事务等开发多线程安全机制，实现起来更简单。

谢霸戈："Redis，你真是'斑马的脑袋——头头是道'。"

我谢谢您，主线程与 I/O 多线程共同协作处理命令的架构图如图 4-24 所示。

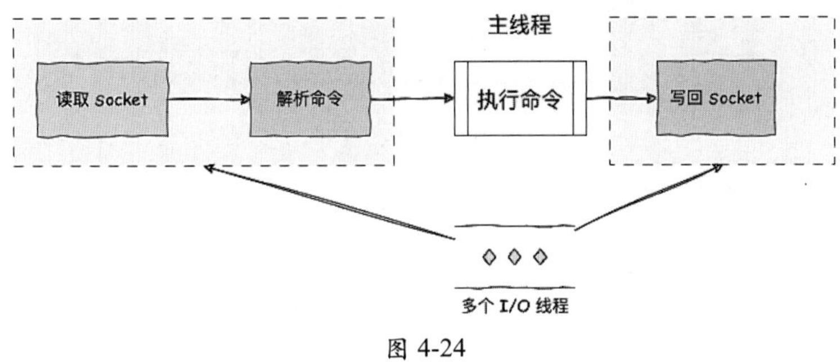

图 4-24

4.6.3　I/O 多线程模型解读

谢霸戈："如何开启 I/O 多线程模型呢？"

Redis 6.0 的多线程默认是禁用的，如需开启需要修改 redis.conf 配置文件的配置 io-threads-do-reads yes。

开启 I/O 多线程模型后，还要配置线程数才能生效，同样需要修改 redis.conf 配置文件。

```
io-threads 4
```

谢霸戈："线程数是不是越多越好？"

当然不是，关于线程数的配置，官方有一个建议：线程数的数量最好小于 CPU 核心数，起码预留一个空闲核，因为 Redis 由主线程处理命令，如果系统频繁出现上下文切换，效率会降低。例如，4 核的机器建议配置为 2 个或 3 个线程，8 核的机器建议配置为 6 个线程。

谢霸戈："Redis 大佬真厉害，就好像卖盆的进村——一套一套又一套。"

认真读《Redis 高手心法》，咱们"长线放风筝——慢慢来"。

谢霸戈："主线程与 I/O 线程如何实现协作呢？"

主要流程如图 4-25 所示。

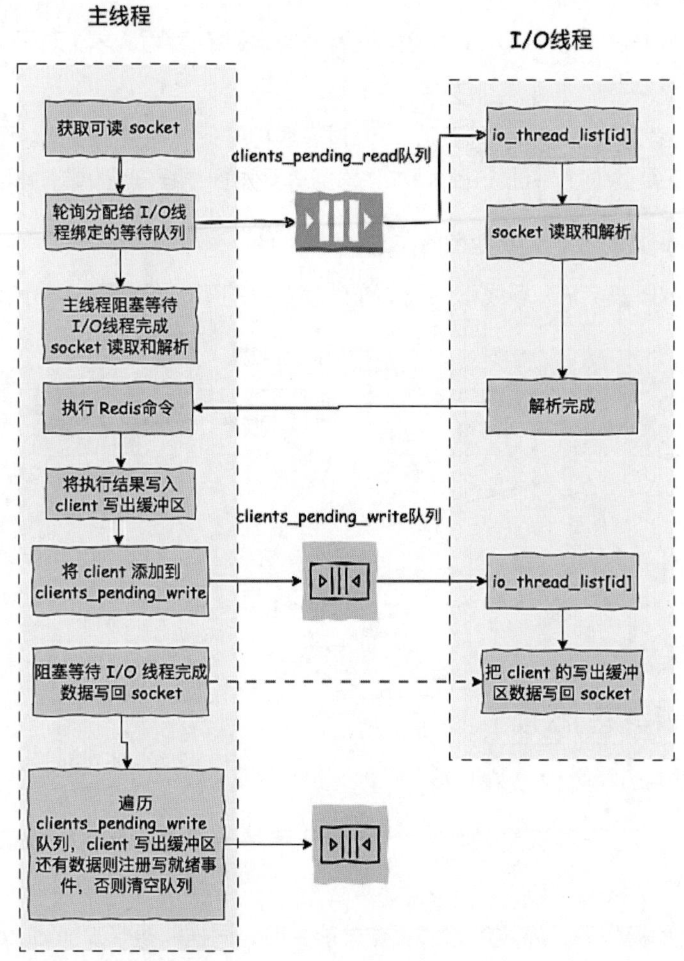

图 4-25

（1）主线程负责接收建立连接请求，并初始化一个 client 对象绑定这个客户端连接。服务端主线程不会立刻读取 socket，而是先把 client 放入 clients_pending_read 队列。

（2）主线程利用 Round-Robin 轮询负载均衡策略把 clients_pending_read 队列中的 client 均匀分配给绑定在各个 I/O 线程的任务队列 io_thread_list[id]和主线程自己的队列上。

（3）主线程处理自己的任务队列 io_thread[id]上的任务，完成 socket 读取和解析，并阻塞等待，直到 I/O 线程完成 socket 读取和解析。

（4）主线程遍历 clients_pending_read 队列，执行从 socket 读取和解析出来的 Redis 请

求命令，将执行结果写入 client 写出缓冲区，最后把 client 添加到 clients_pending_write 队列。

（5）主线程继续使用 Round-Robin 轮询负载均衡策略把 clients_pending_write 队列的 client 均匀分配给 I/O 线程各自的任务队列 io_tread_list[id]。

（6）主线程和所有 I/O 线程调用 writeToClient 函数把 client 的写出缓冲区数据写回 socket，也就是把命令执行结果写回客户端。

（7）主线程和 I/O 线程完成了 socket 写回任务，主线程阻塞等待 I/O 线程完成 socket 写回任务，遍历 clients_pending_write 队列，如果 client 的写出缓冲区数据还有遗留，则注册一个函数到该连接的写就绪事件，等待客户端写就绪再继续把数据写回 socket，最后清空 clients_pending_write 队列，等待客户端的后续请求。

思路：将主线程 I/O 的读/写任务拆分出来给一组独立的线程处理，使得多个 socket 读/写可以并行化，但是 Redis 命令还是由主线程串行执行的。

源码解析

看完流程图及主要步骤，我们再来看源码。通过对 4.3 节的学习，你知道我是通过 server.c 的 main 函数启动的，经过一系列的初始化操作后，调用 aeMain(server.el);启动事件驱动框架，也就是整个 Redis 的核心。

初始化线程

I/O 多线程模型的启动入口是 server.c 的 main 函数中的 InitServerLast 方法，该方法内部会调用 networking.c 的 initThreadedIO 来执行实际 I/O 线程初始化工作。

```
/* networking.c */
void initThreadedIO(void) {
  // 配置为 0 表示激活 I/O 多线程模型
   server.io_threads_active = 0;
   /* I/O 线程处于空闲状态 */
   io_threads_op = IO_THREADS_OP_IDLE;

   /* redis.conf 的 io-threads 配置为 1 表示使用单线程模型，直接退出 */
   if (server.io_threads_num == 1) return;

   // 线程数超过最大值 128，退出程序
   if (server.io_threads_num > IO_THREADS_MAX_NUM) {
       //省略部分代码
       exit(1);
   }

   for (int i = 0; i < server.io_threads_num; i++) {
       /*  io_threads_list 队列，用于存储该线程要执行的 I/O 操作*/
       io_threads_list[i] = listCreate();
       // 不创建 0 号线程，0 号就是主线程，主线程也会处理任务逻辑
```

```
        if (i == 0) continue;

        // 创建线程，主线程先对子线程上锁，挂起子线程，不让其进入工作模式
        pthread_t tid;
        pthread_mutex_init(&io_threads_mutex[i],NULL);
        setIOPendingCount(i, 0);
        // 子线程挂起，不进入工作模式，等待主线程发出工作信号再执行任务
        pthread_mutex_lock(&io_threads_mutex[i]);
        // 创建线程，指定 I/O 线程的入口函数 IOThreadMain
        if (pthread_create(&tid,NULL,IOThreadMain,(void*)(long)i) != 0) {
            serverLog(LL_WARNING,"Fatal: Can't initialize IO thread.");
            exit(1);
        }
        // I/O 线程数组
        io_threads[i] = tid;
    }
}
```

这段代码的核心工作如下。

检查是否开启 I/O 多线程模型，默认不开启。当 redis.conf 的 io-threads 配置大于 1 并且小于 IO_THREADS_MAX_NUM（128）时，表示开启 I/O 多线程模型。

（1）创建 io_threads_list 队列，用于保存每个线程需要处理的 I/O 任务。

（2）创建子线程，创建时先上锁，挂起子线程不让其进入工作模式，等初始化工作完成再开启。

（3）指定 I/O 线程的入口函数 IOThreadMain，I/O 线程开始工作。

I/O 线程核心函数

IOThreadMain 函数主要负责等待启动信号、执行特定的 I/O 操作，并在完成操作后重置线程状态，以便等待下一次的启动信号。

```
void *IOThreadMain(void *myid) {
    /* 每个线程创建一个 ID */
    long id = (unsigned long)myid;
    char thdname[16];
    // 进入无限循环，等待主线程发出工作信号
    while(1) {
        /* 没有使用 sleep 配置等待时间实现阻塞等待，而是循环，耗费 CPU*/
        for (int j = 0; j < 1000000; j++) {
            // 等待待处理的 I/O 操作出现，也就是读/写客户端数据
            if (getIOPendingCount(id) != 0) break;
        }

        /*留机会给主线程上锁，挂起当前子线程 */
        if (getIOPendingCount(id) == 0) {
```

```
            pthread_mutex_lock(&io_threads_mutex[id]);
            pthread_mutex_unlock(&io_threads_mutex[id]);
            continue;
        }

        serverAssert(getIOPendingCount(id) != 0);

        /* 根据线程 ID 及待分配列表分配任务 */
        listIter li;
        listNode *ln;
        listRewind(io_threads_list[id],&li);
        while((ln = listNext(&li))) {
            client *c = listNodeValue(ln);
            if (io_threads_op == IO_THREADS_OP_WRITE) {
                // 分配可写客户端的任务
                writeToClient(c,0);
            } else if (io_threads_op == IO_THREADS_OP_READ) {
                // 读取客户端 socket 数据
                readQueryFromClient(c->conn);
            } else {
                serverPanic("io_threads_op value is unknown");
            }
        }

        listEmpty(io_threads_list[id]);
        setIOPendingCount(id, 0);
    }
}
```

待读取客户端任务分配

Redis 会在主线程 initServer 方法初始化服务器时注册 beforeSleep 函数，调用 handleClientsWithPendingReadsUsingThreads 函数实现待处理任务分配逻辑。该函数的主要作用如下。

◎ 将所有待读的客户端平均分配到不同的 I/O 线程的列表中。

◎ 通过配置 io_threads_op 和调用 setIOPendingCount 函数，通知各个 I/O 线程开始处理可读取的客户端数据。

◎ 主线程也参与处理客户端读取，以提高并发性能。

◎ 主线程等待所有 I/O 线程完成读取 socket 工作。

在这里我用了一个小技巧提高性能：先将工作分发到多个 I/O 线程，再将结果合并回主线程，以提高并发性能。

```
int handleClientsWithPendingReadsUsingThreads(void) {
    // 省略部分代码

    /* 将所有待处理的客户端平均分配到不同的 I/O 线程列表中*/
```

```
        listIter li;
        listNode *ln;
        listRewind(server.clients_pending_read,&li);
        int item_id = 0;
        while((ln = listNext(&li))) {
            client *c = listNodeValue(ln);
            int target_id = item_id % server.io_threads_num;
            listAddNodeTail(io_threads_list[target_id],c);
            item_id++;
        }

        /* 通过配置 io_threads_op 和调用 setIOPendingCount 函数，通知各个 I/O 线程开始处理
可读取的客户端数据 */
        io_threads_op = IO_THREADS_OP_READ;
        for (int j = 1; j < server.io_threads_num; j++) {
            int count = listLength(io_threads_list[j]);
            setIOPendingCount(j, count);
        }

        /* 主线程处理第一个等待队列任务 */
        listRewind(io_threads_list[0],&li);
        while((ln = listNext(&li))) {
            client *c = listNodeValue(ln);
            readQueryFromClient(c->conn);
        }
        listEmpty(io_threads_list[0]);

        /* 主线程处理完任务后，阻塞等待所有 I/O 线程完成读取 socket 的任务 */
        while(1) {
            unsigned long pending = 0;
            for (int j = 1; j < server.io_threads_num; j++)
                pending += getIOPendingCount(j);
            if (pending == 0) break;
        }

        // 省略部分代码

        return processed;
    }
```

待写回客户端任务分配

beforeSleep 函数会调用 handleClientsWithPendingWritesUsingThreads 函数将可写客户端处理任务分配给 I/O 线程，源码与 handleClientsWithPendingReadsUsingThreads 类似，这里不再赘述。区别在于，beforeSleep 函数会把响应写回 socket。

◎ 将所有待写的客户端平均分配到不同的 I/O 线程列表中。

◎ 配置 io_threads_op 为 IO_THREADS_OP_READ，通知各个 I/O 线程开始处理可写的

客户端数据。

◎ 主线程也参与处理客户端读取，以提升并发性能。

◎ 主线程等待所有 I/O 线程完成读取 socket 的任务。

模型缺陷

Redis 的多线程网络模型实际上并不是标准的 Multi-Reactors/Master-Workers 模型，I/O 线程任务仅通过 socket 读取客户端请求命令并解析，把命令执行结果写回 socket，没有真正执行命令。

所有客户端命令最后都需要回到主线程去执行，因此对多核的利用率并不高。主线程每次分配完任务，都要轮询等待所有 I/O 线程完成任务才能继续执行其他逻辑。

在我看来，Redis 目前的多线程方案更像一个折中的选择，只是“林黛玉骑鬼火”，还未达到“必杀技”的境界。

4.7 Redis 内存碎片深度解析与优化策略

通过 CONFIG SET maxmemory 100mb 或者在 redis.conf 配置文件配置 maxmemory 100mb 限制 Redis 内存占用。当内存占用达到最大值时，会触发内存淘汰策略淘汰数据。

除此之外，当 key 达到过期时间时，Redis 会使用以下两种方法删除过期数据。

◎ 后台定时任务选取部分数据删除。

◎ 惰性删除。

肖菜姬：“Redis 保存了 5GB 的数据，我现在删除了 2GB 数据，为什么进程还是占用了 5GB 内存？”

删除了数据，Redis 进程占用的内存（也叫作 RSS，进程消耗内存页数）不一定会降低。在长时间运行时，可能面临内存碎片问题。本节将深入解析 Redis 内存碎片的成因，以及针对性的优化策略。

4.7.1 数据已删，释放的内存去哪了

肖菜姬：“明明删除了数据，使用 top 命令查看 Redis 进程占用却发现没有降低，内存都去哪了？”

使用 info memory 命令获取 Redis 内存相关指标，这里列举了几个重要的指标。

```
127.0.0.1:6379> info memory
# Memory
```

```
// Redis 存储数据占用的内存量
used_memory:1132832
// 可读友好形式返回内存总量
used_memory_human:1.08M
// 操作系统角度，进程占用的物理总内存
used_memory_rss:2977792
// used_memory_rss 可读性模式展示
used_memory_rss_human:2.84M
// 内存使用的最大值，表示 used_memory 的峰值
used_memory_peak:1183808

// 以可读的格式返回 used_memory_peak 的值
used_memory_peak_human:1.13M
// Lua 引擎所消耗的内存大小
used_memory_lua:37888
used_memory_lua_human:37.00K
// Redis 能使用的最大内存值，单位为字节
maxmemory:2147483648
// Redis 能使用的最大内存值
maxmemory_human:2.00G
// 内存淘汰策略
maxmemory_policy:noeviction // 内存淘汰策略

// used_memory_rss / used_memory 的比值，代表内存碎片率
mem_fragmentation_ratio:2.79
```

Redis 进程内存消耗主要由以下部分组成，如图 4-26 所示。

◎ Redis 自身启动运行占用的内存。

◎ 存储数据占用的内存。

◎ 缓冲区内存：主要包括 client-output-buffer-limit 客户端输出缓冲区、复制积压缓冲区（backlog_buffer）和 AOF 缓冲区。

◎ 内存碎片。

Redis 进程占用的内存很小，可以忽略不计，存储数据是占比最大的一块。缓冲区内存在大流量场景容易失控，造成 Redis 内存不稳定，需要重点关注。

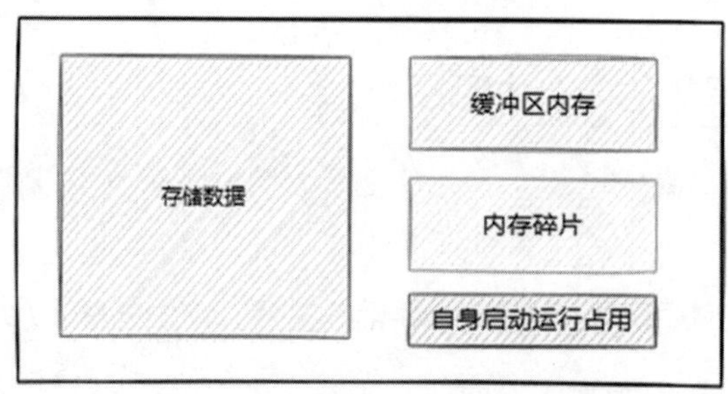

图 4-26

内存碎片过大会导致明明有空间可用，却无法存储数据。碎片率 ＝ used_memory_rss（实际使用的物理内存，RSS 值）/ used_memory （实际存储数据的内存）。

4.7.2　什么是内存碎片

内存碎片指内存空间中的小块空闲区域，它们由于大小不一致或位置不连续而无法被有效地利用。内存碎片会占用 Redis 的物理内存，但是不计入 Redis 的逻辑内存。举个例子，你跟漂亮"小姐姐"去电影院看电影，肯定想坐在一起。

如图 4-27 所示，假设有 8 个座位，已经卖出了 4 张票，还有 4 张可以买。可是好巧不巧，买票的人很奇葩，分别间隔一个座位买票。即使还有 4 个座位空闲，你却买不到两个座位连在一起的票。

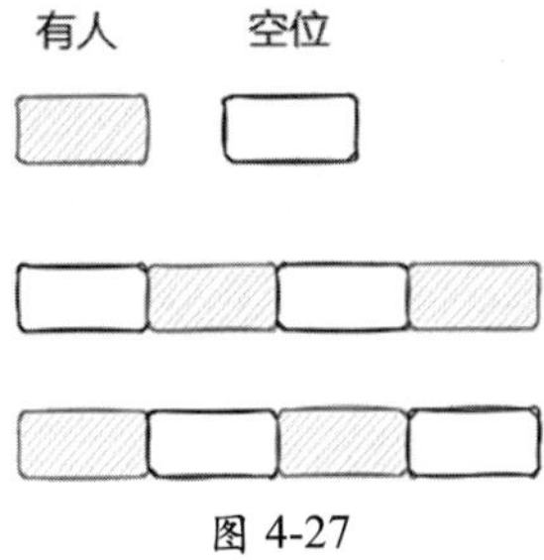

图 4-27

4.7.3　内存碎片的形成原因

内存碎片的形成原因主要如下。

◎ 内存分配器的分配策略。
◎ 频繁的数据更新操作：Redis 频繁对大小不同的 key-value 进行更新，大量过期数据被删除，释放的空间不够连续导致无法复用。

1. 内存分配器的分配策略

我默认的内存分配器是 jemalloc，它是以固定大小的块为单位进行连续内存分配的，而不是按需分配的。

当申请的内存接近某个固定值时，例如 8 字节、16 字节、2 KB、4KB，jemalloc 会给它分配对应的固定大小的空间，这样就会出现内存碎片。例如程序只需要 1.5 KB 空间，内存分配器会分配给它 2KB 空间，从而产生 0.5KB 碎片。

这么做的目的是减少内存分配次数，例如申请 22 字节的空间保存数据，jemalloc 会分配 32 字节，如果后续还要写入 10 字节，就不需要再向操作系统申请空间了，可以使用之前申请的 32 字节。

Chaya："Redis 靓仔，你不会立刻把内存归还给操作系统的原因是什么？"

在删除 key 时，我并不会立刻把内存归还给操作系统，出现这个情况的原因是底层内存分配器管理机制，例如大多数已经删除的 key 依然与其他有效的 key 被分配在同一个内存页中。

除此之外，分配器还可以复用空闲的内存块：原有的 5GB 数据被删除了 2 GB，当再次将数据添加到实例中时，会复用之前释放的 2GB 内存。Redis 的 RSS 会保持稳定，不会增长太多。

2. key-value 大小不一和删改操作

Redis 频繁对大小不同的 key-value 做更新操作，并删除大量过期数据，释放的空间不够连续导致内存无法被复用。例如，将原本占用 32 字节的字符串修改为占用 20 字节的字符串，那么释放出的 12 字节就是空闲空间。如果下一个字符串需要申请 13 字节的存储空间，那么刚刚释放的 12 字节无法被 17 使用，导致碎片。

内存空间总量足够大，但是其中的内存不是连续的，可能导致无法存储数据。

4.7.4 内存碎片解决之道

Chaya："如何判断是否有内存碎片呢？"

我提供了 info memory 命令，可以查看 Redis 的内存使用情况，其中有一个字段 mem_fragmentation_ratio，它表示 Redis 的内存碎片率，计算公式如下。

```
mem_fragmentation_ratio = used_memory_rss / used_memory
```

其中，used_memory_rss 表示操作系统实际分配给 Redis 的物理内存，里面包含了碎片；used_memory 表示 Redis 为了保存数据实际申请的空间。如果碎片率大于 1，就说明存在内存碎片，这个值越大，内存碎片就越多。当 1 < 碎片率 < 1.5 时，可以认为是合理的；当碎片率≥1.5 时，说明碎片已经超过 50%，我们需要采取一些措施解决碎片率过大的问题。

1. 重启大法

Redis 4.0 之前的版本没有内置内存碎片清理工具，只能通过重启的方式来清理内存碎片。

如果没有开启持久化，数据就会丢失；如果开启持久化，那么需要使用 RDB 文件或者 AOF 恢复数据。当只有一个实例时，数据过大会导致恢复阶段长时间无法提供服务，高可用大打折扣。

2. 内存碎片自动清理

Chaya："怎么办呢？Redis 靓仔。"

既然你都叫我靓仔了，我就倾囊相助告诉你终极“必杀技”：Redis 4.0 开始提供内存碎片自动清理功能，可以在不重启的情况下自动进行碎片清理。需要注意的是，只有 Redis 的内存分配器是 jemalloc 时才能启用内存碎片自动清理功能。

这种方法的原理是，当一块连续的内存空间被划分为好几块不连续的空间时，操作系统会依次挪动数据并将它们拼接在一起，释放之前被数据占用的空间，形成一块连续的空闲空间，从而提高内存利用率，如图 4-28 所示。

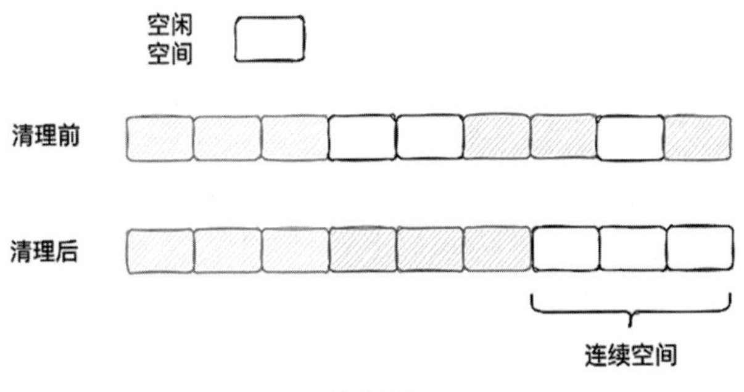

图 4-28

如何开启和配置内存碎片自动清理功能？

首先，你需要确定 Redis 的内存分配器是否是 jemalloc，可以通过 info memory 命令查看 mem_allocator 字段。如果不是，那么你需要重新编译 Redis，并指定 MALLOC=jemalloc 参数。

接着，可以通过如下命令动态修改 Redis 配置，而不需要重启 Redis。

```
CONFIG SET activedefrag yes
```

如果想永久开启这个功能，就需要修改 redis.conf 配置文件，配置 activedefrag yes。

除此以外，我们还可以根据需要调整一些参数，来控制内存碎片自动清理功能的触发条件和速度。

内存碎片自动清理功能的触发条件

- ◎ active-defrag-ignore-bytes 200mb：表示当碎片占用的内存达到 200MB 时开始清理，默认值是 100MB。
- ◎ active-defrag-threshold-lower 20：表示当内存碎片占用操作系统分配给 Redis 总空间的比例达到 20% 时开始清理，默认值是 10%。

清理的速度

内存碎片自动清理虽好，可不要肆意妄为，把数据移动到新位置，再释放原有空间是需要消耗资源的。Redis 操作数据的命令是单线程的，所以要等待数据复制移动完成才能处理请求，造成性能损耗。

以下两个参数可以控制内存碎片自动清理开始和结束的时机，避免过多占用 CPU，减少内存碎片自动清理对 Redis 处理性能的影响。

◎ active-defrag-cycle-min 20：表示内存碎片自动清理过程所占用 CPU 的比例不低于 20%，保证清理能正常进行，默认值是 5%。

◎ active-defrag-cycle-max 50：表示内存碎片自动清理过程所占用 CPU 的比例不能高于 50%，一旦超过就立即停止，避免 Redis 阻塞，造成高延迟。默认值是 75%，可以根据实际情况调整。

这些参数可以通过 config set 命令动态地修改，也可以通过配置文件永久地修改。

第 5 章 元婴大成——出师实战

5.1 Redis 性能排查与解决问题的终极检查清单

程序员通常让我负责业务系统中的重要功能，例如缓存系统、保存账号登录信息、排行榜等。一旦 Redis 请求延迟增加，就可能导致业务系统“雪崩”。

谢霸戈：“我所在的互联网婚恋公司在‘双十一’推出‘单身派对’活动。

“谁曾想，凌晨 12 点之后用户量暴增，系统出现故障，用户无法下单，急得‘上蹿下跳’。

“经过查找，Redis 报出 Could not get a resource from the pool 的错误：获取不到连接资源，并且集群中的单台 Redis 连接量很高。大流量淹没了 Redis 的缓存响应，直接‘打’到了 MySQL，最后数据库也宕机了。

“于是我不断更改 Redis 最大连接数、连接等待数，虽然报错频率有所下降，但还是持续报错。

“经过线下测试，最后发现 Redis 中某些 key 的 value 保存的数据过大，命令平均执行 1s 才能返回数据，导致报出 Could not get a resource from the pool 的错误。”

本节我带你一起来分析一下 Redis 突然变慢了该怎么办？如何确定 Redis 性能出问题了，出现问题要如何调优解决。

5.1.1 性能基线测量

最大延迟指从客户端发出命令到客户端收到命令进而响应的时间，通常情况下，Redis 能够以微秒级别快速处理。

然而，在 Redis 性能波动的情况下，延迟可能会增加到几秒甚至十几秒，这时可以判断 Redis 的性能出现了问题。

在硬件配置较好的情况下，当延迟达到 0.6 毫秒时，可以认为 Redis 的性能降低。而在硬件配置相对较差的情况下，可能当延迟达到 3 毫秒时，才会认为出现了性能问题。

张无剑："那么，我们如何判定 Redis 是否真的变慢了呢？"

你需要测量当前环境中的 Redis 基线性能，即在系统压力低、无干扰的条件下，获取 Redis 的基本性能。

当你观察到 Redis 的运行时延迟超过基线性能的两倍时，可以明确判定 Redis 的性能已经下降了。

redis-cli 可执行脚本提供了 –intrinsic-latency 选项，用来监测和统计测试期间的最大延迟（以毫秒为单位），这个延迟可以作为 Redis 的基线性能。

```
./redis-cli --intrinsic-latency 100
Max latency so far: 4 microseconds.
Max latency so far: 18 microseconds.
Max latency so far: 41 microseconds.
Max latency so far: 57 microseconds.
Max latency so far: 78 microseconds.
Max latency so far: 170 microseconds.
Max latency so far: 342 microseconds.
Max latency so far: 3079 microseconds.

45026981 total runs (avg latency: 2.2209 microseconds / 2220.89 nanoseconds per run).
Worst run took 1386x longer than the average latency.
```

注意：参数 100 是测试将执行的秒数。测试运行的时间越长，就越有可能发现延迟峰值。

运行 100 s 通常是合适的，足以发现延迟问题。当然，我们可以选择不同的时间多次运行，减少误差。

这里运行的最大延迟是 3079 微秒，所以基线性能是 3079 微秒（约 3 毫秒）。

需要注意的是，要在 Redis 的服务端运行这个脚本，而不是客户端，这样可以避免网络对基线性能的影响。

此外，可以通过 -h host -p port 来连接服务端，如果想监测网络对 Redis 的性能影响，那么可以使用 Iperf 测量客户端到服务端的网络延迟。

如果网络延迟达到几百毫秒，则说明网络中可能有其他大流量的程序在运行，导致网络拥塞，需要找运维人员协调网络的流量分配。

5.1.2　慢命令监控

Chaya：“知道了性能基线后，有什么手段监控慢命令呢？”

你要避免使用时间复杂度为 O(N) 的命令，尽可能使用复杂度为 O(1) 和 O(lgN) 的命令。

涉及集合操作的复杂度一般为 O(N)，例如集合全量查询 HGETALL、SMEMBERS，以及集合的聚合操作 SORT、LREM、SUNION 等。

Chaya：“代码不是我写的，不知道有没有人用了慢命令，有没有监控呢？”

有两种方式可以排查。

◎ 使用 Redis 慢日志功能查出慢命令。
◎ latency-monitor（延迟监控）工具。

此外，使用 Linux 命令（top、htop、prstat 等）快速检查 Redis 主进程的 CPU 消耗。如果 CPU 使用率很高而流量不高，那么通常表明使用了慢命令。

慢日志功能

Redis 中的 slowlog 命令可以查询出执行时间超过指定时间的命令。在默认情况下，当命令的执行时间超过 10ms 时，就会被记录到日志。

slowlog 只会记录命令执行的时间，不包含 I/O 往返操作时间，也不记录单由网络延迟引起的响应时间。

你可以根据基线性能的数据来合理配置慢命令执行时间的阈值（一般配置为基线性能最大延迟的 2 倍）。比如，在 redis-cli 中输入以下命令记录执行时间超过 6 毫秒的命令。

```
redis-cli CONFIG SET slowlog-log-slower-than 6000
```

也可以在 Redis.conf 配置文件中配置，单位是微秒。如下，输入 SLOWLOG GET 2 查看最后 2 个慢命令。

示例：获取最近 2 个慢查询命令。

```
> SLOWLOG get 2
1) 1) (integer) 6
   2) (integer) 1458734263
   3) (integer) 74372
   4) 1) "HGETALL"
      2) "max.magebyte.blacklist"
2) 1) (integer) 5
   2) (integer) 1458734258
   3) (integer) 5411075
   4) 1) "KEYS"
      2) "max.magebyte.blacklist"
```

以第一个 HGET 命令响应数据为例进行分析，每个 slowlog 包括 4 个字段。用第一个 slowlog 返回体距离，你可以知道以下几点信息。

◎ 字段 1：1 个整数，表示这个 slowlog 出现的序号，server 启动后递增，当前为 6。

◎ 字段 2：表示查询执行时的 Unix 时间戳。

◎ 字段 3：表示查询执行微秒数，当前是 74372 微秒，约 74ms。

◎ 字段 4：表示命令及其参数，当前命令是 HGETALL，参数是 max.magebyte.blacklist。

latency monitoring

Redis 在 2.8.13 版本引入了 latency monitoring 功能，用于以秒为粒度监控各种事件的发生频率。

启用延迟监视器的第一步是**配置延迟阈值（单位：毫秒）**，只有超过该阈值的时间才会被记录。例如我们根据基线性能（3ms）的 3 倍配置阈值为 9 ms，那么可以用 redis-cli 配置，也可以在 Redis.config 中配置。

```
CONFIG SET latency-monitor-threshold 9
```

获取最近的 latency。

```
127.0.0.1:6379> debug sleep 2
OK
(2.00s)
127.0.0.1:6379> latency latest
1) 1) "command"
   2) (integer) 1645330616
   3) (integer) 2003
   4) (integer) 2003
```

其中：

1）表示事件的名称。

2）表示事件发生的最近延迟的 Unix 时间戳。

3）表示时间延迟的单位为毫秒。

4）表示该事件的最大延迟。

5.1.3 解决性能问题的终极检查清单

Redis 的命令由单线程执行，如果主线程执行的时间太长，就会导致主线程阻塞。我们一起分析一下都有哪些情况会导致 Redis 性能问题，又该如何解决。

1. 网络通信导致的延迟

客户端使用 TCP/IP 或 UNIX 域连接到 Redis。1 Gbit/s 网络的典型延迟约为 200 微秒。

Redis 客户端执行一条命令需要 4 个步骤：发送命令→ 命令排队 → 命令执行→ 返回结果。

这个过程耗费的时间被称为往返时间（Round Trip Time，RTT），mget mset 有效节约了 RTT，但大部分命令（如 hgetall，并没有 mhgetall）不支持批量操作，需要消耗 *N* 次 RTT，这个时候需要 pipeline 来解决这个问题。

解决方案

Redis pipeline 将多个命令连接在一起来减少网络响应往返次数，如图 5-1 所示。

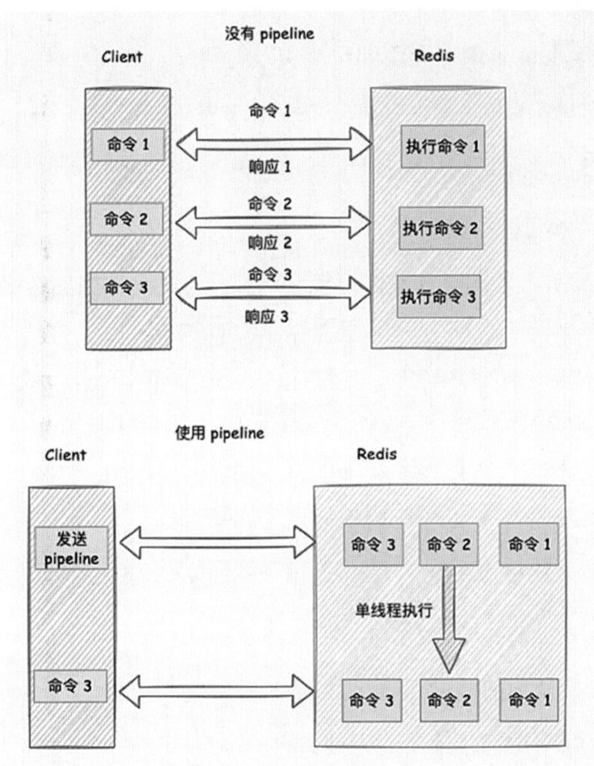

图 5-1

2. 慢命令

根据上文的慢命令监控到慢查询命令。可以通过以下两种方式解决。

◎ 在 Redis 集群中，将聚合运算等 *O*(*N*) 时间复杂度的操作放到 slave 上运行或者在客户端完成。

◎ 使用更高效的命令。例如使用增量迭代的方式，避免一次查询大量数据，具体请查看 SCAN、SSCAN、HSCAN、ZSCAN 命令。

除此之外，在生产中禁用 KEYS 命令，因为它会遍历所有的 key-value，所以操作延时高，只适用于调试。

3. 开启内存大页

Linux 的内存页默认会被分配 4 KB 内存，Linux 内核从 2.6.38 版本开始支持内存大页（Transparent HugePages）机制，该机制支持 2MB 大小的内存页分配。

一旦采用了内存大页，在生成 RDB 文件期间，即使客户端修改的数据只有 50B，Redis 也需要复制 2MB 的大页。在生成 RDB 文件期间，当写命令比较多时就会导致大量的复制，使性能变差。

使用以下命令禁用 Linux 内存大页即可解决以上问题。

```
echo never > /sys/kernel/mm/transparent_hugepage/enabled
```

4. swap 交换区

谢霸戈："什么是 swap 交换区？"

当物理内存（RAM）不够用时，操作系统会将部分内存上的数据转换到 swap 交换区上，防止程序因为内存不够用而出现 oom 或者更致命的情况。

当应用进程向操作系统请求内存时，如果操作系统的内存不足，那么操作系统会把内存中暂时不用的数据放在 swap 交换区中，这个过程称被为 SWAP OUT。

当该进程需要这些数据，且操作系统中还有空闲物理内存时，操作系统就会把 swap 交换区中的数据交换回物理内存中，这个过程被称为 SWAP IN。

swap 是操作系统将内存数据在内存和磁盘间来回换入和换出的机制，涉及磁盘的读/写。

谢霸戈："触发 swap 的情况有哪些呢？"

对于 Redis 而言，有两种常见的情况。

◎ Redis 使用了比可用内存更多的内存。
◎ 与 Redis 在同一部机器上运行的其他进程在执行大量的文件读/写的 I/O 操作（包括生成大文件的 RDB 文件和 AOF 后台线程）时，文件读/写占用内存，导致 Redis 获得的内存减少，触发了 swap。

谢霸戈："我要如何排查由于 swap 导致的性能变慢呢？"

Linux 提供了很好的工具来排查这个问题，当你怀疑由于交换导致了延迟时，只需按照以下步骤排查。

使用 INFO Server 命令获取 Redis pid，我省略部分命令响应的信息，重点关注 process_id。

```
127.0.0.1:6379> INFO Server
# Server
redis_version:7.0.14
process_id:2847
process_supervised:no
run_id:8923cc83412b223823a1dcf00251eb025acab271
tcp_port:6379
```

查找内存布局

进入 Redis 所在的服务器的 /proc 文件系统目录。

```
cd /proc/2847
```

这里有一个 smaps 文件，该文件描述了 Redis 进程的内存布局，用 grep 查找所有文件中的 Swap 字段。

```
$ cat smaps | egrep '^(Swap|Size)'
Size:                316 KB
Swap:                  0 KB
Size:                  4 KB
Swap:                  0 KB
Size:                  8 KB
Swap:                  0 KB
Size:                 40 KB
Swap:                  0 KB
Size:                132 KB
Swap:                  0 KB
Size:             720896 KB
Swap:                 12 KB
```

Size 表示 Redis 实例所用的内存大小，Size 下方的 Swap 对应这块 Size 的内存区域有多少数据已经被换出到磁盘上，如果 Size == Swap ，则说明数据被完全换出了。

可以看到，有一块 720896 KB 的内存有 12 KB 被换出到了磁盘上（仅交换了 12 KB），这就没什么问题。

Redis 本身会使用很多大小不一的内存块，所以，你可以看到有很多 Size 行，有的很小，例如 4KB，而有的很大，例如 720896KB。不同内存块被换出到磁盘上的大小也不一样。

敲重点：如果所有 Swap 都是 0KB，或者有个别 Swap 是 4 KB，那么一切正常。

当出现 MB，甚至 GB 级别的 Swap 时，就表明此时 Redis 实例的内存压力很大，很有可能会变慢。解决方案如下。

◎ 增加机器内存。

◎ 将 Redis 放在单独的机器上运行，避免在同一部机器上运行多个需要大量内存的进程，从而满足 Redis 的内存需求。

◎ 增加 Redis 集群的节点数量，减少每个实例所需的内存。

5. AOF 和磁盘 I/O 导致的延迟

我们在第 3 章知道为了保证数据可靠性，Redis 可以使用 AOF 和 RDB 文件实现宕机快速恢复和持久化。

可以使用 appendfsync 将 AOF 配置为以三种不同的方式在磁盘上执行 write 或者 fsync 操作（可以在运行时使用 CONFIG SET 命令修改此配置，例如 redis-cli CONFIG SET appendfsync no）。

◎ **no**：Redis 不执行 fsync，唯一的延迟来自 write 调用，write 只需要把日志记录写到内核缓冲区就可以返回。

◎ **everysec**：Redis 每秒执行一次 fsync，使用后台子线程异步完成 fsync 操作。最多丢失 1s 的数据。

◎ **always**：每次写入操作都会执行 fsync，然后用 OK 代码回复客户端（实际上 Redis 会尝试将同时执行的多个命令聚集到单个 fsync 中），没有数据丢失。在这种模式下，性能通常非常低，强烈建议使用 SSD 和可以在短时间内执行 fsync 的文件系统实现。

我们把 Redis 用作于缓存系统，如果从 Redis 中查询数据未命中，则从数据库中查询数据，这并不需要很高的数据可靠性，建议把 appendfsync 配置为 no 或者 everysec。

除此之外，避免 AOF 文件过大，一般会开启 Redis AOF Rewrite 进行 AOF 重写，缩小 AOF 文件大小。

可以把配置项 no-appendfsync-on-rewrite 配置为 yes，表示在 AOF Rewrite 时不进行 fsync 操作。也就是说，Redis 实例把写命令写到内存后，不调用后台线程进行 fsync 操作，就直接向客户端返回了。

6. fork 生成 RDB 文件导致的延迟

Redis 必须 fork 后台进程才能生成 RDB 文件，fork 操作（在主线程中运行）本身会导致延迟。

Redis 使用操作系统的多进程写时复制（Copy On Write，COW）技术来实现快照持久化，减少内存占用，如图 5-2 所示。

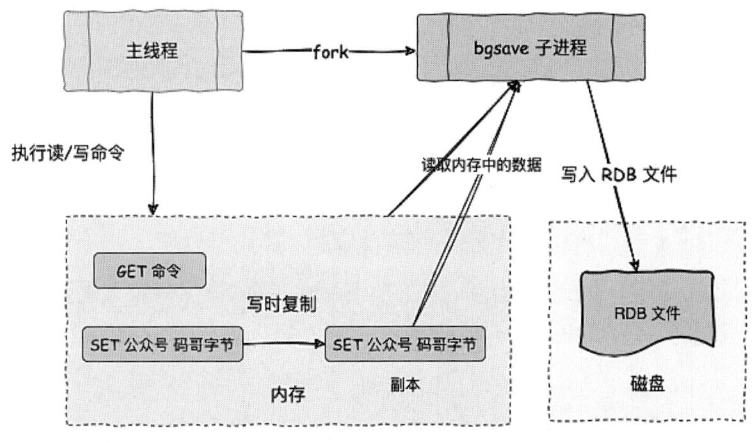

图 5-2

fork 会涉及复制大量链接对象，在 Linux 系统中，内存默认一个页占用 4 KB（默认未开启内存大页），为了将内存虚拟地址转换成物理地址，每个进程都存储一个页表，每页至少包含该进程地址空间的指针。所以，一个 24 GB 的大型 Redis 实例执行 bgsave 生成 RDB 文件需要复制 24 GB / 4 KB ×8 = 48 MB（每个页表条目消耗 8 字节）的页表。

此外，slave 在加载 RDB 文件期间无法提供读/写服务，所以 master 的数据量大小控制在 2GB~4GB，以便 slave 快速完成加载。

7. key-value 数据集中过期淘汰

Redis 有两种淘汰过期数据的方式。

◎ 惰性淘汰：当接收请求时检测到 key 过期才淘汰。
◎ 定时淘汰：按照 100 毫秒一次的频率淘汰一些过期的 key。

定时淘汰的算法如下。

（1）随机采样 CTIVE_EXPIRE_CYCLE_LOOKUPS_PER_LOOP（默认配置为 20）个 key，淘汰所有过期的 key。

（2）执行之后，如果发现还有超过 25% 的 key 已过期未被淘汰，则继续执行上一条。

当每秒执行 10 次，一次淘汰 200 个 key 时，对性能的影响不大。但如果触发了第 2 条，就会导致 Redis 一直在淘汰过期数据。

谢霸戈：“Redis 大佬，触发条件是什么呀？”

大量的 key 配置了相同的时间参数，同一秒内大量 key 过期，需要重复淘汰多次才能将过期数据占比降低到 25% 以下。

简而言之：大量同时到期的 key 可能会导致性能波动。解决方案如下。

如果的确有一批 key 同时过期，那么可以在 EXPIREAT 和 EXPIRE 的过期时间参数上加上一个一定范围内的随机数，这样既保证了 key 在一个邻近时间范围内被淘汰，又避免了同时过期造成的压力。

8. Bigkey

谢霸戈："Bigkey 是什么？它的 key 很大吗？"

"大"确实是关键字，但是这里的"大"指 Redis 中那些存有较大量元素的集合或 Lists、占用较大内存空间的 key-value 被称为 Bigkey，简而言之就是 key-value 的值占用较大内存空间。例如：

- ◎ 一个 String 类型的 key，它的 value 为 5MB（数据过大）。
- ◎ 一个 Lists 类型的 key，它的列表数量为 10000 个（列表数量过多）。
- ◎ 一个 Sorted Sets 类型的 key，它的成员数量为 10000 个（成员数量过多）。
- ◎ 一个 Hashes 类型的 key，虽然它的成员数量只有 1000 个，但这些成员的 value 总大小为 10MB（成员体积过大）。

Bigkey 的存在可能引发以下问题。

- ◎ **内存压力增大**：大键会占用大量的内存，可能导致 Redis 实例的内存使用率过高，Redis 内存不断变大引发 OOM，或者达到 maxmemory 配置值引发写阻塞或重要 key 被淘汰。
- ◎ **持久化延迟**：在进行持久化操作（如 RDB 快照、AOF）时，处理 Bigkey 可能导致持久化操作延迟。
- ◎ **网络传输压力**：在主从复制中，如果有 Bigkey 存在，则可能导致网络传输的压力增大。
- ◎ **Bigkey 的读请求占用带宽过大**，自身变慢的同时影响该服务器上的其他服务。

谢霸戈："如何解决 Bigkey 问题呢？"

- ◎ **定期检测**：使用工具（如 redis-cli 的 --bigkeys 参数）进行定期扫描和检测。
- ◎ **优化数据结构**：根据实际业务需求，优化使用的数据结构，例如使用 HyperLogLog 替代 Sets。
- ◎ **清理不必要的数据**：Redis 自 4.0 版本起提供了 UNLINK 命令，该命令能够以非阻塞的方式逐步地清理传入的 key，安全地淘汰 Bigkey。
- ◎ **对 Bigkey 进行拆分**：在 Redis 集群中，拆分 Bigkey 能够显著平衡节点间的内存。例如，将一个含有数万个成员的 Hashes key 拆分为多个 Hashes key，并确保每个 Hashes key 的成员数量在合理范围。

5.2 Redis 很强，不懂使用规范就糟蹋了

你知道的，我为了高性能和节省内存费尽心思。然而，只有规范地使用 Redis，才能实现高性能和节省内存，否则再快的 Redis 也禁不起“瞎折腾”。

Redis 使用规范围绕如下维度展开。

◎ key-value 使用规范。

◎ 命令使用规范。

◎ 数据设计规范。

◎ SDK 使用规范。

◎ 运维管理规范。

5.2.1 key-value 使用规范

在使用 key-value 时，需要注意以下两点。

◎ 好的 key 名称才能提供可读性强、可维护性高的代码，便于定位问题和查找数据。

◎ value 要避免出现 Bigkey 现象，选择高效的序列化和压缩、使用整数对象共享池、选择高效恰当的数据类型保存数据。

1. key 命名规范

规范的 key 命名在遇到问题时能够方便定位。Redis 本身没有 Scheme 的概念，所以要靠规范来建立其 Scheme 语意，就像我们需要根据不同的场景建立不同的数据库。

敲黑板：把业务模块名或者数据库名作为前缀（就像数据库 Scheme），用冒号分隔，这样就可以通过 key 前缀来区分不同的业务数据，清晰明了。总结起来就是“数据库名:表名:id”。

例如，我们要记录技术类型公众号“码哥字节”的粉丝数。

```
set 公众号:技术类:码哥字节 100000
```

Chaya：“Redis 靓仔，key 太长会有什么问题？”

key 是字符串类型，底层的数据结构是 SDS，SDS 结构中会包含字符串长度、分配空间大小等元数据信息。

字符串长度增加，SDS 的元数据也会占用更多的内存空间。字符串太长时，我们可以采用适当缩写的形式。

除此之外，禁止 key 包含特殊字符（大括号“{}”除外），由于大括号“{}”为 Redis 的 hash tag 语义，因此当使用 Redis 集群时，key 名称需要正确地使用大括号以避免分片不均。

2. value 规范

为防止出现 Bigkey，需要设计合理的 key 的 value 大小，推荐小于 10 KB。过大的 value 会引发分片不均、热点 key、实例流量或 CPU 使用率冲高等问题。

Redis 单线程执行读/写命令，如果出现 Bigkey 的读/写操作就会阻塞线程，导致处理效率降低。Bigkey 包含两种情况。

◎ key-value 的 value 很大，例如 value 保存了 2MB 的 String 数据。

◎ key-value 的 value 是集合类型（例如 Hashes、Sets、Lists 等）的，避免其中包含过多元素，建议单 key 中的元素不要超过 5000 个。

谢霸戈：“如果业务数据就是很大怎么办？例如，我就要把整部《金瓶梅》保存到 Redis 中。”

你还可以通过 gzip 数据压缩来减小数据大小，比如使用 gzip 压缩字符串。

3. 使用高效序列化和压缩

为了节省内存，我们可以使用高效的序列化方法和压缩方法减小 value 的大小。

protostuff 和 kryo 这两种序列化方法比 Java 内置的序列化方法效率更高。这两种序列化方式虽然省内存，但是得到的都是二进制格式数据，可读性太差。

通常我们会将 value 序列化成 JSON 或者 XML，为了避免数据占用空间大，可以使用压缩工具（snappy、gzip）将数据压缩后再存到 Redis 中。

4. 使用整数对象共享池

Redis 内部维护了 0 到 9999 这 1 万个整数对象作为一个共享池。即使大量 key-value 保存了 0 到 9999 范围内的整数，在 Redis 实例中，其实也只保存了一份整数对象，可以节省内存空间。

需要注意的是，在以下两种情况下，整数对象共享池是不生效的。

◎ Redis 中配置了 maxmemory，而且启用了 LRU 策略（allkeys-lru 或 volatile-lru），这是因为 LRU 需要统计每个 key-value 的使用时间，如果不同的 key-value 都复用一个整数对象就无法统计了。

◎ 当集合类型数据采用 ziplist（7.0 版本之后是 listpack ）编码，并且集合元素是整数时，也不能使用共享池，因为 ziplist、listpack 使用了紧凑型内存结构，判断整数对象的共享情况效率低。

5.2.2 命令使用规范

有些命令执行时会造成很大的性能问题，我们一定要知道。

1. 生产禁用的命令

Redis 单线程处理读/写命令，如果执行一些涉及大量操作、耗时长的命令，就会严重阻塞主线程，导致其他命令无法得到正常处理。另外，需要谨慎使用 $O(N)$复杂度的命令。

◎ KEYS：该命令需要对 Redis 的全局散列表进行全表扫描，严重阻塞 Redis 主线程。应该使用 SCAN 来代替，分批返回符合条件的 key-value，避免主线程阻塞。

◎ FLUSHALL：删除 Redis 实例上的所有数据，如果数据量很大，则会严重阻塞 Redis 主线程。

◎ FLUSHDB：删除当前数据库中的数据，如果数据量很大，则同样会阻塞 Redis 主线程。加上 ASYNC 选项，让 FLUSHALL、FLUSHDB 异步执行。

2. 慎用 MONITOR 命令

MONITOR 命令会把监控到的内容持续写入输出缓冲区。如果线上命令的操作很多，输出缓冲区很快就会溢出，这会对 Redis 的性能造成影响，甚至引起服务崩溃。

3. 慎用全量操作命令

例如获取集合中的所有元素（Hashes 类型的 hgetall、Lists 类型的 lrange、Sets 类型的 smembers 和 zrange 等命令）。

对于这些时间复杂度为 $O(N)$的命令，需要特别注意 N 的值，避免 N 过大造成 Redis 阻塞及 CPU 使用率冲高。这些命令会对整个底层数据结构进行全量扫描，导致阻塞 Redis 主线程。

谢霸戈：“如果业务场景就是需要获取全量数据怎么办？”

有以下两种解决方式。

◎ 使用 hscan、sscan 和 zscan 这些分批扫描的命令。

◎ 按照时间、区域等把大集合拆成小集合。

禁止使用 del 命令直接删除 Bigkey，Redis 4.0 后的版本可以通过 UNLINK 命令安全地删除 Bigkey，该命令是异步非阻塞的。

4. 使用批量操作提高效率

如果有批量操作，那么可以使用 mget、mset 或 pipeline 提高效率，但要注意控制一次批量操作的元素个数。

mget、mset 和 pipeline 的区别如下。

◎ mget 和 mset 是原子操作，pipeline 是非原子操作。

◎ pipeline 可以打包不同的命令。

5.2.3 数据存储使用规范

1. 冷热数据分离

虽然 Redis 支持使用 RDB 文件和 AOF 持久化保存数据，但是这两个机制都是用来提供数据可靠性保证的，并不是用来扩充数据容量的。

建议将热数据加载到 Redis 中。低频数据可以存储在 MySQL 或者 ElasticSearch 中。

2. 业务数据隔离

不要多个业务共用一个 Redis。一方面避免业务相互影响，另一方面避免出现单实例膨胀现象。实例占用内存小，能重启快速恢复，降低影响面。

3. 配置过期时间

写入 Redis 的数据会一直占用内存，如果数据持续增多，就可能达到机器的内存上限，造成内存溢出，导致服务崩溃。

在保存数据时，建议根据业务使用数据的时长配置数据的过期时间及内存淘汰策略，可以在 Redis 内存意外写满时仍然正常提供服务。

4. 控制单实例的内存容量

建议将单实例的内存容量配置在 2~6 GB。这样一来，无论是 RDB 快照、AOF Rewrite，还是主从数据同步，都能很快完成，不会阻塞正常请求的处理。

Redis 在执行 AOF Rewrite 和 bgsave 时，会 fork 一个进程，过大的内存会导致卡顿。

5. 防止缓存雪崩

Redis 大量的 key 集中过期会导致缓存雪崩。也就是在某一个时刻出现大规模缓存失效的情况，大量的请求直接“打”到 MySQL 数据库中，增加数据库的压力，如果在高并发的情况下，可能瞬间导致数据库宕机。

5.2.4 SDK 使用规范

在使用 SDK 操作 Redis 时有以下注意事项。

◎ 使用连接池和长连接：频繁创建和销毁连接会浪费大量的系统资源，在极端情况下会造成宿主机宕机。

◎ 避免使用 Lettuce 客户端：Lettuce 客户端在默认配置下有一定性能优势，并且是 Spring 的默认客户端，但是 Jedis 客户端在连接异常、网络抖动等场景中的异常处理和检测能力明显强于 Lettuce，可靠性更强，建议使用 Jedis。
  - Lettuce 默认未配置 Redis 集群拓扑信息刷新的配置，会导致 Redis 集群在发生拓扑信息变化（主备倒换扩/缩容）时，无法识别新的节点信息，导致业务失败。
  - Lettuce 没有连接池校验的功能，无法检测连接池中的连接是否仍然有效，获取失效连接后会导致业务失败。

◎ 客户端容错重试机制：可能因网络波动或基础配置故障引发主备倒换、命令超时或慢请求等现象，需要在客户端内设计合理的容错重试机制。根据业务要求配置容错处理的重试时间，避免时间过短或者过长。

5.2.5　运维规范

运维层面也有一些需要遵循的规范。

◎ 在生产系统中需要开启 Redis 密码保护机制，使用 Redis 集群或者哨兵集群实现高可用。

◎ 根据告警基线配置告警：配置节点 CPU、内存、带宽等告警。

◎ 对实例配置最大连接数，防止过多客户端连接导致实例负载过高，影响性能。

◎ 关闭 Redis AOF 持久化，即使开启 AOF，也将刷盘策略配置为每秒执行一次，避免磁盘 I/O 降低 Redis 性能。

◎ 配置合理的 repl-backlog 大小，降低主从全量同步的概率。

◎ 配置合理的 slave client-output-buffer-limit 大小，避免主从复制中断情况发生。

◎ 根据实际场景配置合适的内存淘汰策略。

5.3　Redis 内存优化必杀技，小内存存储大数据

我是 Redis，想跟你分享一些优化“神技”，如果你在面试或者工作中遇到如下问题，就使出这些“绝招”，“一招定乾坤”！

谢霸戈：“Redis 对内存的优化可谓是‘精打细算，油盐不断’。还有什么‘杀招’能使用更少的内存保存更多的数据？”

从 Redis 保存数据的原理开始，分析 key-value 的存储结构和原理，然后延展出每种数据类型底层的数据结构，针对不同场景使用更恰当的数据结构和编码实现更少的内存占用。

主要优化“神技”如下。

◎ key-value 优化。
◎ 小数据集合编码优化。
◎ 使用对象共享池。
◎ 使用 bit 或 byte 级别操作。
◎ 巧用 Hashes 类型优化。
◎ 使用内存碎片清理功能。
◎ 使用 32 位的 Redis。

5.3.1 key-value 优化

当我们执行 set key value 命令时，*key 指针指向一个 SDS 数据结构，保存 key 的字符串内容，而 value 的值保存在 *ptr 指针指向的数据结构中，消耗的内存为 key + value。如图 5-3 所示。

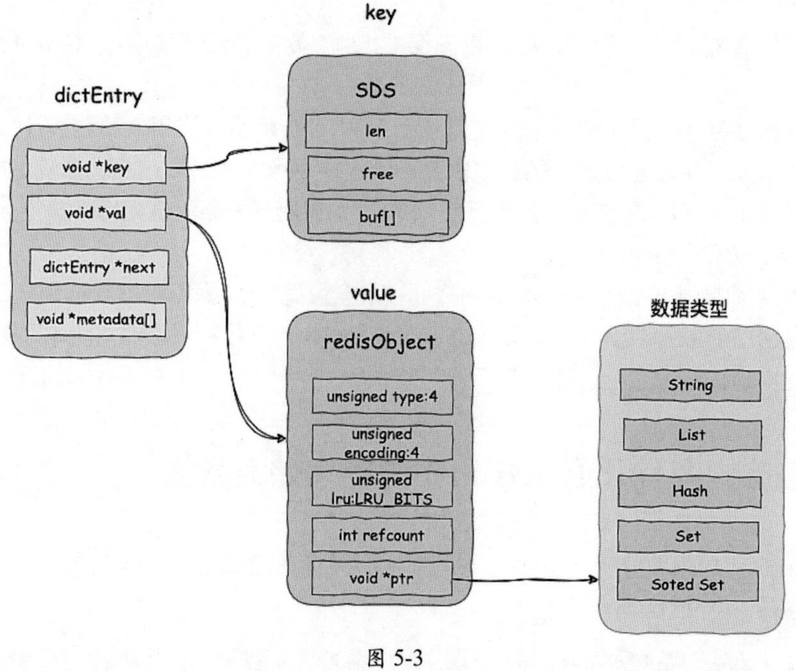

图 5-3

降低 Redis 内存使用率的最粗暴的方式就是缩减 key 与 value 的长度。5.2 节给出了 key-value 的使用规范，key 使用“数据库名:表名: id”的方式命名以便定位问题。

例如：users:firends:996 表示用户系统中 id = 996 的朋友信息，可以简写为 u:fs:996。**可以使用单词简写的方式优化 key 的内存占用。**对于 value 的优化方式更多。

◎ **过滤不必要的信息**：不要一股脑保存所有信息，想办法过滤掉一些不必要的，例如对于缓存登录用户的信息，通常只需要存储昵称、性别、账号等。

◎ **精简数据**：例如对于用户的会员类型，用 0 表示一般会员、1 表示 VIP、2 表示 VVIP，而不是存储整个字符串。

◎ **数据压缩**：对数据使用 GZIP、Snappy 压缩算法进行压缩。

◎ **使用性能好、内存占用小的序列化方式**：Java 内置的序列化不管是在速度还是在压缩比上都不占优势，我们可以选择 protostuff、kryo 等方式。

谢霸戈："你通常将 JSON 作为字符串存储在 Redis 中，用 JSON 格式存储与用二进制格式数据存储分别有什么优缺点呢？"

JSON 格式的优点是方便调试和跨语言调用，缺点是同样的数据相比字节数组占用的空间更大。如果一定要使用 JSON 格式，就先通过压缩算法压缩，再把压缩后的数据存入 Redis。例如将 GZIP 压缩为 JSON 格式可减少约 60% 的空间占用。

5.3.2　小数据集合编码优化

key 对象都是 String 类型的，value 对象主要有 String、Lists、Sets、Sorted Sets 和 Hashes 5 种基本数据类型。每种数据类型可能使用的底层数据结构的关系如图 5-4 所示。

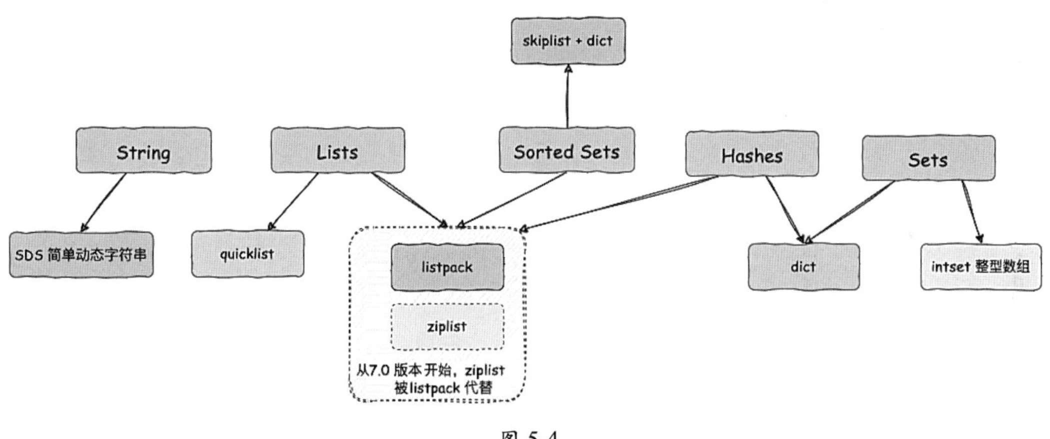

图 5-4

特别说明一下，从 7.0 版本开始，ziplist 压缩列表由 listpack 代替。另外，同一数据类型可能会根据 key 的数量和 value 的大小使用不同的底层编码类型实现。

Redis 在集合数据（Hashes、Lists、Sets、Sorted Sets）满足某些条件的情况下，会通过内存压缩技术使用更少的内存存储更多的数据。

当这些集合中的数据元素数量小于某个值，且元素的 value 占用的字节大小小于某个值时，数据会以非常节省内存的方式进行编码，理论上节省 90%内存（平均节省 80%）。

例如，Hashes 类型里面的数据不是很多，散列表的时间复杂度是 *O*(1)，listpack 的时间复杂度是 *O*(*n*)。如果使用 listpack 保存数据则会节省内存，并且在少量数据的情况下效率并不会降低很多。

所以我们需要尽可能地控制集合元素数量和每个元素的内存大小，这样才能充分利用紧凑型编码减少内存占用。

并且，这些编码对用户和 API 是无感知的，当集合数据超过配置文件配置的最大值时，Redis 会自动转成正常编码。

谢霸戈："为什么要对一种数据类型实现多种不同编码方式？"

主要原因是想通过不同编码实现效率和空间的平衡。例如，当存储 100 个元素的列表时，使用双向链表数据结构需要维护大量的内部字段。如果每个元素都需要前置指针、后置指针、数据指针等，会造成空间浪费。

如果采用连续内存结构的 ziplist 则会节省大量内存，而由于数据长度较小，存取操作时间复杂度即使为 *O*(*n*) 性能也相差不大，因为当 *n* 值很小时，*O*(*n*) 与 *O*(1) 的差别并不明显。

5.3.3 使用对象共享池

我们经常在工作中使用整数，Redis 在启动时默认生成一个 0~9999 的整数对象共享池用于对象复用，以减少内存占用。

例如执行"set 码哥 18;"、"set 吴彦祖 18;"命令，key 分别是字符串"码哥"、"吴彦祖"，他们的 value 都指向同一个对象 18。

如果 value 可以使用整数表示，就尽可能使用整数，这样即使大量 key-value 的 value 属于 0~9999 范围内的整数，在实例中也只有一份数据。

需要注意的是，以下两种情况会导致对象共享池失效。

- ◎ Redis 中配置了 maxmemory 限制最大内存占用，且启用了 LRU 策略（allkeys-lru 或 volatile-lru 策略）。因为 LRU 需要记录每个 key-value 的访问时间，而对象共享池的 key-value 的 value 使用同一个整数对象 18，无法进行统计。
- ◎ 集合类型采用 ziplist（从 7.0 版本开始由 listpack 代替）进行编码，并且集合内容是整数，也不能共享一个整数对象。

5.3.4 使用 bit 或 byte 级别操作

你可以使用 Bitmap 实现各种属于二值状态统计的功能，比如判断用户是否登录。对于网页 UV，可以使用 HyperLogLog 实现，大大减少内存占用。

String 类型除记录实际数据外，还需要额外内存记录数据长度、空间使用等信息。

Bitmap 的底层数据结构使用 String 类型的 SDS 来保存位数组，Redis 把每个字节数组的 8 bit 利用起来，每位表示一个元素的二值状态（不是 0 就是 1）。

可以将 Bitmap 看作一个以 bit 为单位的数组，数组的每个单元只能存储 0 或者 1，数组的下标在 Bitmap 中叫作 offset 偏移量。

为了直观展示，你可以将其理解成 buf 数组的每字节用一行表示，每行有 8 bit ，8 个格子分别表示这字节中的 8 位，如图 5-5 所示。

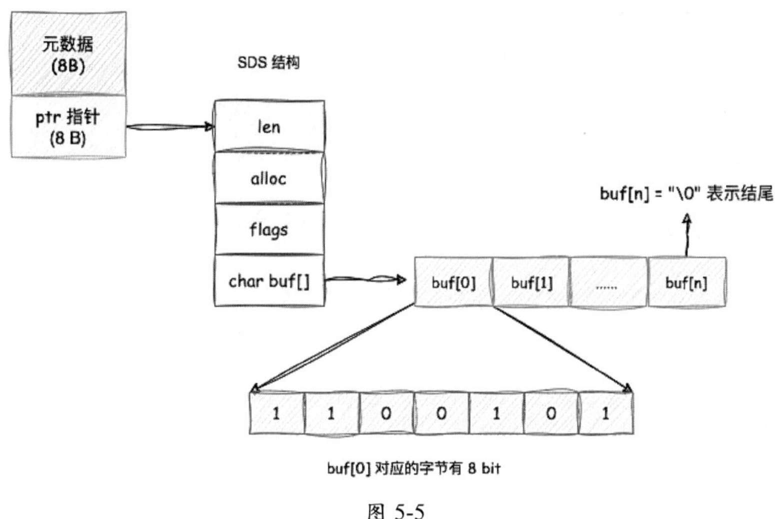

图 5-5

5.3.5　巧用 Hashes 类型优化

尽可能把数据抽象到一个散列表里。例如系统中有一个用户对象，不要使用 String 类型存储一个用户的昵称、姓名、邮箱、地址等，而是将这个信息存放在一个散列表里。

如下所示。

```
hset users:深圳:999 姓名 曹操
hset users:深圳:999 年龄 58
hset users:深圳:999 爱好 吃盖浇饭打仗
```

Redis 的数据类型很多，不同数据类型都有相同的元数据要记录（例如最后一次访问的时间、被引用的次数等），所以 Redis 会用一个 RedisObject 结构体来统一记录这些元数据，用 *prt 指针指向实际数据。

当你为所有属性创建 key 时，就会创建大量的 redisObejct 对象占用内存。如果使用

Hashes 类型，那么每个用户只需要配置一个 key。

5.3.6 使用内存碎片清理功能

Redis 释放的内存空间可能并不是连续的，这些不连续的内存空间很有可能处于闲置状态。虽然有空闲空间，Redis 却无法用它们来保存数据。

例如，Redis 存储一个整形数字集合需要一块占用 32 字节的连续内存空间，当前虽然有 64 字节的空闲空间，但不是连续的，导致无法保存。

对于 4.0 之前的版本，你只能使用重启恢复：重启加载 RDB 文件或者通过高可用主从切换实现数据的重新加载以减少碎片。

对于 4.0 及之后的版本，Redis 提供了自动和手动的内存碎片清理功能，原理大致是把数据拷贝到新的内存空间中，然后释放旧的空间，这是有一定性能损耗的。

执行 memory purge 命令即可手动清理内存碎片，内存碎片自动清理的细节详见 4.7 节。

5.3.7 使用 32 位的 Redis

当使用 32 位的 Redis 时，每个 key 都将占用更少的内存，这是因为 32 位程序指针占用的字节数更少。但是对于 32 位的 Redis，整个实例使用的内存将被限制在 4GB 以下。我们可以通过集群模式将多个小内存节点构成一个集群，从而保存更多的数据。

另外小内存的节点 fork 生成 RDB 文件的速度也更快。RDB 文件和 AOF 文件是不区分 32 位和 64 位的（包括字节顺序），所以可以使用 64 位的 Redis 恢复 32 位的 RDB 文件，反之亦然。

5.4 生产王者必备配置详解

我是 Redis，当程序员用命令 ./redis-server /path/to/redis.conf 启动我的时候，第一个参数必须是 redis.conf 文件的路径。

这个文件很重要，就像人类的 DNA，能控制我的运行状况，不同的配置会使我拥有不同的特性和“命运”，它控制着我实现高可用、高性能。合理的配置能让我更快、更省内存，并发挥我最大的优势，让我更安全地运行。

对于以下配置，必须掌握每个配置背后的技术原理，融会贯通后才能在实际工作中正确配置并解决问题，避免出现“技术悬浮”。

本节配置文件的版本是 Redis 7.0。

5.4.1　常规配置

这些是我的常规配置，每个 Redis 启动的必备参数，涉及网络、模块插件、运行模式和日志等，你一定要掌握。

MODULES

这个配置可以加载模块插件增强我的功能，常见的模块有 RedisSearch、RedisBloom 等。关于模块加载可以参考 5.5 节，集成布隆过滤器便是通过以下配置实现加载 Bloom Filter 插件的。

```
loadmodule /opt/app/RedisBloom-2.2.14/redisbloom.so
```

NETWORK

这部分都是与网络相关的配置，很重要，配置不当将会引发安全和性能问题。

bind

bind 用于绑定本机的网络接口（网卡），注意是本机。

一台设备可能有多个网卡，每个网卡都有一个 IP 地址。如果配置了 bind，则表示只允许来自本机指定网卡的 Redis 请求。

MySQL：“bind 是用于限制可以访问你的设备的 IP 地址么？”

非也，注意，这个配置指的并不是只有具有 bind 指定的 IP 地址的设备才能访问我。如果想限制指定的设备访问我，那么只能通过防火墙来控制，bind 参数不能起到这个作用。

举个例子，我所在的服务器有两个网卡，每个网卡有一个 IP 地址，分别为 IP1 和 IP2。如果配置 bind IP1，则表示只能通过这个网卡的 IP 地址访问我，也可以通过空格来绑定多个网卡的 IP 地址。

我的默认配置是 bind 127.0.0.1 -::1，表示绑定本地回环地址 IPv4 和 IPv6。其中，- 表示当 IP 地址不存在时也能启动成功。

protected-mode

MySQL：“网络世界很危险，你如何保证自身安全？”

默认开启保护模式，如果没有配置密码或者没有 bind 配置，那么我只允许本机连接，其他设备无法连接。

如果想让其他设备连接，那么有以下三种方式。

◎ protected-mode no：不建议，“防人之心不可无”。

◎ protected-mode yes：配置 bind 绑定本机的 IP 地址。

◎ protected-mode yes：除配置 bind 外，还可以通过 requirepass magebyte 配置密码为 magebyte，让其他设备的客户端能使用密码访问我。

bind、protected-mode 和 requirepass 之间的关系如下。

◎ bind：指定的是我所在服务器网卡的 IP 地址，**不是某个可以访问我的设备。**

◎ protected-mode：保护模式，默认开启，如果没有配置密码或者 bind IP，那么我只接受本机访问（没有密码+保护模式启动=本地访问）。

◎ requirepass：Redis 客户端连接我的通行密码。

如果将参数配置为 bind 127.0.0.1 -::1，那么不管 protected-mode 是否开启，都只能在本机上使用 IP 地址 127.0.0.1 连接，外部设备无法连接。

在生产环境中，安全起见，不要关闭 protected-mode，并通过 requirepass 参数配置密码和 bind 绑定设备的网卡 IP 地址。

port 6379

用于指定我监听的客户端 socket 端口号，默认为 6379。配置为 0 则不会监听 TCP 连接，我想没人配置为 0 吧。

tcp-backlog 511

tcp-backlog 511 用于在 Linux 系统中控制完成 TCP 三次握手的队列长度，如果队列已满则无法放入，客户端会报 read timeout 或者 connection reset by peer 的错。

MySQL："在高并发系统中这个参数需要调大些吧？"

是的，我的默认配置是 511，这个配置的值不能大于 Linux 系统定义的 /proc/sys/net/core/somaxconn 值，Linux 默认的是 128。

所以在我启动时会有这样的警告：WARNING: The TCP backlog setting of 511 cannot be enforced because kern.ipc.somaxconn is set to the lower value of 128.

当系统并发量大并且客户端速度缓慢时，在高并发系统中需要配置一个较高的值来避免客户端连接速度慢的问题，这时需要分别调整 Linux 和 Redis 的配置。

建议修改为 2048 或者更大，Linux 则在 /etc/sysctl.conf 中添加 net.core. somaxconn = 2048 配置，并且在终端执行 sysctl -p。对于 macOS 系统，使用 sudo sysctl -w kern.ipc.somaxconn=2048 即可。

timeout

timeout 60 的单位是秒，如果在 timout 时间内客户端与我没有数据交互（客户端不再向我发送任何数据），那么我将关闭该客户端的连接，timeout 配置成 0 表示永不断开。

tcp-keepalive

tcp-keepalive 的单位是秒，官方建议值是 300。这是一个很有用的配置，可以实现 TCP 连接复用。

tcp-keepalive 用于客户端与服务端的长连接，如果配置为非 0，则使用 SO_KEEPALIVE 周期性发送 ACK 给客户端，即用来定时向客户端发送 tcp_ack 包来探测客户端是否存活，并保持该连接。不用每次请求都建立 TCP 连接，毕竟创建连接是比较慢的。

以上都是我的常规配置，较为通用，必须了解。你可以把这些配置写到一个特有文件中，其他节点可以使用 include /path/to/other.conf 配置来加载并复用该配置文件的配置。

daemonize

配置 daemonize yes 表示使用守护进程的模式运行，默认配置是 daemonize no，以非守护进程模式（daemonize no）运行，开启守护进程模式，会生成一个 .pid 文件存储进程号。

你也可以配置 pidfile /var/run/redis_6379.pid 参数来指定文件的生成目录，当关闭服务时我会自动删除该文件。

loglevel

指定我在运行时的日志记录级别，默认是 loglevel notice。有以下几个选项可以配置。

- debug：可以记录很多信息，主要用于开发和测试。
- verbose：包括许多用处不大的信息，但是比 debug 中的少，如果在实际工作中遇到问题无从下手，那么可使用该级别来辅助定位。
- notice：实践中一般配置这个级别。
- warning：只会记录非常重要/关键的日志。

logfile

指定日志文件目录，默认是 logfile ""，表示只在标准控制台输出。

需要注意的是，如果使用标准控制台输出，并且使用守护进程的模式运行，那么日志会被发送到 /dev/null。

databases

配置数据库数量，我的默认配置是 databases 16，默认的数据库是 DB 0，在使用集群模式时，database 只有一个，就是 DB 0。

5.4.2 RDB 快照持久化

MySQL："要如何开启 RDB 文件实现持久化呢？"

必须掌握 RDB 快照持久化相关的配置，合理配置能实现宕机快速恢复，从而实现高可用。

save

使用 save <seconds> <changes> 开启持久化，例如 save 60 100 表示如果 60 s 内至少执行了 100 个写操作，则通过 RDB 文件保存。

如果不关心是否丢失数据，那么也可以通过配置 save "" 来禁用 RDB 快照，让我"性能起飞，冲出三界"。

在默认情况下，我会按照如下规则来保存 RDB 快照。

◎ 在 3600 s（1 小时）内，至少执行了 1 次更改。
◎ 在 300 s（5 分钟）内，至少执行了 100 次更改。
◎ 在 60 s 后，至少执行了 10000 次更改。

也可以通过 save 3600 1 300 100 60 10000 配置来显示配置。

stop-writes-on-bgsave-error

MySQL："如果 bgsave 失败，那么停止接收写请求要怎么配置？"

默认配置为 stop-writes-on-bgsave-error yes，它的作用是当 RDB 快照开启并且最后一次 bgsave 失败时停止接收写请求。

我通过这种强硬的方式来告知程序员数据持久化不正常，否则可能没人知道 RDB 快照出问题了。

当 bgsave 后台进程能正常工作后，我会自动允许写请求。如果你对此已经有相关监控，即使磁盘出现问题（磁盘空间不足、没有权限等）依旧处理写请求，那么将 stop-writes-on-bgsave-error 配置为 no 即可。

rdbcompression

MySQL："RDB 文件比较大，可以压缩么？"

我的默认配置是 rdbcompression yes，意味着对 RDB 文件中的 String 对象使用 LZF 算法做压缩。这非常有用，能大大减小文件大小，建议你开启。

如果你不想损失因为压缩 RDB 文件而节省的 CPU 资源，那就将 rdbcompression 配置为 no，带来的后果就是文件比较大，传输时会占用更大的带宽（要三思啊）。

rdbchecksum

默认配置是 rdbchecksum yes，从 5.0 版本开始，RDB 文件末尾会写入一个 CRC64 检验码，能起到一定的纠错作用，但是要损失大约 10% 的性能，你可以将 rdbchecksum 配置成 no 关闭这个功能来获得更好的性能。

关闭了这个功能，代码会自动跳过 RDB 文件检查环节。推荐你关闭该功能，让我快到“令人发指”。你还可以通过 dbfilename 参数来指定 RDB 快照的文件名，默认是 dbfilename dump.rdb。

rdb-del-sync-files

默认配置是 rdb-del-sync-files no 时，通过传输 RDB 快照文件实现主从全量同步，没有开启 RDB 持久化的实例在同步完成后会被删除，通常使用默认配置即可。

dir

我的工作目录，注意这是目录而不是文件，默认配置是 dir ./。例如，存放 RDB 文件、AOF 文件。

5.4.3 主从复制

这部分配置很重要，涉及主从复制的方方面面，是高可用的基石，请重点关注。

replicaof

主从复制，使用 replicaof <masterip> <masterport> 配置将当前实例配置为其他 Redis 服务的 slave。

- ◎ masterip：master 的 IP 地址。
- ◎ masterport：master 的端口。

有以下几点需要注意。

- ◎ 我使用异步实现主从复制，当 master 的 slave 数量少于指定的数量时，可以通过配置 master 停止处理写请求。
- ◎ 如果主从复制断开的时间较短，那么 slave 可以执行部分重新同步，需要合理配置 backlog size，以保证这个缓存区能完整保存断连期间 master 接受写请求的数据，防止出现全量复制，具体配置后面会细说。
- ◎ 主从复制是自动的，不需要用户干预。

masterauth

如果当前节点是 slave，且 master 通过 requirepass 参数配置了密码，那么 slave 必须将该参数配置为 master 的密码，否则 master 将拒绝该 slave 的请求。

配置方式为 masterauth <master-password>。

masteruser

在 Redis 6.0 及以上版本中，如果使用了 ACL 安全功能，那么只配置 masterauth 还不够，因为默认用户不能运行 PSYNC 命令或者主从复制所需要的其他命令。

这时，最好配置一个专门用于主从复制的特殊用户，配置方式为 masteruser <username>。

replica-serve-stale-data

MySQL："当 slave 与 master 失去连接，导致主从同步失败时，还能处理客户端请求么？"

slave 通过两种方式处理客户端请求。

- ◎ 当配置为 yes 时，slave 可以继续处理客户端请求，但此时的数据可能是旧的，因为新的数据还未同步。如果是第一次同步，那么也可能是空的。
- ◎ 配置为 no，slave 将返回错误 MASTERDOWN Link with MASTER is down and replica-serve-stale-data is set to no 给客户端。但是可以执行以下命令：INFO、REPLICAOF、AUTH、SHUTDOWN、REPLCONF、ROLE、CONFIG、SUBSCRIBE、UNSUBSCRIBE、PSUBSCRIBE、PUNSUBSCRIBE、PUBLISH、PUBSUB、COMMAND、POST、HOST 和 LATENCY。

我的默认配置是 replica-serve-stale-data yes。

replica-read-only

这个配置用于控制 slave 能否接收写命令，在 2.6 版本后默认配置为 yes，表示 slave 只处理读请求，如果为 no 则可读可写。

我建议保持默认配置，让 slave 只作为副本实现高可用。想要提高写性能，使用 Redis 集群横向拓展更好。

repl-diskless-sync

在主从复制过程中，新加入的 slave 和旧的 slave 重连后无法进行增量同步，需要进行一次全量同步，master 会生成 RDB 文件传输给 slave。

repl-diskless-sync 配置用于控制传输方式，传输方式有以下两种。

- ◎ Disk-backed（磁盘备份）：master 创建新进程将 RDB 文件写入磁盘，主进程逐步将这个文件传输到不同 slave。

◎ Diskless（无盘备份）：master 创建一个新进程直接把 RDB 文件写入 socket，不会将 RDB 文件持久化到磁盘。

当使用磁盘备份的方式时，master 保存在磁盘的 RDB 文件可以让多个 slave 复用。

当使用无盘备份时，如果在 RDB 文件传输开始时有多个 slave 与 master 建立连接，那么我会使用并行传输的方式将 RDB 文件传输给多个 slave。

这里默认的配置是 repl-diskless-sync yes，表示使用无盘备份。在磁盘速度很慢，而网络超快的情况下，无盘备份会更“给力”。如果网络很慢，则可能出现丢失数据的情况，推荐你改成 no。

repl-diskless-sync-delay

在使用无盘复制时，如果有新的 slave 发起全量同步，则需要等待之前的传输完毕才能开启传输。

所以可以通过配置 repl-diskless-sync-delay 5 指定一个延迟时间，单位是秒，让 master 等待一会儿，让更多 slave 连接后再执行传输。这是因为一旦开始传输，master 就无法响应新的 slave 的全量复制请求，只能在队列中等待下一次 RDB 快照。

想要关闭这个功能，将延迟时间配置为 0 即可。

repl-diskless-load

master 有两种方式传输 RDB 文件，slave 也有两种方式加载 master 传输过来的 RDB 文件。

◎ 传统方式：接收到数据后，先持久化到磁盘，再从磁盘加载 RDB 文件恢复数据到内存中。
◎ diskless-load：一边从 socket 中接收数据，一边解析，实现无盘化。

一共有三个取值可配置。

◎ disabled：不使用 diskless-load 方式，即采用磁盘化的传统方式。
◎ on-empty-db：安全模式下使用 diskless-load（也就是 slave 数据库为空的时候使用 diskless-load）。
◎ swapdb：使用 diskless-load 方式加载，slave 会缓存一份当前数据库的数据，再清空数据库，接着读取 socket 实现加载。缓存一份数据的目的是防止读取 socket 失败。

需要注意的是，diskless-load 目前在实验阶段，因为 RDB 文件并没有持久化到磁盘，因此有可能造成数据丢失。另外，该模式会占用更多内存，可能导致 OOM。

repl-ping-replica-period

默认配置 repl-ping-replica-period 10，表示 slave 每 10 秒 PING 一次 master。

repl-timeout

这是很重要的参数，是 slave 与 master 之间的复制超时时间，默认配置是 repl-timeout 60，表示在 60 s 内 PING 消息不通，则判定超时。

超时包含以下三种情况。

◎ slave 角度，全量同步期间，在 repl-timeout 时间内没有收到 master 传输的 RDB 文件。

◎ slave 角度，在 repl-timeout 时间内没有收到 master 发送的数据包或者 PING 消息。

◎ master 角度，在 repl-timeout 时间内没有收到 REPCONF ACK（复制偏移量 offset）确认信息。

当检测到超时时，会关闭 master 与 slave 之间的连接，slave 会发起重新建立主从连接的请求，对于内存数据比较大的系统，可以增大 repl-timeout 的值。

需要注意的是，这个配置一定要大于 repl-ping-replica-period 的值，否则每次心跳监测都会超时。

repl-disable-tcp-nodelay

当 slave 与 master 全量同步（slave 发送 psync/sync 命令给 master）完成后，后续的增量同步是否配置为 TCP_NODELAY。

如果配置为 yes，那么 master 将合并小的 TCP 包以节省带宽，但是会增加同步延迟（40 ms），造成 master 与 slave 数据不一致；如果配置为 no，则 master 会立即发送数据给 slave，没有延迟。

默认配置为 repl-disable-tcp-nodelay no。

repl-backlog-size

配置主从复制积压缓冲区（backlog）容量大小，这是一个环形数组，正常主从同步不涉及 repl-backlog。当主从断开重连时，repl-backlog 的作用就体现出来了。

缓冲区用于存放断连期间 master 接收的写请求数据，当主从断开重连时，通常不需要执行全量同步，只需要将断连期间的部分数据传递到 slave 即可。

主从复制积压缓冲区越大，slave 可以承受的断连时间越长。

默认配置是 repl-backlog-size 1mb，建议根据每秒流量和断开重连时间配置得大一点，例如 128 MB。

repl-backlog-ttl

用于配置当 master 与 slave 断连多少秒之后，master 清空主从复制积压缓冲区（repl-backlog）。配置为 0 表示永远不清空，默认配置为 repl-backlog-ttl 3600。

replica-priority

slave 优先级，这个配置是给哨兵使用的，当 master 宕机时，哨兵会选择一个 priority 最小的 slave 作为新的 master，这个值越小被选为新的 master 的优先级越高。

当该值为 0 时，意味着这个 slave 将不能被选为 master，默认配置是 replica-priority 100。

min-slaves-to-write 和 min-slaves-max-lag

这两个配置要一起使用才有意义，如果其中一个为 0，则表示关闭该特性。

先看默认配置含义。

```
min-replicas-to-write 3
min-replicas-max-lag 10
```

如果 master 发现超过 3 个 slave 连接 master 的延迟大于 10 秒，就停止接收客户端写请求。这么做的目的是尽可能保证主从数据一致性。

master 会记录每个 slave 最近一次发来 PING 消息的时间，掌握每个 slave 的运行情况。

tracking-table-max-keys

Redis 6.0 实现了服务端辅助实现客户端缓存的特性，需要追踪客户端有哪些 key。当某个 key 被修改时，我需要把这个失效信息发送到对应的客户端让本地缓存失效，这个配置用于指定追踪表保存的最多 key 数量，一旦超过这个数量，即使这个 key 没有被修改，为了回收内存我也会强制它所在的客户端的缓存值失效。

配置为 0 表示不限制，需要注意的是，如果使用广播模式实现 key 追踪，则不需要额外内存，可以忽略这个配置。

使用广播模式的不足就是与这个 key 无关的客户端也会收到失效消息。

5.4.4　安全

正是由于我快得“一塌糊涂”，攻击者 1s 就可以尝试 100 万个密码，所以你应该使用非常健壮的密码。

ACL

ACL 默认配置为 acllog-max-len 128 ，表示日志的最大长度为 128 MB。

另外，使用 aclfile /etc/redis/users.acl 配置 ACL 文件所在位置。

requirepass

当前 Redis 服务器的访问密码，默认不需要密码访问。网络危险，必须配置，如 requirepass magebyte660 配置密码为“magebyte666”。

maxclients

配置客户端同时连接的最大数量，默认配置是 maxclients 10000。当达到最大值时，我将关闭客户端新的连接，并发送一个 max number of clients reached 错误给客户端。

5.4.5 内存管理

作为用内存保存数据的我，这部分的配置也相当重要。

maxmemory

配置使用的最大内存字节数，当内存达到限制时，我将尝试根据配置的内存淘汰策略（参见 maxmemory-policy）淘汰一些 key。建议你不要配置太大的内存，防止执行 RDB 快照或者 AOF 重写时因数据太大而阻塞过长时间。

推荐最大配置为 maxmemory 6GB。如果淘汰策略是 noeviction，那么当收到写请求时，我将回复错误给客户端，读请求依然可以执行。如果你把我当作一个 LRU 或 LFU 缓存系统，那么请用心关注以下配置。

maxmemory-policy

配置内存淘汰策略，定义当内存满时如何淘汰 key，默认配置是 noeviction。

- ◎ volatile-lru：在配置过期时间的 key 中使用近似 LRU 淘汰。
- ◎ allkeys-lru：在所有 key 中使用近似 LRU 淘汰。
- ◎ volatile-lfu：在过期 key 中使用近似 LFU 淘汰。
- ◎ allkeys-lfu：在所有 key 中使用近似 LFU 淘汰。
- ◎ volatile-random：在配置了过期时间的 key 中随机淘汰一个。
- ◎ allkeys-random：在所有的 key 中随机淘汰一个。
- ◎ volatile-ttl：谁快过期就淘汰谁。
- ◎ noeviction：不淘汰任何 key，内存满了直接返回报错。

maxmemory-samples

Redis 的 LRU 和 LFU 都是近似算法，主要作用是节省内存，所以需要你自己权衡速度和精确度。这里默认会抽取 5 个 key，选择一个最近最少使用的 key 淘汰，你可以改变这个数量。

默认的 5 可以提供不错的结果，当 maxmemory-samples 配置为 10 时会非常接近真实的 LRU，但是会耗费更多的 CPU；当配置为 3 时会更快，但是精确度会降低。

replica-ignore-maxmemory

从 Redis 5.0 开始，默认情况下 slave 会忽略 maxmemory 配置，这意味着只有 master 才会执行内存淘汰策略，当 master 淘汰 key 后会发送 DEL 命令给 slave。

默认配置为 replica-ignore-maxmemory yes。

active-expire-effort

这个配置用于指定过期 key 滞留在内存中的比例，默认值是 1，表示最多只能有 10% 的过期 key 驻留在内存中，值配置得越小，一个淘汰周期内需要消耗的 CPU 就越多，因为需要淘汰更多的过期数据。

5.4.6　惰性释放

MySQL："可以使用非阻塞的方式删除 Bigkey 吗？"

我提供了两种基本命令用于删除数据。

◎ DEL 命令：这是一个阻塞的删除，执行该命令会停止处理写请求，使用同步的方式回收删除的对象的内存。如果这个 key 对应的 value 是一个非常小的对象，那么 DEL 执行的时间会非常短，时间复杂度为 $O(1)$ 或者 $O(\lg n)$。如果 key 对应的 value 非常大，例如集合对象的数据包含上百万个元素，那么服务器将阻塞很长时间（几秒）才能完成操作。

◎ UNLINK（非阻塞删除）：命令在常量级别时间内执行，使用一个新的线程在后台渐进删除并释放内存（lazy free 机制），不会阻塞主线程。

以下几个配置与 lazy free 机制有关。

lazyfree-lazy-eviction

在 maxmemory 和 maxmemory-policy 策略下，我会删除一些数据，防止内存“爆掉”。使用 lazyfree-lazy-eviction yes 表示使用 lazy free 机制，在该场景中开启 lazy free 可能导致被删除数据的内存释放不及时，出现内存超限。

lazyfree-lazy-expire

对于配置了 TTL 的 key，过期后删除。如果想启用 lazy free 机制删除，则配置 lazyfree-lazy-eviction yes。

lazyfree-lazy-server-del

针对有些命令，在处理已存在的 key 时会带有一个隐式的 DEL 键的操作。

如针对 rename 命令，当目标 key 已存在时，我会先删除目标 key，如果这些目标 key 是 Bigkey，那么可能出现阻塞删除的性能问题。此参数用于解决这类问题，建议配置为 lazyfree-lazy-server-del yes 开启。

replica-lazy-flush

该配置针对 slave 进行全量数据同步，在加载 master 的 RDB 文件之前，slave 会先运行 flashall 命令清理数据，配置为 yes 则采用异步 flush 机制。

推荐你使用 replica-lazy-flush yes 配置，可减少全量同步耗时，从而减少 master 因输出缓冲区暴涨引起的内存增长。

lazyfree-lazy-user-del

意思是是否将 DEL 命令的默认行为替换成 lazy free 机制，效果与 UNLINK 一样，只需要配置为 lazyfree-lazy-user-del yes。

lazyfree-lazy-user-flush

用于控制 FLUSHDB、FLUSHALL、SCRIPT FLUSH、FUNCTION FLUSH 命令是否采用异步执行。比如 FLUSHDB ASYNC 表示异步执行 ，SYNC 表示同步执行。

I/O 多线程

大家知道我通过单线程模型处理读/写请求，但是有一些操作可以使用其他线程处理，例如 UNLINK、I/O 的读/写操作。

从 6.0 版本开始，我提供了 I/O 多线程处理 socket 读/写，利用 I/O 多线程可以提高客户端 socket 读/写性能。

这个配置默认是关闭的，建议在 4 核或更多 CPU 的情况下启用，并且配置的线程数少于机器总 CPU 核数，配置超过 8 个线程对提升没什么帮助。

当使用 4 核 CPU 时，可以尝试配置使用 2~3 个 I/O 线程，如果 CPU 是 8 核的，则一般只需要配置 6 个线程。

如下配置表示开启 I/O 线程组，线程组的 I/O 线程数量为 3。

```
io-threads-do-reads yes
io-threads 3
```

5.4.7 AOF 持久化

除将 RDB 文件作为持久化手段外，还可以使用 AOF 实现持久化，AOF 是一种可选的持久化策略，可以提供更好的数据安全性。

在默认配置下，我最多只会丢失 1s 的数据，你甚至可以配置更高级别，最多只丢失一次 write 操作，但这样会损耗性能。

appendonly

appendonly yes 表示开启 AOF 持久化，可以同时开启 AOF 和 RDB 快照，如果开启了 AOF，我会先加载 AOF 文件用于恢复内存数据。

appendfilename

指定 AOF 文件名称，默认为 appendonly.aof。为了方便，你可以配置 appenddirname 指定 AOF 文件存储目录。

appendfsync

调用操作系统的 fsync()把输出缓冲区的数据持久化到磁盘，AOF 文件刷写的频率有三种。

◎ no：不主动调用 fsync()，让操作系统自己决定何时写磁盘。

◎ always：每次 write 操作后都调用 fsync()，非常慢，但是数据安全性最高。

◎ everysec：每秒调用一次 fsync()，这是一个折中的策略，最多丢失一秒的数据。

默认配置是 appendfsync everysec，推荐大家这样配置，可以兼顾速度和数据安全性。

no-appendfsync-on-rewrite

当 appendfsync 配置为 always 或者 everysec 时，如果后台 save 进程（可能是生成 RDB 文件的 bgsave 进程，也可能是 AOF Rewrite 进程）进行大量的磁盘 I/O 操作，则会造成调用 fsync()时间过长，后续想要调用 fsync() 的进程就会阻塞。

为了缓解这个问题，可以使用 no-appendfsync-on-rewrite yes 配置表示当有 bgsave 和 bgrewriteaof 后台进程调用 fsync() 时，不再开启新进程执行 AOF 文件写入操作。

但是如果这样，就会出现子进程在进行 bgsave 或者其他磁盘操作时，我无法继续写入 AOF 文件的情况，这意味着可能会丢失更多数据。

如果有延迟问题，那么请将此选项改为 yes，否则将其保留为 no。从持久化的角度来看，no 是最安全的选择。

AOF 重写

为了防止 AOF 文件过大，Antirez 大佬给我“搞”了个 AOF 重写机制。

auto-aof-rewrite-percentage 100 表示如果当前 AOF 文件大小超过上一次重写的 AOF 文件大小的百分之多少（如果没有执行过 AOF 重写，就参照原始 AOF 文件大小），则执行 AOF 文件重写操作。

除了这个配置，你还要配置 auto-aof-rewrite-min-size 64mb 用于指定触发 AOF 重写操作的文件大小。

如果该 AOF 文件大小小于该值，那么即使文件增长比例达到 100%，我也不会触发 AOF 重写操作。这是为了防止当 AOF 文件很小时，出现多余的 AOF 重写操作。

如果配置为 auto-aof-rewrite-percentage 0，则表示禁用 AOF 重写功能，建议大家开启 AOF 重写功能，防止文件过大。

aof-load-truncated

MySQL：“如果 AOF 文件是损坏的，那么你还加载数据还原到内存中吗？”

当加载 AOF 文件把数据还原到内存中时，文件可能是损坏的，例如文件末尾是错误的。这种情况一般是宕机导致的。

在这种情况下，我可以直接报错，或者尽可能读取可读的 AOF 文件。

如果配置为 aof-load-truncated yes，那么我依然会加载并读取这个损坏的 AOF 文件，并记录一个错误日志通知程序员。

如果配置为 aof-load-truncated no，我就会报错并拒绝启动服务，你需要先使用 redis-check-aof 工具修复 AOF 文件，再启动 Redis。如果修复后还有错误，那么我依然报错并拒绝启动。

aof-use-rdb-preamble

这就是大名鼎鼎的 RDB-AOF 混合持久化功能，配置为 aof-use-rdb-preamble yes（必须先开启 AOF 重写功能），AOF 重写生成的文件将同时包含 RDB 格式的内容和 AOF 格式的内容。

混合持久化是在 AOF 重写中完成的，开启混合持久化后，fork 出的子进程先将内存数据以 RDB 的方式写入 AOF 文件，接着把 RDB 格式数据写入 AOF 文件期间收到的增量命令在重写缓冲区以 AOF 格式写到文件中。

写入完成后通知主进程更新统计信息，并用含有 RDB 格式和 AOF 格式的 AOF 文件替换旧的 AOF 文件。

这样的好处是可以结合 RDB 和 AOF 的优点实现快速加载，同时避免丢失过多数据，缺点是 AOF 文件的 RDB 部分的内容不是 AOF 格式的，可读性差（都是程序解析读取，哪有程序员会去读这个呀），强烈推荐你开启 RDB-AOF 混合持久化功能。

aof-timestamp-enabled

我在 7.0 版本新增的最重要的特性就是 AOF 可以支持时间戳，你可以基于时间点来恢复数据。

默认配置是 aof-timestamp-enabled no ，表示关闭该特性，你可以按照实际需求选择开启。

5.4.8 Redis 集群

使用 Redis 集群的你必须重视和知晓 Redis 集群的相关配置，通过下面这些配置详解可以让你对 Redis 集群的原理有更加深刻的理解。

cluster-enabled

普通的 Redis 实例不能成为集群的一员，想要将该节点加入 Redis 集群，需要配置 cluster-enabled yes。

cluster-config-file

cluster-config-file nodes-6379.conf 指定集群中的每个节点文件。

集群中的每个节点都有一个配置文件，这个文件并不是让程序员编辑的，而是我自己创建和更新的，每个节点都要使用不同的配置文件，一定要确保同一个集群中的不同节点使用的是不同的文件。

cluster-node-timeout

配置集群节点不可用的最大超时时间。当集群中的一个节点向另一个节点发送 PING 消息，但是目标节点未在给定的时限内回复时，发送消息的节点会将目标节点标记为 PFAIL。

如果 master 超过这个时间仍未响应，则 master 的 slave 将启动故障迁移操作，升级成 master。

默认配置是 cluster-node-timeout 15000，单位是毫秒。

cluster-port

该端口是 Redis 集群总线监听 TCP 连接的端口，默认配置为 cluster-port 0，我会把端口绑定为客户端命令端口 + 10000（客户端端口默认为 6379，所以绑定为 16379 作为集群总线端口）。

每个 Redis 集群节点都需要开放两个端口，一个用于服务于客户端的 TCP 端口，例如 6379；另一个称为集群总线端口，其中的节点使用集群总线端口进行故障监测、配置更新、故障迁移等。客户端不要与集群总线端口通信，另外请确保在防火墙中打开这两个端口，否则 Redis 集群之间将无法通信。

cluster-replica-validity-factor

该配置用于决定当 Redis 集群中的某个 master 宕机后，如何选择一个 slave 完成自动故障切换（failover）。如果配置为 0，则不管 slave 与 master 之间断开多久，都有资格成为 master。

下面提供了两种方式来评估 slave 的数据是否太旧。

◎ 如果有多个 slave 可以 failover，那么他们之间会通过交换信息选出拥有最大复制 offset 的 slave。

◎ 每个 slave 计算上次与 master 交互的时间，这种交互包含最后一次 PING 操作、master 传输写命令、与 master 断开等。如果上次交互的时间过去了很久，这个 slave 就不会发起 failover。

针对第二点，交互时间可以通过配置定义，如果 slave 与 master 上次交互的时间大于 (node-timeout * cluster-replica-validity-factor) + repl-ping-replica- period，该 slave 就不会发起 failover。

例如，node-timeout = 30s，cluster-replica-validity-factor=10，repl-ping- slave-period=10s，表示 slave 与 master 的上次交互时间已经过去了 30×10 + 10 = 310s，那么 slave 不会发起 failover。

cluster-replica-validity-factor 值过大可能出现存储比较多旧数据的 slave 依然可以升级为 master 的情况，如果 cluster-replica-validity-factor 过小，则可能导致没有 slave 可以升级为 master 。

当考虑高可用时，建议将这里配置为 cluster-replica-validity-factor 0。

cluster-migration-barrier

没有 slave 的 master 被称为孤儿 master，这个配置就是用于防止出现孤儿 master 的。

当某个 master 的 slave 宕机后，Redis 集群会从其他 master 中选出一个冗余的 slave 迁移过来，确保每个 master 至少有一个 slave，防止当孤儿 master 宕机时，没有 slave 可以升级为 master 导致 Redis 集群不可用。

默认配置为 cluster-migration-barrier 1，是一个迁移临界值。

含义是：被迁移的 master 至少有 1 个 slave 才能进行迁移。例如 master A 有 2 个以上 slave，当 Redis 集群出现孤儿 master B 时，masterA 冗余的 slave 可以迁移到 master B 上。

在生产环境下建议维持默认值，以最大可能保证高可用性，配置为非常大的值或者配置 cluster-allow-replica-migration no 禁用自动迁移功能。cluster-allow-replica- migration 默认配置为 yes，表示允许自动迁移。

cluster-require-full-coverage

默认配置是 yes，表示为当 Redis 集群发现还有哈希槽没有被分配时禁止查询操作。

这就会导致当 Redis 集群部分节点宕机时，整个集群不可用，当所有哈希槽都被分配时，集群会自动变为可用状态。

如果你希望集群的子集依然可用，则配置为 cluster-require-full-coverage no。

cluster-replica-no-failover

如果配置为 yes，那么在 master 宕机时，slave 不会升级为 master。

这个配置在多数据中心的情况下会很有用，你可能希望某个数据中心永远不要升级为 master，否则 master 就漂移到其他数据中心了。在正常情况下，这里配置为 no。

cluster-allow-reads-when-down

默认是 no，表示当集群因 master 数量达不到最小值或者哈希槽没有被完全分配而被标记为失效时，节点将停止所有客户端请求。

如果配置为 yes，则允许在集群失效的情况下依然从 slave 中读取数据，保证了高可用性。

cluster-allow-pubsubshard-when-down

配置为 yes，表示当集群因 master 数量达不到最小值或者哈希槽没有完全被分配而被标记为失效时，发布/订阅机制依然可以正常运行。

cluster-link-sendbuf-limit

配置每个集群总线连接的发送字节缓冲区的内存使用限制，超过发送缓冲区将被清空（主要为了防止出现发送缓冲区发送给慢速连接时，时间被无限延长的问题）。

默认禁用，建议最小配置为 1GB。这样在默认情况下，发送缓冲区可以容纳至少一条 Pub/Sub 消息（client-query-buffer-limit 默认是 1GB）。

5.4.9 性能监控

慢查询日志

慢查询日志是用于记录慢查询执行时间的日志系统，只要查询耗时超过配置的时间，就会被记录。slowlog 只保存在内存中，因此效率很高，不用担心影响 Redis 的性能。

执行时间不包括 I/O 操作的时间，例如与客户端建立连接、发送回复等，只记录执行命令所需要的时间。

你可以使用两个参数配置慢查询日志系统。

◎ slowlog-log-slower-than：指定对执行时间大于多少 ms（毫秒，1 s = 1000 ms）的查询进行记录，默认是 10000 ms，推荐你先执行基线测试得到基准时间，通常这个值可以配置为基线性能最大延迟的 3 倍。

◎ slowlog-max-len：设定最多保存多少条慢查询的日志。slowlog 本身是一个 FIFO 队列，当超过设定的最大值时，我会把最旧的一条日志删除。默认配置为 128，如果配置得太大会占用过多内存。

延迟监控

延迟监控（latency monitor）系统会在运行时抽样部分命令来分析 Redis 卡顿的原因。

通过 LATENCY 命令，可以输出一些视图和报告，系统只会记录大于或等于指定值的命令。

默认配置 latency-monitor-threshold 0，表示关闭这个功能。如果没有延迟问题，那么不要开启监控，否则会对性能造成很大影响。

可以开启 CONFIG SET latency-monitor-threshold <milliseconds>监控运行过程中的性能问题，单位是毫秒。

5.4.10 高级配置

这部分配置主要包括以下几个方面。

◎ 配置数据类型根据条数的值选择不同的数据结构存储数据，可通过合理配置提升性能并节省内存。

◎ 客户端缓冲区相关配置。

◎ 渐进式 rehash 资源控制。

◎ LFU 调优。

◎ RDB 文件、AOF 文件同步策略。

散列表

Redis 7.0 版本散列表（Hashes）中有两种数据类型，分别为 dict 和 listpack。当数据量很小时，可以使用更高效的数据结构存储，从而在不影响性能的前提下节省内存。

◎ hash-max-listpack-entries 512：指定使用 listpack 存储的最大条目数，超过该值就使用 dict 数据结构。

◎ hash-max-listpack-value 64：散列表每个元素的 value 占据的最大字节数，超过该值就会使用 dict 数据结构存储，建议配置为 1024。

7.0 以前的版本使用的是 ziplist 数据结构，配置如下。

```
hash-max-ziplist-entries 512
hash-max-ziplist-value 64
```

Lists

Lists 可以使用一种特殊的方式进行编码，从而节省大量内存空间。在 Redis 7.0 之后，Lists 底层的数据结构使用 linkedlist 或者 listpack。

Redis 3.2 的 Lists 内部是通过 linkedlist 和 quicklist 实现的，quicklist 是一个双向链表，quicklist 的每个节点都是一个 ziplist，从而实现节省内存。

list-max-ziplist-size

Redis7.0 以前的 list-max-ziplist-size 用于配置 quicklist 中每个节点的 ziplist 的大小。当这个值为正数时表示 quicklist 每个节点的 ziplist 最多可存储的元素数量，超过该值就会使用 linkedlist 存储。

当 list-max-ziplist-size 为负数时表示限制每个 quicklistNode 的 ziplist 的内存大小，超过这个大小就会使用 linkedlist 存储数据，每个值的含义如下。

◎ －5：每个 quicklist 节点上的 ziplist 最多占用 64 kb 内存 <--- 正常环境下不推荐

◎ －4：每个 quicklist 节点上的 ziplist 最多占用 32 kb 内存 <--- 不推荐

◎ －3：每个 quicklist 节点上的 ziplist 最多占用 16 kb 内存<--- 可能不推荐

◎ －2：每个 quicklist 节点上的 ziplist 最多占用 8 kb 内存 <--- 不错

◎ －1：每个 quicklist 节点上的 ziplist 最多占用 4kb 内存 <--- 不错

默认值为－2，也是官方推荐的值，当然你也可以根据自己的实际情况进行修改。

list-max-listpack-size

从 Redis7.0 开始，该配置被修改为 list-max-listpack-size -2，表示限制每个 listpack 的大小，这里不再赘述。

list-compress-depth

list-compress-depth 是压缩深度配置，用来对压缩 Lists 进行配置。默认为 list-compress-depth 0，表示不压缩。一般情况下，Lists 两端被访问的频率高一些，所以可以考虑压缩中间的数据。

每个值的含义如下。

- ◎ 0：默认值，表示关闭压缩。
- ◎ 1：两端各有一个节点不压缩。
- ◎ 2：两端各有两个节点不压缩。
- ◎ N：两端各有 N 个节点不压缩。

需要注意的是，head 和 tail 节点永远不会被压缩。

Sets

Sets 底层的数据结构可以是 intset 和 dict，可以将 intset 理解成数组，dict 就是普通的散列表（key 存的是 Sets 的值，value 为 null）。有没有觉得 Sets 使用散列表存储是意想不到的事情?

set-max-intset-entries

当集合的元素都是 64 位以内的十进制整数且长度不超过 set-max-intset-entries 配置的值（默认为 512）时，Sets 的底层会使用 intset 存储以节省内存。当添加的元素大于 set-max-intset-entries 配置的值时，底层实现由 intset 转为散列表存储。

Sorted Sets

在 Redis 7.0 之前， Sorted Sets 底层的数据结构有 ziplist 和 skipist，7.0 版本使用 listpack 代替了 ziplist。

在 Redis 7.0 之前，当集合元素的个数小于 zset-max-ziplist-entries 配置，且每个元素的值都小于 zset-max-ziplist-value 的配置（默认为 64，推荐调到 128）时，我将使用 ziplist 数据结构存储数据，有效减少内存使用。与此类似，从 7.0 版本开始，我使用 listpack 存储。

```
## 7.0 之前的配置
zset-max-ziplist-entries 128
zset-max-ziplist-value 64
## 7.0 版本的配置
zset-max-listpack-entries 128
zset-max-listpack-value 64
```

HyperLogLog

HyperLogLog 是一种高级数据结构，是统计基数的利器。HyperLogLog 的存储结构分为密集（dense）存储结构和稀疏（sparse）存储结构两种，默认为稀疏存储结构，而我们常说的占用 12KB 内存的则是密集存储结构，稀疏结构占用的内存更小。

hll-sparse-max-bytes

默认配置是 hll-sparse-max-bytes 3000，单位是 byte，这个配置用于决定存储数据使用稀疏存储结构还是密集存储结构。

如果 HyperLogLog 存储的内容大小大于 hll-sparse-max-bytes 配置的值，就会转换成密集存储结构。

这里推荐的值是 0~3000，可以保证在性能不差的前提下节省内存空间。如果内存空间相对 CPU 资源更缺乏，则可以将这个值提升到 10000。

Stream

Stream（流）是 Redis 5.0 新增的数据类型。Stream 是一些由 Radix Tree 连接在一起的节点经过 delta 压缩后构成的，这些节点与 Stream 中的消息条目（Stream Entry）并非一一对应，每个节点中都存储着若干 Stream 条目，因此这些节点也被称为宏节点或大节点。

stream-node-max-bytes 4096

单位为 byte，默认值为 4096，即设定每个宏节点占用的内存上限为 4096 byte，0 表示无限制。

stream-node-max-entries 100

用于设定每个宏节点存储元素的个数，默认值为 100，0 表示无限制。当一个宏节点存储的 Stream 条目到达上限时，新添加的条目会被存储到新的宏节点中。

rehash

我采用的是渐进式 rehash，这是一个惰性策略，不会一次性迁移所有数据，而是分散到每次请求中，这样做的目的是防止迁移数据太多阻塞主线程。

在渐进式 rehash 的同时，推荐你使用 activerehashing yes 开启定时辅助执行 rehash，在默认情况下每秒执行 10 次 rehash，以便加快迁移速度，尽可能释放内存。

如果关闭该功能，这些 key 就不再活跃，难以被访问到，可能没有机会完成 rehash 操作，会导致散列表占用更多内存。

客户端输出缓冲区限制

client-output-buffer-limit 配置是用来强制断开客户端连接的，当客户端没有及时把缓冲区的数据读取完毕时，我会认为这个客户端“完蛋”了（一个常见的原因是发布/订阅客户端处理发布者的消息不够快），于是断开连接。

客户端有三种类型。

◎ normal：普通客户端，包括 MONITOR 客户端。

◎ replica：副本客户端，slave 节点的客户端。

◎ pubsub：发布/订阅客户端，至少订阅了一个 Pub/Sub 频道或者模式的客户端。

client-output-buffer-limit 的语法如下。

```
client-output-buffer-limit <class> <hard limit> <soft limit> <soft seconds>
```

<class>表示不同类型的客户端，当客户端的缓冲区内容大小达到 <hard limit>后，我会马上断开与这个客户端的连接，或者在大小达到 <soft limit> 并持续了<soft seconds>秒后断开。

如果<soft limit> 或者 <hard limit> 配置为 0，则表示不启用此限制。默认配置如下。

```
client-output-buffer-limit normal 0 0 0
client-output-buffer-limit replica 256mb 64mb 60
client-output-buffer-limit pubsub 32mb 8mb 60
```

client-query-buffer-limit

每个客户端都有一个 query buffer，叫作查询缓冲区或输入缓冲区，用于保存客户端发送的命令，Redis Server 从 query buffer 中获取命令并执行。

当程序的 key 设计不合理时，客户端会使用大量的 query buffer，容易导致 Redis 达到 maxmeory 限制。最好将 query buffer 限制在固定的大小以避免内存占用过大的问题。

当你需要发送巨大的 multi/exec 请求时，可以适当修改这个值以满足特殊需求。

默认配置为 client-query-buffer-limit 1gb。

maxmemory-clients

这是 7.0 版本的特性，每个与服务端建立连接的客户端都会占用内存（查询缓冲区、输出缓冲区和其他缓冲区），大量的客户端可能占用过多内存导致 OOM，为了避免这种情况，我提供了客户端驱逐（Client Eviction）机制用于限制内存占用。该机制的配置方式有两种。

◎ 具体内存值。例如，maxmemory-clients 1g 配置的作用就是将所有客户端占用内存的总和限制在 1GB 以内。

◎ 百分比。例如，maxmemory-clients 5% 配置的作用就是限制客户端总内存占用最多为 Redis 最大内存配置的 5%。

默认配置是 maxmemory-clients 0，表示无限制。

MySQL："当达到最大内存限制时，你会把所有客户端连接都释放吗？"

不是的，一旦达到限制，我会优先尝试断开占用内存最多的客户端。

proto-max-bulk-len

批量请求对单个字符串元素的内存大小限制，默认是 proto-max-bulk-len 512mb，你可以修改限制，但配置的值必须大于或等于 1MB。

hz

我会在后台调用一些函数来执行很多后台任务，例如关闭超时连接，清理不再被请求的过期的 key，rehash、执行 RDB 快照和 AOF 持久化等。

并不是所有后台任务的执行频率都相同，你可以使用 hz 值来决定执行这些任务的频率。

这里的默认配置是 hz 10，表示每秒执行 10 次，更大的值会消耗更多的 CPU 来处理后台任务，带来的效果就是更频繁地清理过期 key，清理的超时连接更精确。

这个值的范围是 1~500，不过并不推荐配置大于 100 的值。大家使用默认值就好，或者最多调到 100。

dynamic-hz

默认配置是 dynamic-hz yes，启用 dynamic-hz 后，将启用自适应 hz 值的能力。将 hz 的配置值作为基线，Redis 服务中的实际 hz 值会在基线值的基础上根据已连接到 Redis 的客户端数量自动调整，连接的客户端越多，实际 hz 值越高，Redis 执行定期任务的频率就越高。

aof-rewrite-incremental-fsync

当子进程进行 AOF 重写时，如果配置为 aof-rewrite-incremental-fsync yes，则每生成 4 MB 数据就执行一次 fsync 操作，分批提交到硬盘来避免高延迟峰值，推荐开启。

rdb-save-incremental-fsync

当我保存 RDB 文件时，如果配置为 db-save-incremental-fsync yes，则每生成 4MB 文件就执行一次 fsync 操作，分批提交到硬盘来避免高延迟峰值，推荐开启。

LFU 调优

这个配置生效的前提是内存淘汰策略配置的是 volatile-lfu 或 allkeys-lfu。

◎ lfu-log-factor 用于调整 Logistic Counter 的增长速度，lfu-log-factor 值越大，Logistic Counter 增长就越慢。默认配置为 10。

◎ lfu-decay-time 用于调整 Logistic Counter 的衰减速度，它是一个以分钟为单位的数值，默认值为 1。lfu-decay-time 值越大，衰减就越慢。

5.4.11 在线内存碎片清理

MySQL：“什么是在线内存碎片清理？”

在线内存碎片清理（Active Online Defragmentation）指自动压缩由内存分配器分配的，以及 Redis 频繁更新、大量淘汰过期数据释放的，因为不够连续而无法得到复用的内存空间。

通常来说，当碎片化达到一定程度时，Redis 会使用 Jemalloc 内存分配器创建连续的内存空间，并将现有的值拷贝到连续的内存空间中，拷贝完成后会释放数据原先占据的旧的内存空间。这个过程会针对所有导致内存碎片化的 key 进行，并以增量的形式进行。

需要注意以下问题。

◎ 该功能默认是关闭的，并且只有在编译 Redis 时使用 Jemalloc 内存分配器才生效，比如执行 make MALLOC=jemalloc 命令时指定使用 Jemalloc 内存分配器。

◎ 在实际使用时，建议在 Redis 服务出现较多的内存碎片（内存碎片率大于 1.5）时启用，正常情况下尽量保持禁用状态。

◎ 可以通过命令 CONFIG SET activefrag yes 来启用这项功能。

只有同时配置以下三项配置，内存碎片自动清理功能才会启用。

◎ activefrag yes：内存碎片清理总开关，默认为禁用状态（no）。

◎ active-defrag-ignore-bytes 200mb：内存碎片占用的空间达到 200MB。

◎ active-defrag-threshold-lower 20：内存碎片的空间占比超过系统分配给 Redis 空间的 20%。

CPU 资源占用

MySQL：如何避免内存碎片自动清理对性能造成影响？

清理的条件有了，还需要分配清理碎片占用的 CPU 资源，保证既能正常清理碎片，又能避免对 Redis 的性能产生影响。

◎ active-defrag-cycle-min 5：自动清理过程中占用的 CPU 时间比例不低于 5%，从而保证能正常展开清理任务。

◎ active-defrag-cycle-max 20：自动清理过程占用的 CPU 时间比例不高于 20%，一旦超过立即停止，避免造成 Redis 阻塞，导致高延迟。

整理力度

防止自动清理占据过多 CPU 资源，可使用以下两个配置来控制。

◎ active-defrag-max-scan-fields 1000：当碎片清理扫描到 set/hash/zset/ list 时，只有在 set/hash/zset/list 的长度小于或等于此阈值时，才会对此 key-value 进行碎片清理，否

则将 key-value 放在一个列表中延迟处理。

◎ active-defrag-threshold-upper 100：内存碎片空间占操作系统分配给 Redis 的总空间比例达此阈值（默认为 100%）时，我会尽最大努力清理碎片。建议你调整为 80。

jemalloc-bg-thread

默认配置为 jemalloc-bg-thread yes，表示启用清除脏页后台线程。

5.4.12 绑定 CPU

你可以将 Redis 的不同线程和进程绑定到特定的 CPU，以减少上下文切换，提高 CPU 的 L1、L2 Cache 命中率，实现性能最大化。

你可以通过修改配置文件或者 taskset 命令把线程或者进程绑定到特定的 CPU。待绑定的线程或者进程可分为三类。

◎ 主线程和 I/O 线程：负责命令读取、解析、结果返回。由主线程执行命令。
◎ bio 线程：负责执行耗时的异步任务，如 close fd、AOF fsync 等。
◎ 后台进程：fork 子进程（RDB bgsave、AOF rewrite bgrewriteaof）来执行耗时的命令。

Redis 支持分别配置上述三类线程或者进程的 CPU 亲合度，其在默认情况下是关闭的。

◎ server_cpulist 0-7:2：I/O 线程（包含主线程）的相关操作绑定到 CPU 0、2、4、6。
◎ bio_cpulist 1,3：bio 线程的相关操作绑定到 CPU 1、3。
◎ aof_rewrite_cpulist：aof rewrite 后台进程绑定到 CPU 8、9、10、11。
◎ bgsave_cpulist 1,10-11：bgsave 后台进程绑定到 CPU 1、10、11。

5.4.13 sentinel.conf 哨兵

要配置 Redis 哨兵集群，需要修改 Redis 哨兵配置文件，其默认名称为 sentinel.conf。Redis 哨兵配置文件可以配置哨兵节点的域名、端口号、监视频率、故障切换等参数。

protected-mode

这是 sentinel 的保护模式，默认配置是 no，表示保护模式被禁用，sentinel 可以从本地主机以外的接口访问，这意味着 sentinel 可以从除本地主机外的其他网络接口进行访问。安全起见，除绑定的 IP 地址外，应确保通过防火墙等方式限制 sentinel 的外部访问。

port 26379

此 sentinel 实例运行的端口。

daemonize 与 pidfile

daemonize 的默认配置是 no，sentinel 不作为守护进程运行。也就是说，它会在前台运行，而不是在后台默默地运行。如果需要将 sentinel 作为守护进程运行，可以将其配置为 yes。

pidfile 的默认配置是 /var/run/redis-sentinel.pid，当 Redis sentinel 被配置为守护进程时，Redis 会将进程 ID（pid）写入 /var/run/redis-sentinel.pid 文件，以便后续可以通过这个文件来管理或停止 Redis sentinel 进程。

logfile

该配置用于指定日志文件的名称。默认配置是空字符串 ""，表示不指定具体的日志文件名。这样的配置会强制 sentinel 将日志输出为标准输出（stdout）。

注意，如果你使用标准输出（stdout）记录日志但又将 sentinel 配置为守护进程（daemonize），那么日志将被发送到 /dev/null，即被丢弃。

dir <working-directory>

这个配置项配置了 sentinel 进程的工作目录。对于长时间运行的进程，通常建议有一个明确定义的工作目录。

sentinel monitor

这是一个关键的配置，配置语法是 sentinel monitor <master-name> <ip> <redis-port> <quorum>。例如配置为 sentinel monitor mymaster 127.0.0.1 6379 2。以下是配置各字段的详细解释。

- ◎ sentinel monitor <master-name>：这里指定了要监控的 master 的名称 "mymaster"。这个名称在整个哨兵集群中必须是唯一的。
- ◎ <ip>：master 的 IP 地址。在这个例子中，IP 地址是 127.0.0.1，表示 master 运行在本地。
- ◎ <redis-port>：master 的端口号。在这个例子中，端口号是 6379。
- ◎ <quorum>：定义哨兵达成一致所需的最少数量的参数。只有在至少 <quorum> 个哨兵同意 master 进入 S_DOWN（主观下线）状态时，该 master 才会被认为处于 O_DOWN（客观下线）状态。在这个例子中，2 表示需要至少两个哨兵同意。

sentinel auth-pass、sentinel auth-user

这两个配置用于哨兵与 slave 和 master 进行身份验证，身份验证通过才能正常监控该主从集群。

示例如下。

```
sentinel auth-pass mymaster secret-0123passw0rd
sentinel auth-user <master-name> <username>
```

◎ sentinel auth-pass <master-name> <password>：这里配置了哨兵与 master 和 slave 进行身份验证的密码。在这个例子中，mymaster 是主服务器的名称，MySUPER--secret-0123passw0rd 是用于身份验证的密码。这个密码与 master 和 slave 的身份验证密码匹配。

◎ sentinel auth-user <master-name> <username>：master 配置了 auth-user，那么哨兵也需要配置 auth-user 才能正常访问 master。ACL 是 Redis 6.0 及更高版本中引入的功能。如果只提供 auth-pass，那么哨兵将使用旧的 AUTH <pass> 方法进行身份验证。当提供用户名时，将使用 AUTH <user> <pass>方法进行身份验证。

如果配置 sentinel auth-user，那么 Redis 必须配置 ACL（Access Control List）来控制 sentinel 实例最小访问权限。以下是一个示例 ACL 配置。

```
user sentinel-user >somepassword +client +subscribe + publish + ping +info +multi
+slaveof +config +client +exec on
```

这个 ACL 配置允许 sentinel 用户执行必要的操作，如客户端连接、订阅/发布消息、执行 PING、获取服务器信息、执行 MULTI、配置服务器为从服务器、配置服务器等。

sentinel down-after-milliseconds

默认配置为 sentinel down-after-milliseconds mymaster 30000，用于配置哨兵在多长时间内没有收到 master 以及该 master 的 slave 的 PING 响应时，将该节点判定为 S_DOWN 状态（主观下线）的时间，默认是 30 s。

acllog-max-len

acllog-max-len 128 配置 ACL Log 的最大条目数为 128，表示 ACL Log 最多存储 128 条记录，超过这个数目后会按照先进先出（FIFO）的原则丢弃旧的记录。你可以根据实际需求和系统资源配置这个值。

哨兵身份验证

这部分与哨兵的身份验证和密码配置有关，这些配置项提供了对 sentinel 实例进行身份验证的方式，以确保哨兵之间的安全通信。

requirepass <password>

该项配置用于为哨兵自身配置密码。需要注意的是，如果配置了 requirepass，则哨兵会尝试使用相同的密码对所有其他哨兵进行身份验证。因此，在给定的哨兵组中，你需要为所有的哨兵配置相同的 requirepass 密码。

需要注意的是，从 Redis 6.2 开始，不再推荐使用 requirepass 配置密码，推荐使用 sentinel sentinel-user <username> 和 sentinel sentinel-pass <password>。

sentinel sentinel-pass、sentinel-user

- ◎ sentinel sentinel-user <username>：该项配置允许你为哨兵配置特定的用户名，以便用于与其他哨兵进行身份验证。
- ◎ sentinel sentinel-pass <password>：这是哨兵用于与其他哨兵进行身份验证的密码。如果没有配置 sentinel-user，那么哨兵将使用默认的用户 default 进行身份验证，并使用 sentinel-pass 指定的密码。

sentinel parallel-syncs

sentinel parallel-syncs <master-name> <numreplicas>：该配置项用于指定在故障切换期间可以有多少个 slave 指向新 master 进行主从同步。在进行同步时，如果 slave 提供读处理，那么建议配置较小的数字，以免所有 slave 在同一时间变得不可用。这有助于减轻切换期间的负载。

mymaster 是要监视的 master 的名称，numreplicas 是可以同时同步的 slave 的数量。

sentinel failover-timeout

sentinel failover-timeout <master-name> <milliseconds>：该配置项指定了故障迁移的超时时间，单位为毫秒。这个超时时间在不同的情况下有不同的作用。

- ◎ 当前一个哨兵尝试对同一个 master 执行故障迁移失败，并且需要重新开始故障迁移时，会等待两倍的故障超时时间。
- ◎ 当一个 slave 根据哨兵的当前配置，正在与错误的 master 进行同步时，会被强制与正确的 master 进行同步，这个过程需要的时间正好是故障超时时间。
- ◎ 当取消一个已经在进行但没有更改任何配置的故障迁移时，需要的时间也是故障超时时间的一部分。
- ◎ 当进行 failover 时，配置所有 slave 指向新的 master 所需的最大时间。即使超过了这个时间，slave 依然会被正确配置为指向 master。

SENTINEL master-reboot-down-after-period

这个配置项的作用在于控制 master 重启后哨兵是否进行故障切换。默认配置是 SENTINEL master-reboot-down-after-period mymaster 0。

- ◎ 当 master_reboot_down_after_period 被配置为 0 时，表示在 master 重启后哨兵不会进行故障切换，即哨兵不会因为 master 的 -LOADING 响应而触发故障切换。

◎ 如果配置了一个非零的值，则表示哨兵在 master 重启后等待的时间（以毫秒为单位），在这个时间范围内如果收到 master 的 -LOADING 响应，则哨兵不会触发故障切换，超过这个时间才会考虑触发故障切换。

5.5 缓存击穿、缓存穿透、缓存雪崩怎么解决

在 4 核 8GB 的机器上运行 MySQL，大约能达到 5000 TPS、10000 QPS，读/写平均耗时为 10～100 ms。

用 Redis 作为缓存系统正好可以弥补 DB 的不足，在 MacBook Pro 2019 上进行 Redis 性能测试，结果如下。

```
> redis-benchmark -t set,get -n 100000 -q
SET: 107758.62 requests per second, p50=0.239 msec
GET: 108813.92 requests per second, p50=0.239 msec
```

TPS 和 QPS 达到 10 万，于是你可以将 Redis 作为缓存架构，当查询请求进来时，先在 Redis 中查找数据，如果有则直接返回数据。

如果 Redis 中没有数据，就从数据库中读取数据并写到 Redis 中，再返回结果。

这样就天衣无缝了吗？缓存设计不当，将导致严重后果，这里介绍缓存使用中常见的三个问题和解决方案。

◎ **缓存击穿（失效）**指数据库中有数据，缓存中本应该也有数据，但是缓存数据过期了，Redis 这层的流量防护屏障被击穿了，请求“直奔”数据库。

◎ **缓存穿透**指 DB 中没有这个数据，Redis 中肯定也不存在这个数据，请求“直奔”数据库，缓存系统形同虚设。

◎ **缓存雪崩**指大量热点数据无法在 Redis 缓存中处理（大量热点数据缓存失效、Redis 宕机），流量全部“打”到数据库，导致数据库压力过大。

5.5.1 缓存击穿

在高并发场景访问热点数据时，请求的数据在数据库中，但是 Redis 中存的数据已经过期，应用程序需要从数据库中加载数据并写到 Redis 中。关键字：单一热点数据、高并发、数据失效。

在高并发的请求下，大量请求“打”到数据库中，可能把数据库“压垮”，导致服务不可用，如图 5-6 所示。

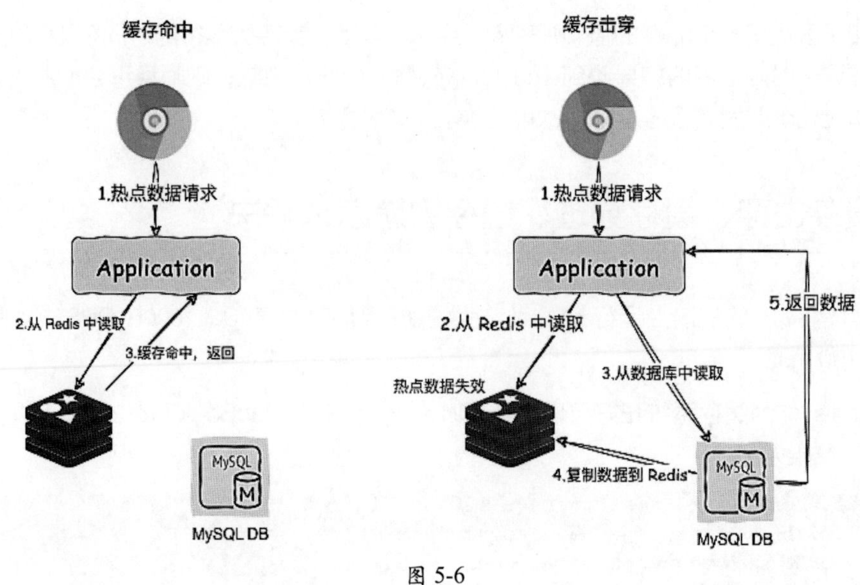

图 5-6

方案一：过期时间 + 随机值

对于热点数据，你可以不配置过期时间，这样就可以在 Redis 中查到缓存数据，充分利用 Redis 的高吞吐性能。

建议使用公式“过期时间=基础时间+随机时间”设计缓存的过期时间。即当相同业务数据写缓存时，在基础过期时间之上，再加一个随机的过期时间，避免瞬时全部过期，对数据库造成过大压力。

方案二：预热

预先把热门数据存入 Redis 中，并将热门数据的过期时间设为一个超大值。

方案三：使用锁

当应用程序查询数据发现 Redis 缓存失效时，不是立即从数据库中加载数据，而是先获取分布式锁，获取锁成功才执行数据库查询和写数据到缓存的操作。如果获取锁失败，则说明当前有线程在执行数据库查询操作，当前线程睡眠一段时间再重试。

伪代码如下。

```
public Object getData(String id) {
    String desc = redis.get(id);
    // Redis 缓存未命中
    if (desc == null) {
        // 互斥锁，只有一个请求可以成功
        if (redis(lockName)) {
            try
```

```
                // 从数据库中取出数据
                desc = getFromDB(id);
                // 写入 Redis
                redis.set(id, desc, 60 * 60 * 24);
            } catch (Exception ex) {
                log.error(ex);
            } finally {
                // 确保最后删除，释放锁
                redis.del(lockName);
                return desc;
            }
        } else {
            // 否则睡眠 200ms，重新获取锁
            Thread.sleep(200);
            return getData(id);
        }
    }
}
```

5.5.2　缓存穿透

缓存穿透意味着有特殊请求在查询一个不存在的数据，即数据不存在于 Redis 中，也不存在于数据库中。这会导致所有请求直接穿透 Redis“打”到数据库，Redis 缓存系统成了“摆设”，对数据库造成很大压力，从而影响正常服务，如图 5-7 所示。

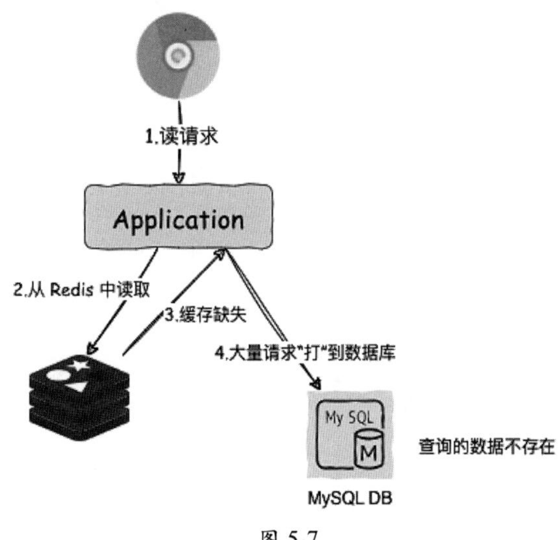

图 5-7

有两种方案可以解决缓存穿透问题。

方案一

缓存空值：当请求的数据不存在于 Redis 中，也不存在于数据库中时，配置一个缺省值（例如 -1），当再次进行查询时直接返回空值或缺省值。

方案二

BloomFilter：在数据写入数据库的同时将数据的 ID 写入 BloomFilter 中，当请求的 ID 不存在于 BloomFilter 中时，说明该请求查询的数据一定没有被保存在数据库中，不再去数据库中查询。

BloomFilter 要缓存全量的 key 的 ID，这就要求全量 key 的数量不能太大，否则会占用过多内存，以 10 亿个以内为佳。BloomFilter 内存占用的公式如下。

$$m = -\frac{n\ln p}{(\ln 2)^2}$$

其中，

◎ m 是 bit 数组的大小，以 bit 为单位。
◎ n 是预期的插入元素数量。
◎ p 是期望的误判率。

BloomFilter 的算法是，分配一块内存空间给 bit 数组，将 bit 数组的每个槽位的 value 全部设为 0。

当加入元素时，采用 k 个相互独立的 Hash 函数对元素计算得出 k 个哈希值，然后将 k 个哈希值映射到 bit 数组的槽位的 value 全部设置为 1。

检测 key 是否存在与加入元素的流程类似，仍然用这 k 个 Hash 函数对 key 做哈希计算得出 k 个哈希值，如果哈希值映射到 bit 数组的槽位的 value 全部为 1，则表明 key 存在，否则表明 key 不存在，BloomFilter 的具体原理详见 2.10 节。

5.5.3 缓存雪崩

缓存雪崩指大量请求无法在 Redis 缓存系统中处理，都被“打”到数据库中，导致数据库压力激增，甚至宕机，如图 5-8 所示。

出现这种情况的主要原因如下。

◎ 大量热点数据同时过期，导致大量请求需要查询数据库并写入缓存。
◎ Redis 故障宕机、缓存服务器故障、扩容、缓存系统异常。

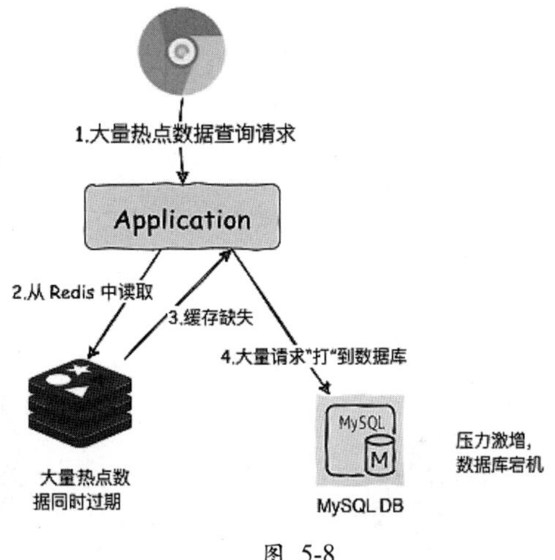

图 5-8

缓存雪崩发生在大量数据同时失效的场景中，而缓存击穿（失效）发生在某个热点数据失效的场景中，这是他们最大的区别。

以下四种方案可以解决缓存雪崩的问题。

方案一：为过期时间添加随机值

配置缓存数据的过期时间时，尽量避免同时配置相同的过期时间，防止在某个时间点大量数据同时失效。可以配置一个时间范围内的随机过期时间，分散缓存失效的时间点。

过期时间 = 基础时间 + 随机时间（较小的随机数，例如随机增加 1~5 分钟）。这样一来，就不会出现同一时刻热点数据全部失效的情况，同时过期时间差别也不会太大。既保证了失效时间，又能满足业务需求。

方案二：接口限流

在业务系统的请求入口前端控制每秒进入系统的请求数，避免过多的请求被发送到数据库。

当访问的不是核心数据时，在查询的方法上加上接口限流保护。例如配置 1000 req/s，这时只有部分请求会被发送到数据库，减小了压力，如图 5-9 所示。

方案三：使用多级缓存

将缓存分为多级，例如本地缓存、分布式缓存，甚至页面缓存，当某一级缓存发生故障或失效时，其他级别的缓存依然可用，降低了缓存失效的风险。例如开启 Redis 客户端缓存机制。

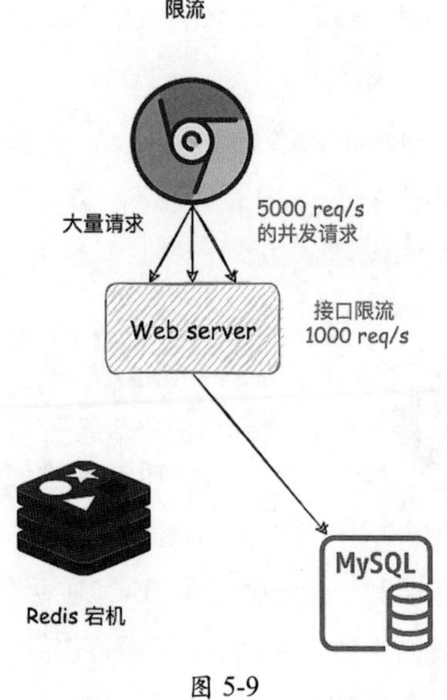

图 5-9

方案四

使用以上方案的前提是 Redis 正常运行，对缓存系统故障导致的缓存雪崩的解决方案有两种。

◎ 服务熔断和接口限流。

◎ 构建高可用集群缓存系统。

服务熔断和接口限流

服务熔断指一旦发现缓存获取数据异常，就直接将错误数据返回前端，防止所有流量“打”到数据库导致宕机。服务熔断和接口限流方案可以在发生缓存雪崩时降低雪崩对数据库造成的影响。

构建高可用集群缓存系统

缓存系统一定要构建一套 Redis 高可用集群，例如 Redis 哨兵集群或者 Redis 集群，如果 Redis 的 master 发生故障或宕机，那么可以将 slave 切换为 master 继续提供服务，避免由于 Redis 实例宕机而导致缓存雪崩问题。

5.6 Redis 缓存策略与数据库一致性问题深度剖析

Redis 拥有高性能的数据读/写功能，被广泛用于缓存场景，可以提高业务系统的性能，同时为数据库抵挡了高并发的流量请求。

现在，我们来一起深入探索缓存的工作机制和一致性应对方案，首先需要取得以下两点共识。

◎ 缓存必须有过期时间。
◎ 保证数据库与缓存的最终一致性即可，不必追求强一致性。

5.6.1 缓存策略

把我用作缓存系统的时候，你可以使用的策略包括旁路缓存（Cache-Aside）、读/写穿透（Read/Write Through）和异步缓存写入（Write-Behind）。

这些策略决定了在何时、何地、如何将数据加载到缓存中，以及如何同步缓存和底层数据。

选择何种缓存策略取决于应用程序的需求和性能目标。例如，Cache-Aside 适用于读多写少的场景，Read Through 和 Write Through 通常配合使用，适用于需要自动加载和同步的场景，而 Write-Behind 适用于需要延迟写入和异步刷新的场景。

1. 旁路缓存

旁路缓存也称手动加载缓存，读取缓存、读取数据库和更新缓存的操作都在应用系统中完成，是业务系统最常用的缓存策略。在这种策略中，缓存的加载和维护是由应用程序负责的，而不是由缓存系统自动管理的。

读取数据

读取数据的逻辑如下。

（1）缓存命中：应用程序需要读取数据时，先检查 Redis 缓存是否命中，如果命中则直接返回给应用程序。

（2）缓存未命中：如果数据不在 Redis 中（缓存未命中），那么应用程序将从数据库中获取数据。

（3）复制数据到 Redis：把数据库查询到的数据复制到 Redis 中，以便后续读取相同数据会命中 Redis 缓存。

（4）返回数据：应用程序将获取到的数据返回给调用方。

时序图如图 5-10 所示。

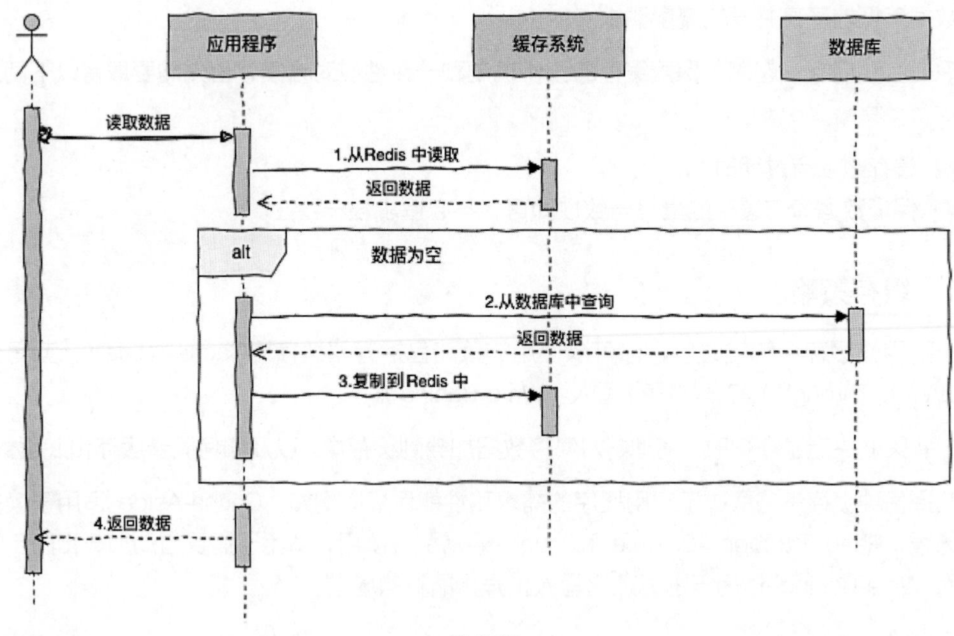

图 5-10

写数据

写数据的逻辑如下。

（1）应用程序更新数据库数据。

（2）手动更新或删除相应的缓存项，以确保缓存与数据库保持一致。

时序图如图 5-11 所示。

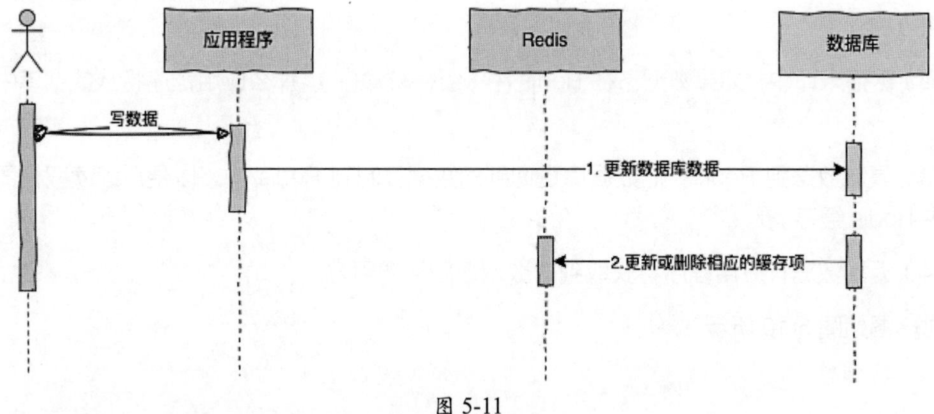

图 5-11

通常可以选择删除缓存来确保缓存与数据库一致。

Chaya："为什么不是更新缓存呢？"

更新缓存的成本很高，可能需要访问多张表联合计算，建议通过直接删除缓存，而不是更新缓存数据来保证一致性。

旁路缓存的优点如下。

◎ 缓存中仅包含应用程序实际请求的数据，有效利用 Redis 内存不浪费。
◎ 实现简单，并且能获得性能提升。

旁路缓存的缺点如下。

◎ 需要手动管理：应用程序需要显式地管理缓存，包括加载、更新和删除。这可能增加开发和维护的复杂性。
◎ 缓存不一致：由于是手动管理的，存在数据在数据存储中更新但缓存未及时更新的情况，导致缓存与数据存储不一致。

旁路缓存的适用场景如下。

◎ 读频繁、写相对较少的场景。
◎ 需要对缓存的加载和更新时间进行精细控制的场景。

2. 读穿透

读穿透是一种自动加载缓存数据的策略，当应用程序访问缓存时，如果缓存中不存在所需数据，缓存系统就会自动从数据库中读取数据并将其加载到缓存系统中。

旁路缓存和读穿透非常相似，区别在于前者由应用程序负责从数据库中获取数据和填充缓存，后者由缓存系统负责从数据库中获取数据和填充缓存。该缓存系统就好像在 Redis 上面加了一层代理，执行流程如图 5-12 所示。

（1）从缓存系统中读取数据，缓存系统负责从 Redis 中查询数据，命中则返回数据给应用程序。

（2）在 Redis 中没有查询到数据，缓存系统从数据库中查询数据，并把数据复制到 Redis 中。

（3）缓存系统把数据返回给应用程序。

Read-Through 实现了关注点分离原则，应用程序只与缓存系统交互，由缓存系统管理 Redis 与数据库之间的数据同步。

缓存系统会自动向数据库发送读取请求，获取所需数据。

获取数据后，缓存系统会将数据加载到缓存中，并返回给应用程序，再次访问相同数据时可直接从缓存中读取。

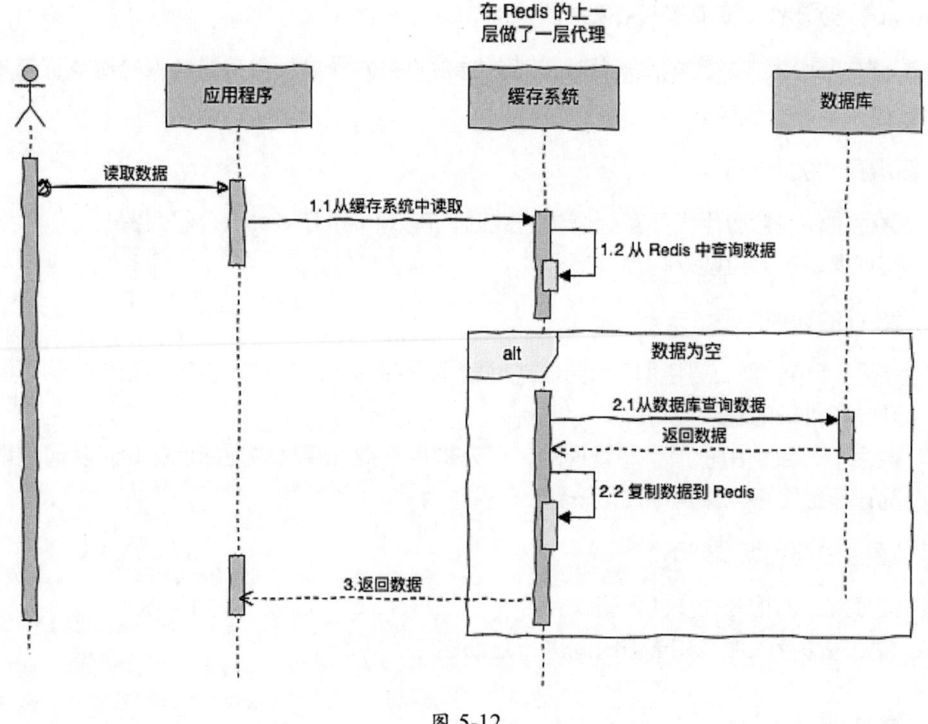

图 5-12

实际上，读穿透缓存策略在 Redis 和数据库之间插入了一个透明的加载过程，应用程序无须关心数据加载的具体细节。这个过程完全由缓存系统自动管理。

读穿透的优点如下。

◎ 自动加载：当数据不在 Redis 中时，自动触发从数据库加载数据操作，简化了应用程序的逻辑。

◎ 透明性：应用程序无须关心数据是否在 Redis 中，读取数据的方式与直接从数据库中读取数据一致。

读穿透的缺点如下。

◎ 延迟：当首次访问未命中时，需要从数据库中加载数据，可能引入一定的延迟。

◎ 并发加载：当多个并发请求首次读取相同数据时，可能导致并发加载多次相同的数据。

读穿透的适用场景如下。

◎ 读取频繁：适用于读取频繁，但相对不经常写入的场景。

◎ 数据相对稳定：适用于数据相对稳定，不经常变化的场景。

3. 写穿透

写穿透是一种同步直写策略，当应用程序写入数据时，数据会同步写入 Redis 和数据库。

与读穿透类似，当发生写请求时，写穿透将写入责任转移到缓存系统，由缓存抽象层来完成写 Redis 和数据库的更新，如图 5-13 所示。

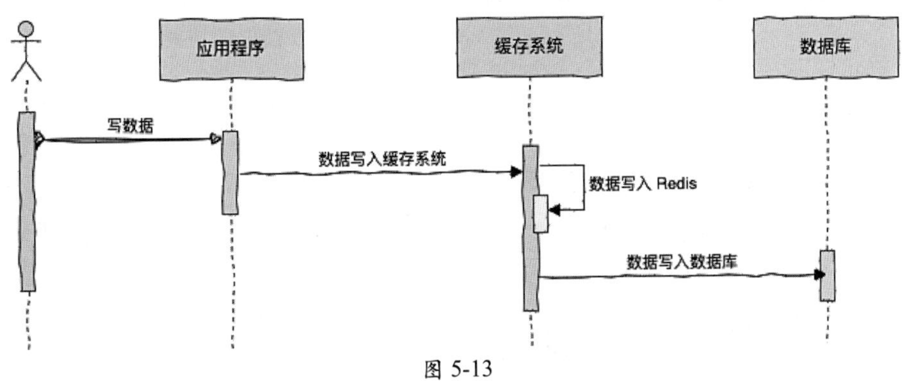

图 5-13

写穿透的执行流程如下。

（1）应用程序写入：当应用程序需要写入数据时，将写入请求发送给缓存系统。

（2）数据写入 Redis：缓存系统将数据写入 Redis，以确保缓存中的数据是最新的。

（3）同步写入数据库：缓存系统将相同的写入请求数据同步发送给数据库并写入。

（4）确认写入完成：缓存系统等待数据库的写入操作完成，确保数据库的数据也是最新的。

Write-Through 确保每次写入操作都同步更新了缓存和底层数据，保证了两者的一致性。这样，应用程序在写入完成后可以立即从缓存中读取相同的数据，而且数据库中的数据也是最新的。

通常情况下，写穿透需要与读穿透配合使用才有意义。

写穿透颠倒了 Cache-Aside 填充缓存的顺序，不是在缓存未命中后延迟加载到缓存，而是在应用程序执行写操作时，缓存系统先把数据写入 Redis 缓存，接着由缓存系统将数据写入数据库。

写穿透的优点如下。

◎ 数据一致性：缓存与数据库数据总是最新的，降低了数据不一致的风险。
◎ 查询性能最佳：应用程序写入完成后，缓存和数据存储都是最新的。

写穿透的缺点如下。

◎ 延迟：写入操作需要等待数据库的确认，可能引入一定的延迟。

◎ 高并发写入：在高并发写入场景中，同步写入数据存储的过程可能成为瓶颈。

写穿透的适用场景如下。

◎ 强一致性要求：适用于对数据一致性要求较高的场景。
◎ 读/写比较平衡：适用于读/写操作相对平衡的场景。
◎ 实时性要求：适用于对数据实时性要求较高的场景。

4. 异步缓存写入

异步缓存写入是一种异步写入策略，当应用程序写入数据时，数据首先写入缓存系统，而后台异步任务负责将这些变更批量写入数据库。如图 5-14 所示。

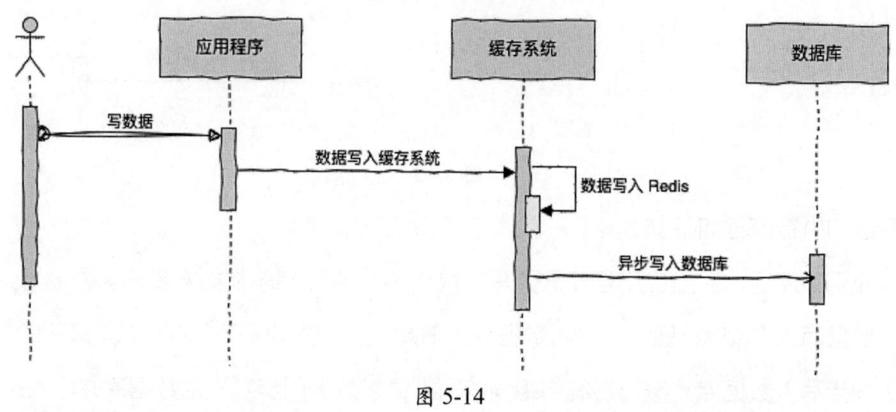

图 5-14

图 5-14 一眼看去似乎与 Write-Through 一样，其实不是的，二者的区别在于最后一个箭头从实心变为了线。这意味着缓存系统将异步更新数据库数据，应用系统只与缓存系统交互，不必等待数据库更新完成，性能得到提高，这是因为对数据库的更新是最慢的操作。Write-Behind 策略的执行流程如下。

（1）应用程序写入：当应用程序需要写入数据时，将写入请求发送给缓存系统，缓存系统将数据写入 Redis，确保应用程序可以快速完成写入操作。

（2）消息队列：缓存系统维护一个消息队列，将写入 Redis 的数据添加到消息队列中。

（3）批量写入数据库：异步任务将队列中积累的数据变更操作批量写入数据库。

（4）确认写入完成：缓存系统更新相应的状态，标记已写入的数据变更操作，向应用程序返回写入操作写入已经完成的消息。

通过这种方式，Write-Behind 实现了异步批量写入，避免了每次写入都同步更新底层数据，提高了写入性能。异步队列和定期批量写入的机制保证了数据的最终一致性。

Write-Behind 的优点如下。

◎ 提高写入性能：异步批量写入减少了每次写入都同步写入数据库的开销，提高了写入性能。
◎ 减少写入延迟：应用程序写入完成后，无须等待数据库的确认，减少了写入延迟。

Write-Behind 的缺点如下。

◎ 数据一致性延迟：由于是异步写入，可能存在一定的数据一致性延迟。
◎ 可能丢失数据：当发生系统故障或出现异常情况时，尚未写入的数据可能丢失。

Write-Behind 的适用场景如下。

◎ 适度一致性要求：适用于对一致性要求较为灵活的场景，能够容忍一定的数据一致性延迟。
◎ 写入密集型场景：适用于写入操作较为密集的场景，可以通过批量写入提高写入性能。

5.6.2　缓存与数据库一致性是什么

一致性主要涉及两个方面。

◎ **读一致性**：读一致性要求无论从数据库还是从缓存系统中读取数据，获取到的都是最新的、准确的数据。如果一个写操作已经将数据写入数据库，但缓存系统中存储的仍然是旧数据，就会导致读操作的不一致。
◎ **写一致性**：写一致性要求在进行写操作时，数据库和缓存系统的数据都保持同步。如果一个写操作成功写入了数据库，但由于某种原因缓存系统中的数据未能及时更新，就会引发写操作的不一致。

Chaya："为什么会出现数据一致性问题呢？"

"鱼与熊掌不可兼得"，当把 Redis 作为缓存系统时，一旦数据发生改变，我们就需要写入来保证缓存系统与数据库的数据一致。

数据库与缓存系统毕竟是两套系统，如果要保证强一致性，势必要引入 2PC 或 Paxos 等分布式一致性协议，或者分布式锁等，这在实现上是有难度的，而且一定会对性能产生影响。

5.6.3　旁路缓存的问题分析

业务场景使用最多的就是旁路缓存策略，在该策略下，客户端对数据的读取流程是先从 Redis 读取缓存，如果命中则返回；如果未命中，则从数据库中读取并把数据写入 Redis，所以读操作不会导致缓存与数据库不一致。

这里的重点是写操作，需要修改数据库和 Redis，而两者会存在先后顺序，可能导致数据不一致。

对于写数据，有两个问题需要考虑。

◎ 先操作 Redis 缓存还是先操作数据库？
◎ 当数据发生变化时，选择修改（update）Redis 缓存还是删除（delete）Redis 缓存？

将这两个问题排列组合，会出现 4 种方案。

◎ 先操作 Redis 缓存，再操作数据库。
◎ 先操作数据库，再操作 Redis 缓存。
◎ 先删除 Redis 缓存，再更新数据库。
◎ 先更新数据库，再删除 Redis 缓存。

接下来的分析不必死记硬背，只需要考虑以下两个场景会不会带来严重问题。

◎ 第一个操作成功，第二个操作失败会导致什么问题？
◎ 在高并发情况下会不会造成读取的数据不一致？

1. 先操作 Redis 缓存，再操作数据库

在旁路缓存策略下，先操作 Redis 缓存再操作数据库的读/写请求流程如图 5-15 所示。

如果更新 Redis 缓存成功，写数据库失败，就会出现 Redis 缓存是最新数据，数据库是旧数据的情况，导致两者数据不一致。

此时，其他查询会请求 Redis 获取的缓存是脏数据，因此，返回客户端的缓存数据毫无意义。该方案失败。

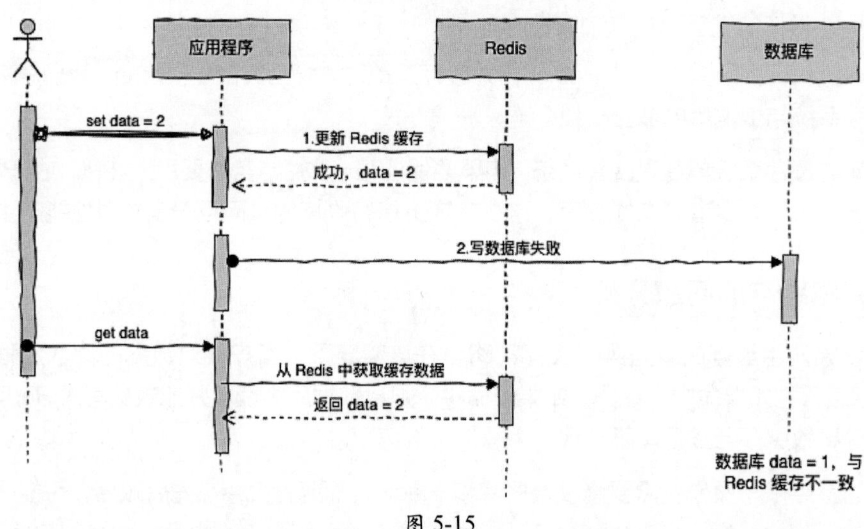

图 5-15

2. 先操作数据库，再操作 Redis 缓存

假如操作数据库成功，操作 Redis 缓存失败会导致数据库是最新数据，缓存是旧数据的情况。举例如下。

谢霸戈经常“996”，导致腰酸脖子疼，Bug 越写越多，就在 App 上预约了按摩推拿到家服务。

谢霸戈提交了订单，假设现在出现了高并发抢单，如图 5-16 所示。

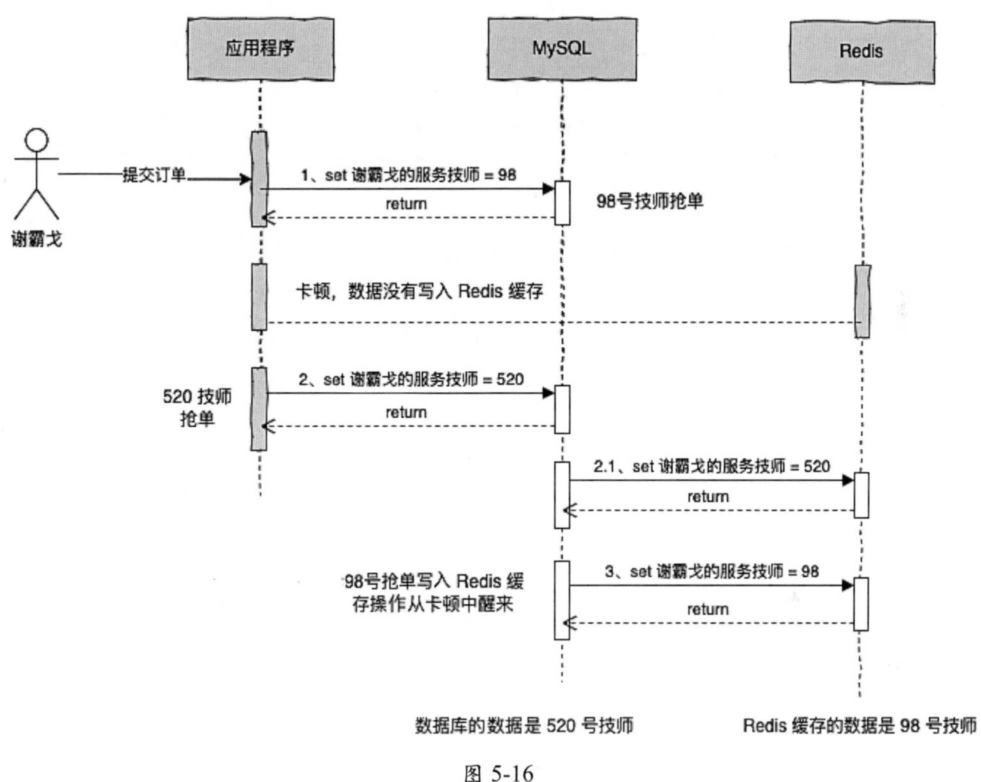

图 5-16

（1）98 号技师“先下手为强，”点击“抢单”按钮，系统执行“set 谢霸戈的服务技师 = 98”的命令将数据写入数据库，就在这时，网络出现波动，卡顿了，数据还没来得及写入 Redis 缓存。

（2）520 号技师点击“抢单”，系统把“set 谢霸戈的服务技师 = 520”写入数据库，并成功把这个数据写入 Redis 缓存。

（3）98 号技师的写入 Redis 缓存请求开始执行，顺利将“set 谢霸戈的服务技师 = 98”

写入 Redis 缓存。

最终，数据库的值是“set 谢霸戈的服务技师 ＝ 520”，而 Redis 中缓存的值是“set 谢霸戈的服务技师 ＝ 98”。所以，在高并发场景中，多线程同时写数据再写入 Redis 缓存，就会出现 Redis 缓存是旧数据，数据库是最新数据的不一致现象。

3. 先删除 Redis 缓存，再更新数据库

假设删除 Redis 缓存操作成功，更新数据库操作失败会出现该次写数据库操作丢失和数据库与 Redis 缓存不一致的情况。

此外，在高并发情况下，也会出现 Redis 缓存与数据库不一致的情况。举个例子，肖菜姬下单，数据库中存储的初始化数据是“set 肖菜姬的服务技师 ＝ 待定”，如图 5-17 所示。

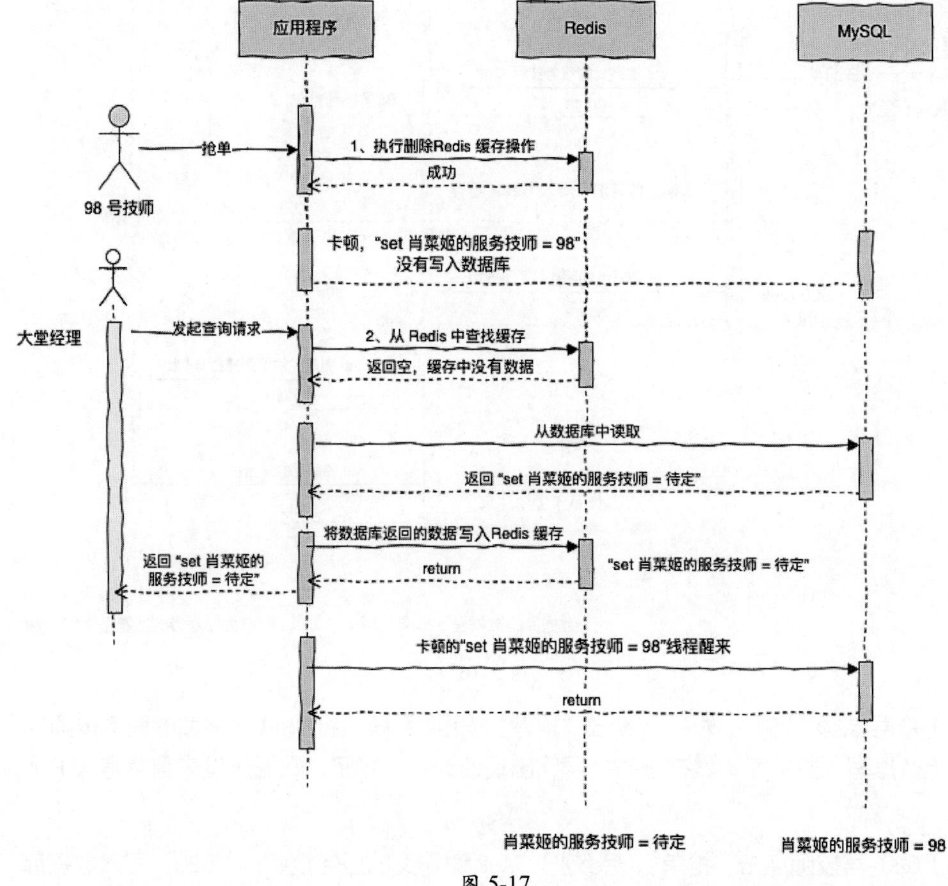

图 5-17

还是 98 号技师“先下手为强”，应用系统先删除 Redis 缓存数据，准备将“set 肖菜姬的服务技师 ＝ 98”写入数据库时发生卡顿，未成功写入。

（1）大堂经理向应用系统发起查询请求，应用系统在 Redis 缓存中未查询到数据，就从数据库中读取到旧数据“set 肖菜姬的服务技师 = 待定”，并把该数据写入 Redis 缓存。

（2）卡顿的 98 号技师线程醒来，继续把数据“set 肖菜姬的服务技师 = 98”写入数据库。

该方案失败，因为删除 Redis 缓存操作成功，更新数据库操作失败，数据库中是旧数据，Redis 从数据库读取到旧数据写入缓存，造成数据不一致。

4. 先更新数据库，再删除 Redis 缓存

先更新数据库，再删除 Redis 缓存，如果在更新数据库阶段失败就直接返回客户端异常，则不需要执行缓存操作。所以第一个操作失败不会出现数据不一致的情况。

重点在于，如果写入数据库成功，删除 Redis 缓存失败，那么怎么办？

谢霸戈：“可以把这两个操作放在一个事务中，如果缓存删除失败，就把写数据库回滚。”

这种方案不适合用在高并发场景中，因为容易出现大事务，造成死锁问题。

如果不回滚数据库事务，就会出现数据库是新数据，缓存还是旧数据的情况。所以，我们要想办法让缓存删除成功，否则只能等到数据失效。

你可以使用重试机制，重试三次，三次都失败则将日志记录到数据库，使用分布式 job 调度组件做后续的删除处理。

在高并发的场景中，最好使用异步方式重试删除，例如发送消息到 MQ 中间件，实现异步解耦。或者利用 Canal 订阅 MySQL binlog 日志，监听对应的更新请求，执行删除对应缓存操作。

在高并发场景中，先更新数据库，再删除缓存，可能出现少量读取请求读取到旧数据的情况，但是旧数据很快就会被删除，之后的请求都能获取最新数据。如图 5-18 所示，假设 money 初始值 = 0。

（1）A 线程向系统发送写请求，先更新数据库“set money = 100”成功，这时网络卡顿，没来得及执行删除 Redis 缓存操作。

（2）B 线程向应用系统发送读请求“get money”，从 Redis 中命中缓存“money = 0”并返回应用系统。此时，数据库已经保存 A 线程执行“set money = 100”的数据，money = 100。

（3）A 线程删除 Redis 缓存操作从卡顿中醒来，执行删除 Redis 缓存操作成功。

还有一种比较极端的情况：Redis 缓存自动失效时遇到了高并发读/写请求，A 线程执行读操作，B 线程执行写操作，如图 5-19 所示。

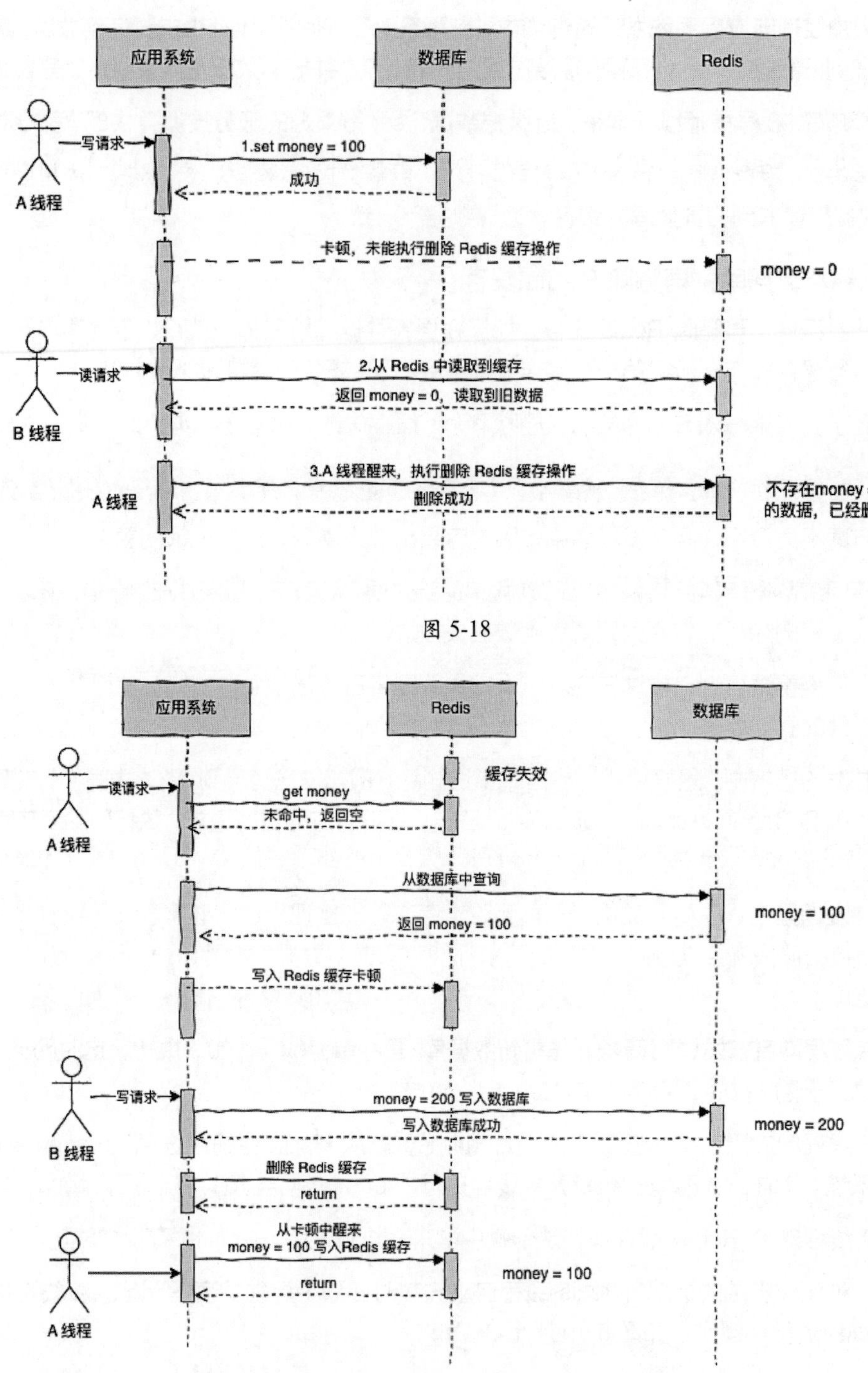

应用系统
数据库
Redis
写请求
1.set money = 100
成功
A 线程
卡顿，未能执行删除 Redis 缓存操作
money = 0
读请求
2.从 Redis 中读取到缓存
返回 money = 0，读取到旧数据
B 线程
3.A 线程醒来，执行删除 Redis 缓存操作
删除成功
A 线程
不存在money = 0
的数据，已经删除

图 5-18

应用系统
Redis
数据库
缓存失效
读请求
get money
未命中，返回空
A 线程
从数据库中查询
money = 100
返回 money = 100
写入 Redis 缓存卡顿
写请求
money = 200 写入数据库
写入数据库成功
money = 200
B 线程
删除 Redis 缓存
return
从卡顿中醒来
money = 100 写入Redis 缓存
return
money = 100
A 线程

图 5-19

（1）Redis 的缓存数据过期，缓存失效。

（2）A 线程从 Redis 中读取缓存未命中，查询数据库得到“money=100”，准备将数据写入 Redis 缓存时网络卡顿，未能执行写入 Redis 缓存操作。

（3）B 线程执行写操作，“money=200”写入数据库成功。

（4）B 线程执行删除 Redis 缓存操作。

（5）A 线程从卡顿中恢复，把查询到的值（money=100）写入 Redis 缓存，Redis 缓存与数据库数据不一致（Redis 缓存 money = 100，数据库 money = 200）。

Chaya：“这可怎么办，还是出现了不一致的情况啊。”

不要慌，发生这种情况的可能性微乎其微，必要条件如下。

◎ 步骤 3 的写数据库操作比步骤 2 的读操作耗时短、速度快，使得步骤 4 先于步骤 5。
◎ 缓存刚好到达过期时限。

MySQL 单机的 QPS 通常为 5000 左右，而 TPS 为 1000 左右（Tomcat 的 QPS 为 4000 左右，TPS 为 1000 左右）。

数据库的读操作是远快于写操作的（正是因为如此，才进行读/写分离），所以步骤 3 比步骤 2 耗时短这个情景很难出现，同时还要配合缓存刚好失效。

所以，在使用旁路缓存策略时，对于写操作推荐先更新数据库，再删除缓存的方案。

5.6.4　数据库与缓存一致性解决方案

在介绍解决方案之前，我们先达成一个共识：Redis 缓存是通过牺牲强一致性来提高读性能的。

这是由 CAP 理论决定的。缓存系统的适用场景是非强一致性的，属于 CAP 中的 AP，如果需要数据库和缓存数据保持强一致性，就不适合使用缓存。

针对旁路缓存（Cache-Aside）策略中写操作先更新数据库、再删除缓存的情况，数据一致性的解决方案如下。

◎ 延时双删策略。
◎ 删除缓存重试机制。
◎ 读取 MySQL binlog 异步删除缓存。

1. 延时双删策略

不一定要先操作数据库，也可以采用缓存延时双删策略。

◎ 删除缓存。

◎ 写数据库。

◎ 休眠 500 毫秒，再次删除缓存。

这样，最多只会出现 500 毫秒的脏数据读取时间。然而，如何确定休眠时间呢？

延迟时间的目的是确保读请求结束，写请求可以删除读请求造成的缓存脏数据。

所以我们需要自行评估项目的读数据业务逻辑的耗时，在读耗时的基础上加几百毫秒作为延迟时间即可。

2. 删除缓存重试机制

Chaya："Redis 缓存删除失败怎么办？例如延迟双删的第二次删除失败，那岂不是无法删除脏数据？"

你可使用重试机制，保证删除缓存成功。例如重试三次，如果三次都失败则将日志记录到数据库并发送警告通知人工介入。在高并发的场景中，最好使用异步方式重试，例如发送消息到消息队列。如图 5-20 所示。

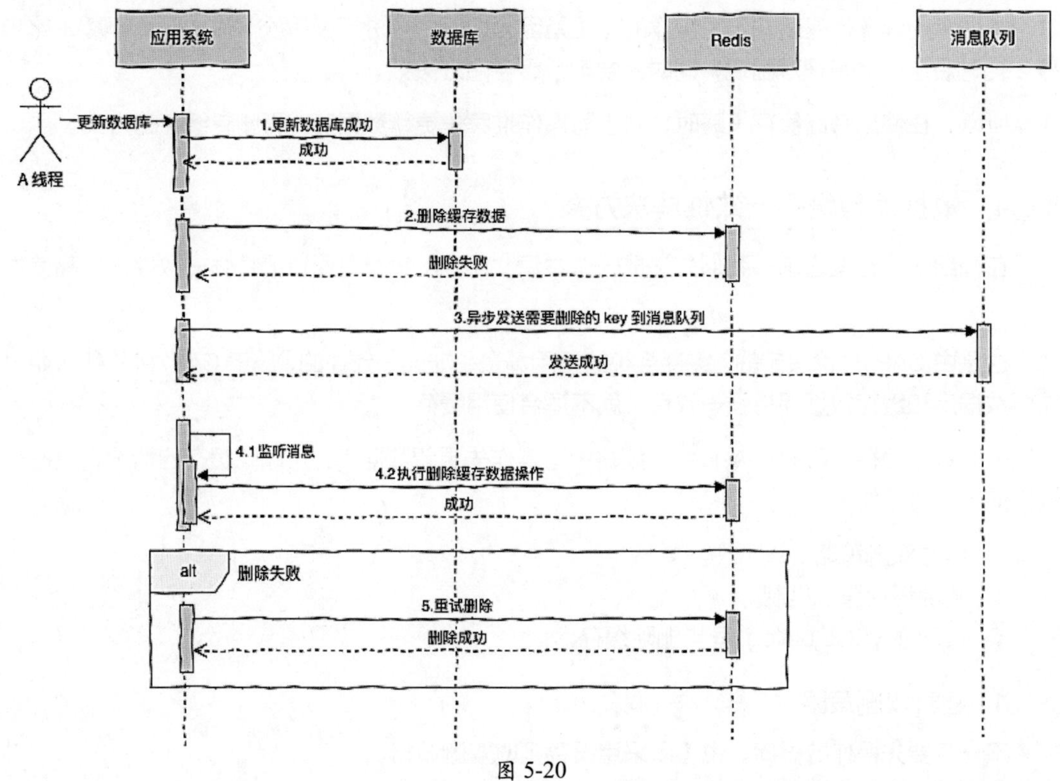

图 5-20

在图 5-20 的第 5 步中，如果删除失败且未达到重试最大次数则将消息重新入队，直到删除成功，否则就记录到数据库，人工介入。

该方案有一个缺点，就是会对业务代码造成侵入，于是就有了下一个方案——启动一个专门订阅 MySQL binlog（后面简称 binlog）的服务。解析 binlog，对于删除、修改的语句向消息队列发送消息，消费者监听消息执行删除 Redis 缓存操作。

3. 读取 MySQL binlog 异步删除 Redis 缓存

读取 binlog 异步删除 Redis 缓存的步骤如下。

（1）更新数据库。数据库会把操作信息记录在 binlog 日志中。

（2）使用 canal 订阅 binlog 日志获取目标数据和 key。

（3）缓存删除系统获取 canal 的数据，解析目标 key，尝试删除缓存。

（4）如果删除失败则将消息发送到消息队列。

（5）缓存删除系统重新从消息队列获取数据，再次执行删除操作。

时序图如图 5-21 所示。

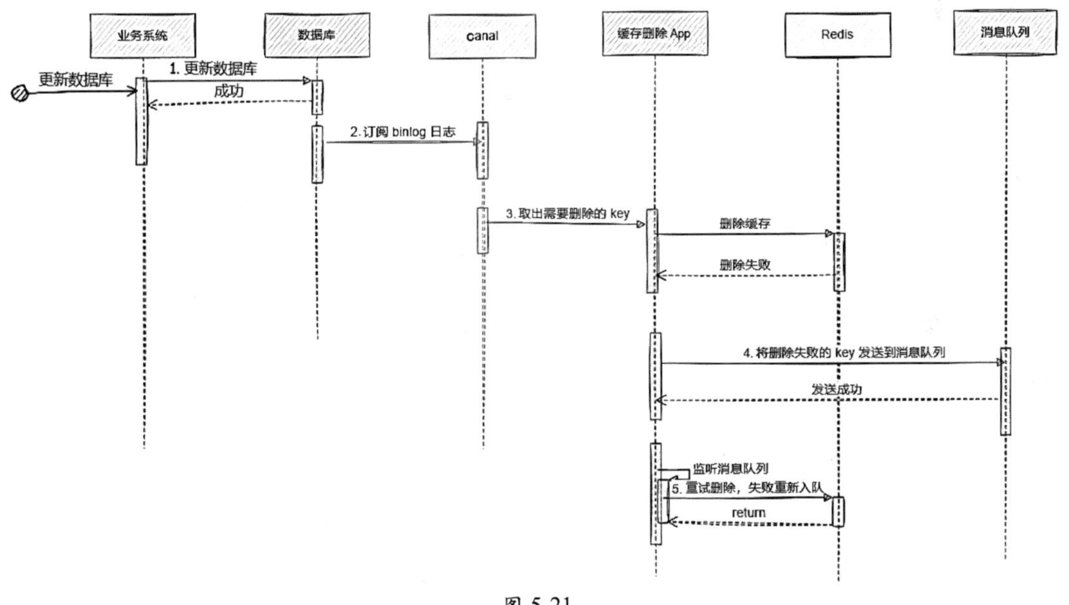

图 5-21

5.6.5　总结

缓存策略的最佳实践是 Cache Aside Pattern，包括读缓存最佳实践和写缓存最佳实践。

读缓存最佳实践：先读缓存，如果命中则返回；如果未命中则查询数据库，再写入数据库。

写缓存最佳实践：

◎ 先把数据写入数据库，再操作 Redis 缓存。

◎ 直接删除 Redis 缓存，而不是修改，因为 Redis 缓存的更新成本很高，需要访问多张表联合计算。另外，删除 Redis 缓存操作简单，副作用只是增加了一次 chache miss，建议大家使用该策略。

在以上最佳实践中，为了尽可能保证缓存与数据库的一致性，可以采用延迟双删策略。

为防止删除失败，可以采用异步重试机制，将删除消息发送到消息队列，或者利用 canal 订阅 binlog 日志监听写请求删除对应缓存。那么，如果一定要保证绝对一致性怎么办？这里先给出结论。

没有办法做到绝对一致，这是由 CAP 理论决定的，缓存系统适用的场景就是非强一致性的场景，所以它属于 CAP 中的 AP。

所以，我们可以“委曲求全”，实现 BASE 理论中的最终一致性。其实，一旦在方案中使用了缓存，往往也就意味着放弃了数据的强一致性，但这也意味着系统的性能能够得到一些提升。

5.7 Redis 分布式锁演进原理与实战

使用 SET 命令就可以实现 Redis 分布式锁了吗？分布式锁可没那么简单，我们在网上看到的很多分布式锁方案是有问题的，甚至很多的公司内部也使用着一些存在明显 Bug 的分布式锁方案。

本节，我带你一步步深入分布式锁的演进原理，讲解高并发生产环境中如何正确使用分布式锁。

5.7.1 为什么需要分布式锁

在介绍分布式锁之前，我们先说一下为什么需要分布式锁。

在单机部署时，我们可以使用 Java 中提供的 JUC 锁机制避免多线程同时操作一个共享变量产生的安全问题。JUC 锁机制只能保证同一个 JVM 进程中的同一时刻只有一个线程操作共享资源。

当一个应用部署多个节点时，如果多个进程要修改同一个共享资源，为了避免操作乱序导致并发安全问题，就需要引入分布式锁。分布式锁用来控制同一时刻，只有一个 JVM 进程中的一个线程可以访问被保护的资源。

Redis 本身可以被多个客户端共享，而且读/写性能强大，可以应对高并发的加锁场景，于是 Redis 分布式锁诞生了。

程许媛：“Redis 你别自吹自擂，说一个通俗的例子讲解一下什么时候需要分布式锁。”

诊所只有一位医生，很多患者前来就诊。

医生在同一时刻只能为一位患者提供就诊服务，每位患者都需要预约挂号，并凭借挂的“号”找医生就诊，否则会出现拿错病例、药物等情况。

程许媛：“分布式锁有哪些特性呢？”

- ◎ 互斥性（Mutual Exclusion）：任意时刻只有一个客户端能够持有锁。这确保了在同一时刻只有一个进程能够访问共享资源，避免了竞争。
- ◎ 不可抢占性（Non-Preemptive）：一旦有一个节点获得了锁，其他节点就不能强制抢占该锁。需要等待持有锁的节点释放它。
- ◎ 有限等待（Finite Wait）：当一个节点请求锁失败时，不能无限期地等待。分布式锁应该具有合理的超时机制，确保在一定时间内获取锁，避免死锁。
- ◎ 安全性（Safety）：加锁和解锁必须由同一个客户端（线程）操作。
- ◎ 可重入性（Reentrant）：允许同一个节点在持有锁的情况下多次请求锁，而不会造成死锁。
- ◎ 高可用性（High Availability）：分布式锁的实现应该具备高可用性，确保在节点故障或网络分区的情况下，系统仍能正常工作。
- ◎ 容错性（Fault Tolerance）：分布式锁应该在系统发生故障或网络分区时依然能够正常运作，不会导致数据不一致或其他问题。

5.7.2　入门级分布式锁

谢霸戈：“公司的老架构师用 SETNX lockKey value 命令来实现互斥性。”

SETNX 命令是 SET if Not eXists 的缩写，意思是如果 key 不存在，则配置 value 给这个 key，否则什么都不做。命令返回值为 1 表示配置成功，为 0 则表示没有配置成功，如图 5-22 所示。

```
> SETNX lock:orderID:998 1
integer) 1
```

执行完毕后，只需要调用 DEL 命令释放这个锁。

```
> DEL lock:orderID:998
(integer) 1
```

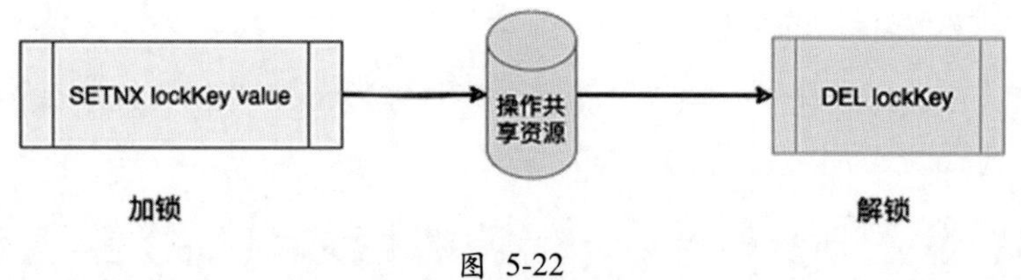

图 5-22

谢霸戈："Redis 大哥，你见过龙吗？我没见过，但是我享受过'一条龙'服务。架构师对我说这就是分布式锁'一条龙'服务，让我放心使用。"

事情可没这么简单。这个方案会因为客户端所在节点崩溃导致无法执行删除命令释放锁，造成死锁问题。

谢霸戈："如果在获取锁成功时配置一个超时时间呢？"

```
> SETNX lock:orderID:998 1  // 获取锁
(integer) 1
> EXPIRE lock:orderID:998 10  // 10s 自动删除
(integer) 1
```

这样依然有问题，加锁操作和配置超时时间是分开的，它们不是原子操作。假如加锁成功，但是配置超时时间的命令没机会执行，依然会出现死锁问题。

谢霸戈："那怎么办？我想享受'一条龙'服务，要解决这个问题。"

Redis 2.6.X 开始，官方拓展了 SET 命令的参数，如果 key 不存在则配置 value，同时配置超时时间，并且满足原子性。

```
SET lockKey 1 NX PX expireTime
```

◎ lockKey：锁的资源，value 配置为 1。
◎ NX：只有 lockKey 不存在时才能 SET 成功，从而保证只有一个客户端可以获得锁。
◎ PX expireTime：配置锁的超时时间，单位是毫秒，也可以使用 EX seconds 以秒为单位配置超时时间。

```
//加锁成功
if (jedis.set(lockKey, 1, "NX", "EX", 10) == 1) {
  try {
      do work //执行业务

  } finally {
    //释放锁，这里可能误删其他客户端的锁
     jedis.del(key);
  }
}
```

5.7.3 释放别人的锁

谢霸戈："这样我能稳妥地享受'一条龙'服务了吗？"

并不能，有可能出现释放别人的锁的情况。

（1）客户端 A 获取锁成功，配置超时时间 10 s。

（2）客户端 A 执行业务逻辑，但是因为某些原因（网络问题、FullGC）执行时间超过 10s，锁因为超时自动释放了。

（3）客户端 B 加锁成功。

（4）客户端 A 执行 DEL 命令释放锁，相当于把客户端 B 的锁释放了。

造成这种情况的原因很简单：客户端加锁时，没有配置唯一标识。释放锁的逻辑并不会检查这把锁的归属，直接将其释放。

解决方法：客户端加锁时配置唯一标识，可以让 value 存储客户端的唯一标识，例如随机数、UUID 等。释放锁时判断锁的唯一标识与客户端的唯一标识是否匹配，只有匹配才能释放。

```
SET lockKey randomValue NX PX 3000
```

释放锁时判断唯一标识是否匹配的伪代码如下。

```
if (jedis.get(lockKey).equals(randomValue)) {
    jedis.del(lockKey);
}
```

加锁、释放锁的伪代码如下。

```
try (Jedis jedis = pool.getResource()) {
  //加锁成功
  if (jedis.set(lockKey, randomValue, "NX", "PX", 3000) == 1) {
    do work //执行业务
  }
} finally {
  //判断是否为当前线程加的锁，只有是时才释放
  if (randomValue.equals(jedis.get(keylockKey) {
     jedis.del(lockKey); //释放锁
  }
}
```

谢霸戈："还有问题。判断该锁是否为当前线程所加和释放锁是两个操作，它们不是原子操作。"

聪明。这个方案还存在原子性问题，可能释放其他客户端的锁。

（1）客户端 A 的唯一标识匹配成功，还来不及执行 jedis.del(lockKey)方法，锁过期被释放。

（2）客户端 B 获取锁成功，配置了自己的客户端唯一标识。

（3）客户端 A 执行 jedis.del(lockKey)方法，相当于把客户端 B 的锁给释放了。

解决方案很简单，把判断锁是否为当前线程所加的锁逻辑和释放锁的逻辑写到 Lua 脚本中，利用 Lua 脚本实现原子性。

◎ KEYS[1]是 lockKey。

◎ ARGV[1] 表示客户端的唯一标识。

返回 nil 表示锁不存在，已经被删除了。只有返回值是 1 时才表示加锁成功。

```
// key 不存在，返回 null
if (redis.call('exists', KEYS[1]) == 0) then
   return nil;
end;
// 判断 KEY[1] 中的 value 是否与 ARGV[1] 匹配，匹配则执行 del 命令，返回 1
if redis.call("get",KEYS[1]) == ARGV[1] then
   return redis.call("del",KEYS[1])
else
   return 0
end
```

使用上面的脚本，每个锁都将一个随机值作为唯一标识，当删除锁的客户端的唯一标识与锁的 value 匹配时，才能执行释放锁操作。这个方案已经相对完美，我们用得最多的可能就是这个方案了。需要注意以下两点。

◎ 释放锁的代码一定要放在 finally{} 块中。否则一旦在执行业务逻辑的过程中抛出异常，程序就无法执行释放锁的流程，只能“干等着”锁超时释放。

◎ 加锁的代码应该写在 try {} 代码中，当放在它外面时，如果执行加锁异常（客户端网络连接超时），但是实际命令已经发送到服务端并执行，就会导致没有机会执行释放锁的代码。

5.7.4 可重入锁

当一个线程执行一段代码成功获取锁并继续执行，又遇到加锁的代码时，可重入性可以保证线程继续执行，而不可重入需要等待锁释放后再次获取锁成功，才能继续执行。

```
public synchronized void a() {
   b();
}
public synchronized void b() {
   // doWork
}
```

假设 X 线程在 a 方法获取锁之后继续执行 b 方法，如果此时不可重入，线程就必须等待锁释放，再次争抢锁。

X 线程明明获取了锁，却还需要等待自己释放锁，然后再去抢锁，这看起来很奇怪。这时就需要用到可重入锁了。

Redis Hashes 实现可重入锁

Chaya："Redis String 数据结构无法实现可重入锁，key 表示锁定的资源，value 是客户端唯一标识，可重入信息没地方放了。"

加锁逻辑

我们可以使用 Redis Hashes 结构实现，key 表示被锁的共享资源，Hashes 结构的 fieldKey 存储客户端唯一标识，fieldKey 的 value 则保存加锁的次数，如图 5-23 所示。

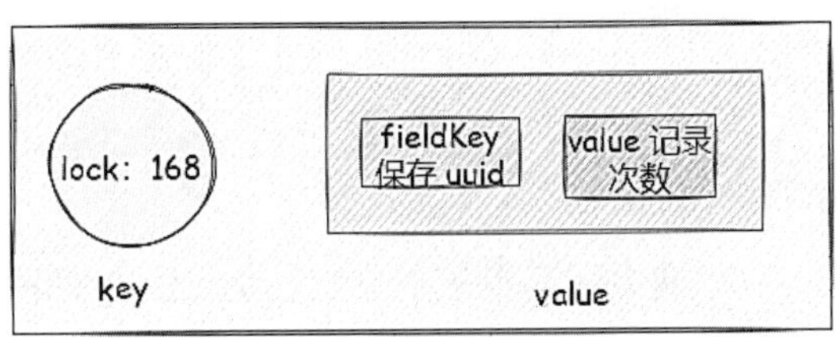

图 5-23

可重入锁加锁的过程中有以下场景需要考虑。

◎ 锁已经被客户端 A 获取，客户端 B 获取锁失败。
◎ 锁已经被客户端 A 获取，客户端 A 可以多次执行获取锁操作。
◎ 锁没有被其他客户端获取，那么此刻获取锁的客户端可以获取成功。

以下脚本来自 Redisson 的加锁执行脚本，脚本入参如下。

◎ KEYS[1] 表示获取的锁资源，例如 lock:168。
◎ ARGV[1] 表示锁的有效时间（单位毫秒）。
◎ ARGV[2] 表示客户端唯一标识，在 Redisson 中使用 UUID + ThreadID。

```
if ((redis.call('exists', KEYS[1]) == 0) or
      (redis.call('hexists', KEYS[1], ARGV[2]) == 1)) then
   redis.call('hincrby', KEYS[1], ARGV[2], 1);
   redis.call('pexpire', KEYS[1], ARGV[1]);
        return nil;
end;
return redis.call('pttl', KEYS[1]);
```

脚本解读

◎ 如果锁不存在或者锁重入，则执行 hincrby 和 pexpire 命令，接着 return nil。
- redis.call('exists', KEYS[1]) == 0：判断锁是否存在，0 表示不存在。

- redis.call('hexists', KEYS[1], ARGV[2]) == 1)：判断 Hashes 结构的 fieldKey 的 value 是否与客户端唯一标识相等，相等则表示当前加锁请求属于锁重入。
- 当锁不存在或者请求属于锁重入的情况时就执行以下两个命令。redis.call('hincrby', KEYS[1], ARGV[2], 1)：对于锁重入请求将存储在 Hashes 结构的 ARGV[2] 的值 +1，锁不存在则将 Hashes 结构的 ARGV[2] 的值设置为 1。redis.call('pexpire', KEYS[1], ARGV[1]) 对 KEYS[1] 配置锁过期时间。

◎ 如果锁存在，但是唯一标识不匹配，则表明锁被其他线程持有，调用 pttl 返回锁剩余的过期时间。

谢霸戈："脚本执行结果返回 nil，锁剩余过期时间有什么意义？"

当且仅当返回 nil 时才表示加锁成功。

解锁逻辑

该解锁脚本依然出自 Redisson 框架，脚本入参如下。

释放锁逻辑复杂一些，不仅要保证不能删除别人的锁，还要确保重入次数为 0 才能解锁。脚本返回值有三种含义。

◎ 1 代表解锁成功，锁被释放。

◎ 0 代表可重入次数被减 1。

◎ nil 代表其他线程尝试解锁，解锁失败。

脚本的参数如下。

◎ KEYS[1]：锁的资源，例如 lockKey。

◎ ARGV[1]：锁过期时间。

◎ ARGV[2]：Hashes 结构的 fieldKey，存储客户端唯一标识 uuid + threadID。

```
if (redis.call('hexists', KEYS[1], ARGV[2]) == 0) then
   return nil;
end;
local counter = redis.call('hincrby', KEYS[1], ARGV[2], -1);
if (counter > 0) then
   redis.call('pexpire', KEYS[1], ARGV[1]);
   return 0;
else
   redis.call('del', KEYS[1]);
   return 1;
end;
return nil;
```

脚本解读

首先使用 hexists 判断 Redis 的 Hashes 是否存在 fileKey，如果不存在则直接返回 nil 表示释放锁失败。

如果存在且唯一标识匹配，则使用 hincrby 将 fileKey 的值-1，然后判断计算之后的可重入次数。当前值大于 0 表示持有的锁存在重入情况，重新设置过期时间，返回值 1；当 fileKey 的值小于或等于 0 时，表明锁释放了，执行 DEL 命令释放锁。

5.7.5 正确配置锁过期时间

至此，依然存在的一个问题是：加锁后，业务逻辑执行耗时超过了 lockKey 的过期时间，锁被释放。

谢霸戈：“锁的超时时间怎么计算合适呢？”

这个时间不能瞎写，一般要在测试环境中多次测试，再经过多轮压测。例如计算出接口平均执行时间为 200 ms，那么锁的超时时间就放大为平均执行时间的 3~5 倍。

谢霸戈：“为什么要放大呢？”

这是因为当锁的操作逻辑中有网络 I/O 操作、JVM FullGC 等时，线上的网络不会“一帆风顺”，我们要给网络抖动留有缓冲时间。

谢霸戈：“那我多放大一些，例如配置为 1 小时不是更安全？”

当配置时间过长时，一旦发生宕机重启，就意味着 1 小时内分布式锁的所有节点都不可用。

谢霸戈：“有没有完美的方案呢？好像不管如何配置都不大合适。”

看门狗机制

我们可以让获得锁的线程开启一个守护线程，用来给当前客户端快要过期的锁续期，前提是要判断该锁是不是当前线程持有的锁，如果不是就不续。

如果锁即将过期，但是业务逻辑还未执行完成，就自动对这个锁进行续期，重新配置超时时间。Redisson 库已经封装好了这些工作，并且把这个机制叫作看门狗。

带看门狗机制的可重入分布式锁方案的分布式锁流程如图 5-24 所示。

（1）执行前文所说的 Lua 脚本加锁，同时启动守护线程为即将过期但业务逻辑还未执行完成的锁续期，前提是该锁为当前线程持有的锁，否则会出现死锁的情况（客户端 A 获取锁成功，宕机了，其他守护线程一直给这个锁续期）。

（2）客户端执行业务逻辑操作共享资源。

（3）通过 Lua 脚本释放锁。

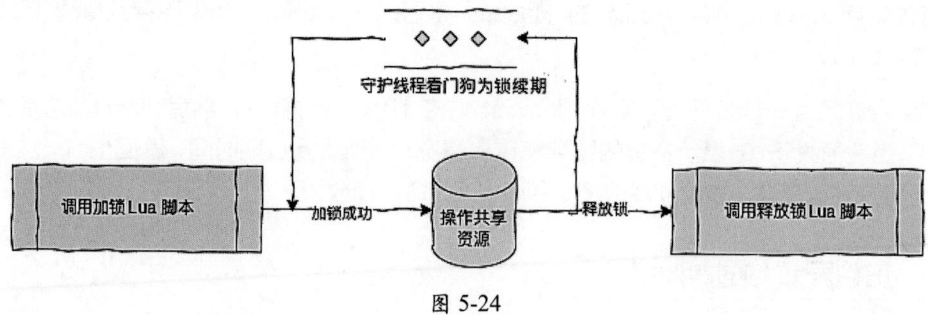

图 5-24

Redission 的可重入分布式锁方案流程如图 5-25 所示。

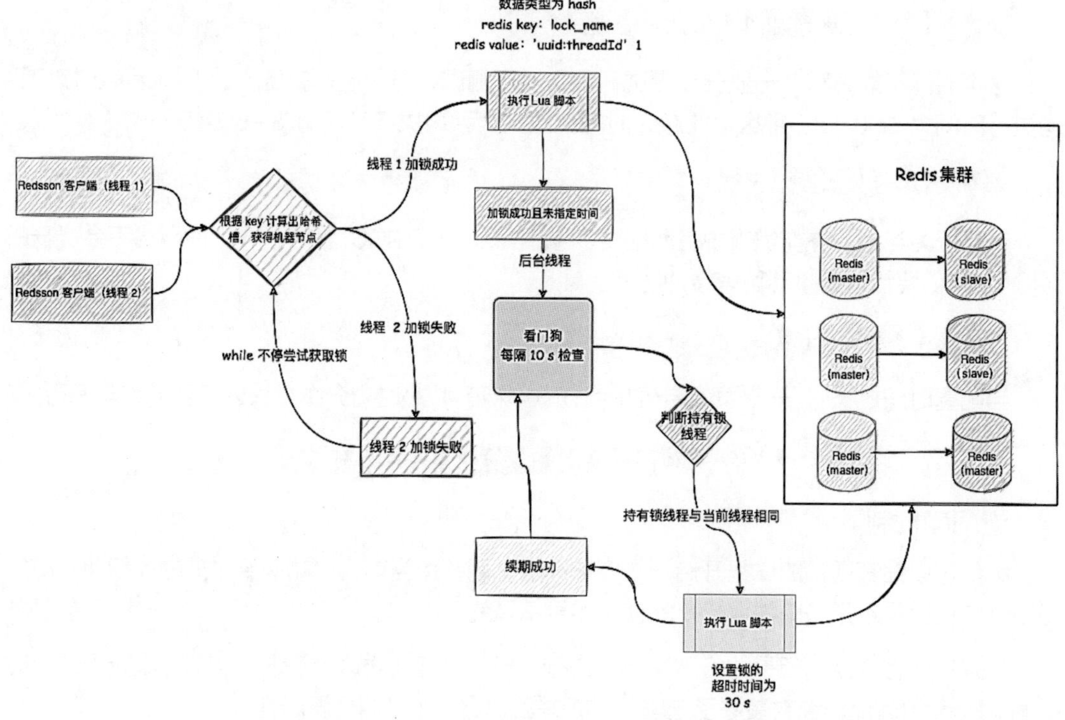

图 5-25

Redisson 中的自动续期功能也是使用 Lua 脚本实现的。而定时任务使用的是 Netty 框架提供的时间轮 HashedWheelTimeout，这是一个支持海量任务的高性能定时器。以下是 Redisson 加锁成功后的看门狗机制的部分源码。

```
// 存储所有需要续期的定时任务
private static final ConcurrentMap<String, ExpirationEntry>
```

```
EXPIRATION_RENEWAL_MAP = new ConcurrentHashMap<>();

    protected void scheduleExpirationRenewal(long threadId) {
        ExpirationEntry entry = new ExpirationEntry();
        ExpirationEntry oldEntry =
EXPIRATION_RENEWAL_MAP.putIfAbsent(getEntryName(), entry);
        if (oldEntry != null) {
            oldEntry.addThreadId(threadId);
        } else {
            entry.addThreadId(threadId);
            try {
                // 开启守护线程续期
                renewExpiration();
            } finally {
                if (Thread.currentThread().isInterrupted()) {
                    // 线程中断，取消获取锁的守护线程定时续期
                    cancelExpirationRenewal(threadId);
                }
            }
        }
    }
```

◎ 通过 EXPIRATION_RENEWAL_MAP HashMap 保存服务中所有需要续期的分布式锁客户端守护线程信息，key 是客户端的唯一标识。

◎ getEntryName 是分布式锁的唯一标识，如果获取锁的客户端没有开启过守护线程，就创建一个 entry，里面保存着对该客户端锁续期的定时任务，并保存到 EXPIRATION_RENEWAL_MAP。

◎ 重点关注 renewExpiration 方法：获取当前获取锁的客户端 ExpirationEntry，并使用时间轮创建一个定时任务，进行续期。可以将 ExpirationEntry 理解为存储每个获取分布式锁的客户端的信息（定时任务、续期次数、守护线程 ID）

◎ cancelExpirationRenewal(threadId)：取消守护线程续期，移除 EXPIRATION_RENEWAL_MAP 中存储的 ExpirationEntry，并调用时间轮的 cancel 函数取消定时任务。

重点关注 renewExpiration 开启续期的执行逻辑。需要注意的是，internalLockLeaseTime 的默认值为 30000，单位是毫秒，也就是默认锁的超时时间为 30s。

```
    private void renewExpiration() {
      // 获取锁的客户端看门狗
        ExpirationEntry ee = EXPIRATION_RENEWAL_MAP.get(getEntryName());
        if (ee == null) {
            return;
        }

         // 使用时间轮创建一个定时任务为锁续期
        Timeout task = getServiceManager().newTimeout(new TimerTask() {
            @Override
```

```
        public void run(Timeout timeout) throws Exception {
            ExpirationEntry ent = EXPIRATION_RENEWAL_MAP.get(getEntryName());
            if (ent == null) {
                return;
            }
            Long threadId = ent.getFirstThreadId();
            if (threadId == null) {
                return;
            }

            // 异步执行续期逻辑
            CompletionStage<Boolean> future = renewExpirationAsync(threadId);
            // 如果续期出现异常，则移除该定时任务
            future.whenComplete((res, e) -> {
                if (e != null) {
                    log.error("Can't update lock {} expiration", getRawName(), e);
                    EXPIRATION_RENEWAL_MAP.remove(getEntryName());
                    return;
                }
                 // 如果成功，则递归调用 renewExpiration 重复续期
//如果失败则移除
                if (res) {
                    // reschedule itself
                    renewExpiration();
                } else {
                   // 如果失败，则移除续期定时任务
                    cancelExpirationRenewal(null);
                }
            });
        }
    }, internalLockLeaseTime / 3, TimeUnit.MILLISECONDS);
    // 将这个定时任务配置到 ExpirationEntry 中，以便下一轮定时触发执行
    ee.setTimeout(task);
}
```

续期的命令封装在 renewExpirationAsync 方法中，执行以下 Lua 脚本实现续期。其中参数的含义如下。

◎ KEYS[1]：锁的资源，例如 lockKey。

◎ ARGV[1]：Hashes 结构的 fieldKey，存储客户端唯一标识 uuid + threadID。

◎ ARGV[2]：超时时间。

```
if (redis.call('hexists', KEYS[1], ARGV[2]) == 1) then
   redis.call('pexpire', KEYS[1], ARGV[1]);
   return 1;
end;
return 0;
```

需要注意：在实现自动续期功能时，还需要配置一个总的过期时间，可以与 Redisson 保

持一致，配置为 30 s。如果到了这个总的过期时间，业务代码还没有执行完，就不再自动续期了。

5.7.6　Redis 部署方式对锁的影响

谢霸戈："到这里分布式锁很完美了吧，没想到有这么多'门道'。"

路还很远，之前分析的都是锁在单个 Redis 实例中可能产生的问题，并没有涉及 Redis 主从模式、哨兵集群，或者 Redis 集群。

Redis 的主从复制默认是异步的。试想一下，在如下场景中会出现什么问题?

（1）客户端 A 在 master 获取锁成功。

（2）master 还没有把获取锁的信息同步到 slave 时，master 宕机。

（3）slave 被选举为新的 master，新的 master 没有客户端 A 获取锁的数据。

（4）客户端 B 可以成功获得客户端 A 持有的锁，违背了分布式锁的互斥性。

此外，如果你没有给 Redis 配置持久化，那么也会出现上面的问题。如果启用 AOF 持久化，情况就会改善很多。虽然出现以上问题的概率极低，但是我们必须承认风险是存在的。

5.7.7　红锁

为了统一分布式锁的标准，Redis 的作者提出了一种解决方案，叫作红锁（RedLock），但它并不完美，有"漏洞"。

红锁的目的是解决主从架构中由主从切换导致的多个客户端持有同一个锁的问题。

红锁官方建议在不同机器上部署 5 个 Redis 节点，这些节点完全独立、互不相干，也不使用主从复制。在获取分布式锁时，客户端需要执行以下操作。

（1）获取当前时间 T1（毫秒级别）。

（2）尝试在所有实例中获取相同的锁，key-value 相同。

a. 每个请求都配置一个超时时间（毫秒级别），该超时时间要远小于锁的有效时间，以便快速尝试向下一个节点发送请求。

b. 假设锁的自动释放时间为 10s，则请求的超时时间可以配置为 5~50 毫秒，这样可以防止客户端长时间阻塞。

（3）客户端获取当前时间 T2 并减去步骤 1 的 T1 计算出获取锁所用的时间 T3（T3 = T2 −T1）。当且仅当客户端在大多数实例（$N/2+1$）获取成功，且获取锁所用的时间 T3 小于锁的有效时间时，才认为加锁成功，否则加锁失败。

（4）如果第 3 步加锁成功，则执行业务逻辑操作共享资源，key 的真正有效时间等于有效时间减去获取锁所使用的时间（步骤 3 计算的结果）。

（5）如果因为某些原因获取锁失败（少于 $N/2+1$ 个 Redis 实例获得锁或者获取锁的时间已经超过有效时间），客户端就应该对所有的 Redis 节点进行解锁（即便某些 Redis 节点根本就没有加锁成功）。

为了满足过半原则，部署节点的数量为奇数更合理。

Redis 之父，也就是创造我的 Antirez 大神提出这个方案后，受到了业界著名的分布式系统专家 Martin Kleppmann 的质疑。两人好比“神仙打架”，一来一回地提出了很多观点。

5.7.8 红锁的是与非

Martin Kleppmann 认为分布式锁的目的是保护对共享资源的读/写，并且应该“高效”和“正确”。

- ◎ 高效性：分布式锁应该具备高性能，红锁算法向 5 个节点执行获取锁的逻辑性能不高，增加了成本，复杂度也高。
- ◎ 正确性：任意时刻只有一个客户端能够持有锁。这确保了在同一时刻只有一个进程能够对共享数据进行读/写。

对于高效性，我们没必要承担红锁的成本和复杂性：运行 5 个 Redis 实例，分别在 5 个实例上尝试获取分布式锁，大于或等于 3 个节点获取锁成功则认为加锁成功。

此外，Redis 由主从切换导致的多个客户端持有同一个锁的问题概率极小，因为这个原因就使用 RedLock 太“重”了，没必要。而且 Martin Kleppmann 认为红锁根本达不到安全性的要求，也依旧存在锁失效的问题。

Martin Kleppmann 对红锁的看法

Martin Kleppmann 认为，对正确性要求严格的场景（比如订单，或者消费），就算使用了 RedLock 算法，也不能保证锁的正确性。他给出图 5-26 来分析红锁的缺陷。

RedLock 为了防止死锁，会给锁都设置过期时间。

（1）如果 client 1 在持有锁时发生了一次很长时间的 GC ，超过了锁的过期时间，锁就被释放了。

（2）这时 client 2 可以成功获取锁，执行业务逻辑修改数据。

（3）此刻，client 1 从 GC 中苏醒，再次执行业务逻辑修改数据。

问题来了，数据出现了错误，红锁只是保证了锁的高可用性，并没有保证锁的正确性。

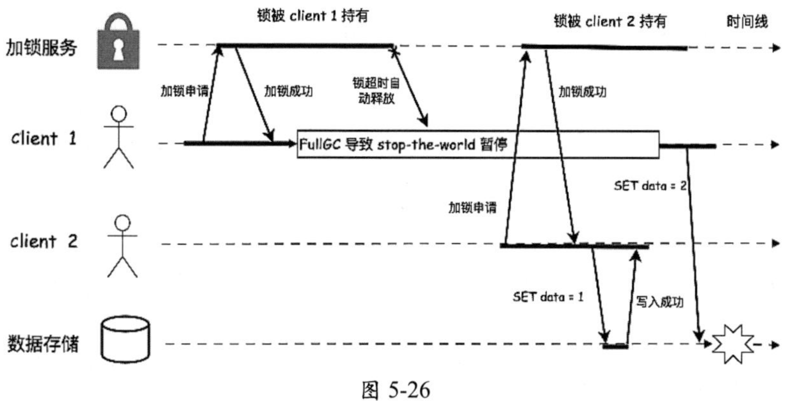

图 5-26

谢霸戈："如果 client 1 在执行任务之前去查询一下锁的持有者是不是自己就能解决这个问题吗？"

答案是否定的，GC 会发生在任何时候，如果 GC 发生在查询之后，一样会有如上问题。MartinKleppmann 给出了一个解决方案。如图 5-27 所示。

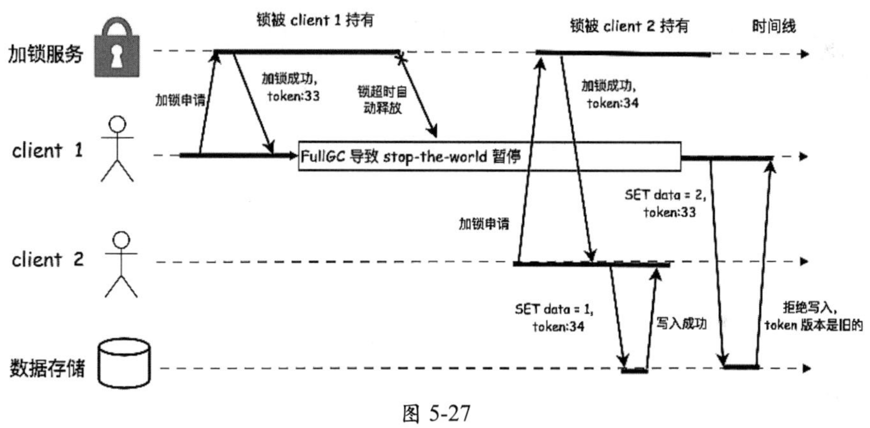

图 5-27

为锁增加一个 token-fencing。

◎ 获取锁的时候，还需要获取一个递增的 token，在图 5-27 中 client 1 获得了 token=33 的 fencing。

◎ 发生了上文的 GC 问题后，client 2 获取了 token=34 的锁。

◎ client 在执行任务修改数据时，需要判断 token 的大小，如果此时的 token 小于上一次提交的 token 就会被拒绝。

你可以将这个 token-fencing 理解为一个乐观锁，或者一个 CAS。除了这个问题，Martin Kleppmann 还指出，红锁是一个严重依赖系统时钟的分布式系统。如果某个 Redis 节点的系统时钟发生错误，则可能造成持有的锁过期提前释放。

◎ 在 A、B、C、D、E 5 个节点中，client 1 选择 A、B、C 3 个节点获取锁成功，系统可以判定 client 1 获取锁成功。
◎ 这时，由于 B 节点的系统时间比其他系统快，B 节点会先于其他两个节点释放锁。
◎ clinet 2 可以从 B、D、E 3 个节点获取到锁。此时整个分布式系统中有两个 client 同时持有锁。

Martin Kleppmann 提出一个分布式系统的设计要点：好的分布式系统应当是异步的，且不能将时间作为安全保障。因为在分布式系统中会有程序暂停、网络延迟、系统时间错误，这些因素都不能影响分布式系统的安全性，只能影响系统的活性（Liveness Property）。

总结 Martin Kleppmann 对于红锁的看法如下。

◎ RedLock“不伦不类”：如果侧重效率，那么红锁比较“重”，没必要这么做；如果侧重正确性，那么红锁不够安全。
◎ 时钟假设不合理：该算法对系统时钟做出了危险的假设（假设多个节点的机器时钟是一致的），如果不满足这些假设，锁就会失效。
◎ 无法保证正确性：红锁不能提供类似 token-fencing 的方案，所以解决不了正确性问题。为了正确，请使用有“共识系统”的软件，例如 Zookeeper。

Redis 作者 Antirez 对 Martin Kleppmann 的反驳

Antirez 看了 Martin Kleppmann 的博客后，也写了一篇文章回应，包括以下 3 个重点。

◎ 时钟问题：RedLock 并不需要完全一致的时钟，只要误差不要超过锁的过期时间即可，对于时钟的精度要求不是很高，且符合现实环境。
◎ 网络延迟、进程暂停问题。
  - 在客户端获取到锁之前，无论是因为长时间 GC 还是网络延迟导致耗时较长，RedLock 都能在第 3 步检测出来。
  - 如果客户端获取锁后出现 NPC，那么 RedLock 和 Zookeeper 都无能为力。
◎ 质疑 fencing-token 机制：既然 Martin Kleppmann 提出的 fecting-token 能保证数据的顺序处理，那么还需要 RedLock 或者别的分布式锁做什么？

红锁建立在时钟可信的模型上，在现实中，良好的运维和一些机制可以最大限度地保证时钟可信。

回顾

从两人的争论中，我们可以知道，每个系统都有它的侧重和局限性，不存在完美的解决方案，我们需要修炼心法提高技能，深入了解其中原理，才能发现设计方案的优缺点。架构就是一门对方案做取舍的艺术。